应用型本科机电类专业“十三五”规划精品教材

计算机绘图
——AutoCAD 2014

JISUANJI HUITU
——AutoCAD 2014

主　编　林　强　董少峥　王海文

副主编　周　宇　刘春艳　郑立聪

参　编　刘倩伶　王　琦　苏美琦　常　琳

张嘉文　佟昊洋　窦瑞鑫　邹百顺

华中科技大学出版社
http://press.hust.edu.cn
中国·武汉

内 容 简 介

为了使广大学生和工程技术人员尽快掌握 AutoCAD 软件，我们紧密跟踪 AutoCAD 的发展，在体系结构上做了精心安排，力求全面、详细地介绍 AutoCAD 2014 的各种绘图功能，并且特别注重实用性，以便读者学会快速、高效地绘制工程图形。同时，各章配有精心选择的应用实例和适量的练习题，图例经典，几乎涵盖了各种常用命令的使用和设置。

为了方便教学，本书配有电子课件等教学资源包，任课教师可以发送邮件至 hustpeiit@163.com 索取。

图书在版编目(CIP)数据

计算机绘图：AutoCAD 2014/林强，董少峥，王海文主编. —武汉：华中科技大学出版社，2017.8(2025.1 重印)

应用型本科机电类专业"十三五"规划精品教材

ISBN 978-7-5680-2993-3

Ⅰ.①计… Ⅱ.①林… ②董… ③王… Ⅲ.①AutoCAD 软件-高等学校-教材 Ⅳ. ①TP391.72

中国版本图书馆 CIP 数据核字(2017)第 125697 号

计算机绘图——AutoCAD 2014
Jisuanji Huitu—AutoCAD 2014

林 强 董少峥 王海文 主编

策划编辑：康 序
责任编辑：史永霞
责任监印：朱 玢
出版发行：华中科技大学出版社(中国·武汉) 电话：(027)81321913
武汉市东湖新技术开发区华工科技园 邮编：430223
录 排：武汉正风天下文化发展有限公司
印 刷：武汉邮科印务有限公司
开 本：787mm×1092mm 1/16
印 张：11.75
字 数：301 千字
版 次：2025 年 1 月第 1 版第 4 次印刷
定 价：45.00 元

PREFACE

随着CAD/CAE/CAM技术的发展，AutoCAD已在我国工程技术界得到广泛使用。由此可见，掌握计算机绘图技术是适应现代化建设的新要求，同时计算机绘图也是“工程图学”课程的重要组成部分。近年来，AutoCAD已进行了20多次升级，功能逐渐强大，且日趋完善。目前AutoCAD是CAD软件中应用最为广泛的绘图软件，同时也是我国高等院校工科类、艺术设计类学生必须掌握的软件之一。

AutoCAD作为一个强大的工程软件，它涉及的功能和命令特别多。为了读者能轻松快速地掌握、理解和运用该软件，我们在本书的体系结构上做了精心安排，侧重命令的使用技巧，以高效、精确地绘制出工程图形为目的，力求帮助每一位读者用较少的时间来快速提升自己的AutoCAD实战水平。

本书以中文版AutoCAD 2014为基础，共分12章，主要内容有计算机绘图技术、AutoCAD概述、AutoCAD绘图基础、绘制二维图形、规划与管理图层、修改二维图形、文字与表格、尺寸标注、图块与外部参照、工程图形的绘制、图形输出与打印及综合实例。第2～12章每章的后面都附有思考与练习题，图例经典，几乎涵盖了各种常用命令的使用及设置，可供读者进行同步上机操作练习。另外，第12章配有大量视频，可扫描书中二维码进行观看。

本书突出基础、实用，内容浅显易懂，适合于高等院校、专科院校理工科各专业教学使用，也可作为培训机构的培训教程，还可供自学者参考。

全书由大连工业大学艺术与信息工程学院林强、董少峥，大连工业大学王海文担任主编；由皖西学院周宇，大连工业大学艺术与信息工程学院尉晓娟，南宁学院郑立聪担任副主编。本书共12章：林强编写第7、8、9、10章，董少峥编写第2、4、5、6章，王海文编写第1章，周宇编写第12章并录制二维码中的视频文件，尉晓娟编写第11章，郑立聪编写第3章。刘倩伶、王琦、苏美琦、常琳、张嘉文、佟昊洋、窦瑞鑫、邹百顺协助进行了资料的整理工作。

在编写本书的过程中，我们参考了兄弟院校的资料及其他相关教材，并得到许多同人的关心和帮助，再次谨致谢意。

为方便教学，本书还配有电子课件等教学资源包，任课教师可以发邮件至 hustpeiit@163.com 索取。

限于篇幅及编者的业务水平，在内容上若有局限和欠妥之处，竭诚希望同行和读者赐予宝贵的意见。

编　者

2024 年 5 月

目录 CONTENTS

第1章 计算机绘图技术

1.1 计算机绘图的发展和应用

图形是表达和交流思想的工具。长期以来，绘图工作基本上是以手工形式进行的，因此存在生产效率低、绘图准确度差、劳动强度大等缺点。人们一直在寻找代替手工绘图的方法，在计算机出现并得到广泛应用后，这种愿望才成为现实。

计算机绘图就是利用计算机对数值进行处理、计算，以实现图数之间的转换，从而生成所需的图形信息，并控制图形设备自动输出图形的过程。计算机和绘图机的结合，可以帮助工程技术人员完成从设计到绘图的一系列工作。

1.1.1 计算机绘图发展概述

计算机绘图是20世纪60年代发展起来的新型学科，是随着计算机图形学理论及其技术的发展而发展的。我们知道，图与数在客观上存在着相互对应的关系。把数字化了的图形信息通过计算机存储、处理，并通过输出设备将图形显示或打印出来，这个过程称为计算机绘图。研究计算机绘图领域中各种理论与实际问题的学科称为计算机图形学。

20世纪40年代中期，在美国诞生了世界上第一台电子计算机，这是20世纪科学技术领域的一个重要成就。

20世纪50年代，第一台图形显示器作为美国麻省理工学院(MIT)研制的旋风I号(Whirlwind I)计算机的附件诞生。该显示器可以显示一些简单的图形，但因其只能进行显示输出，故称之为"被动式"图形处理。随后，MIT林肯实验室在旋风计算机上开发出了SAGE空中防御系统，第一次使用了具有指挥和控制功能的阴极射线管(cathode ray tube, CRT)显示器。利用该显示器，使用者可以用光笔进行简单的图形交互操作，这预示着交互式计算机图形处理技术的诞生。

20世纪60年代是交互式计算机图形学发展的重要时期。1962年，MIT林肯实验室的Ivan E. Sutherland在其博士论文《Sketchpad：一个人-机通信的图形系统》中，首次提出了"计算机图形学"(computer graphics)这个术语。他开发的Sketchpad图形软件包可以实现在计算机屏幕上进行图形显示与修改的交互操作。在此基础上，美国的一些大公司和实验室开展了对计算机图形学的大规模研究。

20世纪70年代，交互式计算机图形处理技术日趋成熟，在此期间出现了大量的研究成果，计算机绘图技术也得到了广泛的应用。与此同时，基于电视技术的光栅扫描显示器的出现也极大地推动了计算机图形学的发展。20世纪70年代末—80年代中后期，随着工程工作站和微型计算机的出现，计算机图形学进入了一个新的发展时期。在此期间相继推出了有关的图形标准，如计算机图形接口(computer graphics interface, CGI)、图形核心系统(graphics kernel system, GKS)、程序员层次交互式图形系统(programmer's hierarchical interactive graphics system, PHIGS)，以及初始图形交换规范(initial graphics exchange specification, IGES)、产品模型数据交换标准(standard for the exchange of product model data,STEP)等。

随着计算机硬件功能的不断提高以及系统软件的不断完善,计算机绘图已广泛应用于各个相关领域,并发挥越来越大的作用。

1.1.2 计算机绘图的主要应用领域

目前,计算机绘图技术已经得到了高度重视和广泛应用,其主要的应用如下:

1. 计算机辅助设计和计算机辅助制造

计算机辅助设计(CAD)和计算机辅助制造(CAM)是计算机绘图最广泛、最活跃和发展最快的应用领域。它被用来进行建筑工程、机械产品的设计;机械设计中的受力分析、结构设计与比较、材料选择、绘制加工图样,以及编制工艺卡、材料明细表和数控加工程序等;汽车、飞机、船舶的外形数学建模,曲线的拟合与光顺,并绘制图样;在电子行业,大规模集成电路的设计、印制电路板的设计,直至输出图形。

2. 动画制作与系统模拟

用计算机绘图技术产生的动画,比传统手工绘制的动画质量好、制作速度快。动画技术广泛应用于广告和游戏设计当中,可以模拟各种反应过程(如核反应、化学反应等),以及模拟和测试汽车碰撞、地震等过程,还可以模拟各种运动过程,如人体的运动过程,用以科学指导训练。在军事上,可以用于环境模拟、飞行模拟及战场模拟等。

3. 勘探、测量的图形绘制

应用计算机绘图技术,可以利用勘探和测量的数据,绘制出矿藏分布图、地理图、地形图及气象图等。

4. 事务管理与办公自动化

用于绘制各类信息的二、三维图表,如统计的直方图、扇形图、工作进程图,仓库及生产的各类统计管理图表等。这类图表可以用简明的方式提供形象化的数据和变化趋势,增加对复杂现象的了解,并协助做出决策。

5. 科学计算可视化

传统的数学计算是数据流,这种数据不易理解,也不容易检查其中的错误。科学计算的可视化已用于有限元分析的后处理、分子模型构造、地震数据处理、大气科学、生物科学及医疗卫生等领域。

6. 计算机辅助教学(CAI)

计算机绘图技术能生成丰富的图形,用于辅助教学可使教学过程变得形象、直观、易懂和生动。学生通过人机交互方式进行学习,有助于提高学习兴趣和注意力,提高教学效率。

1.2 常用绘图软件介绍

1.2.1 AutoCAD 发展史

AutoCAD 是由美国 Autodesk 公司开发的通用计算机辅助设计软件,是目前世界上应用最广的 CAD 软件。随着时间的推移和软件的不断完善,AutoCAD 已由原先的侧重于二维绘图技术,发展到二维、三维绘图技术兼备,并且具有网上设计的多功能 CAD 软件系统。

1. **良好的用户界面**

AutoCAD具有良好的用户界面，通过交互菜单或命令行方式便可以进行各种操作。AutoCAD具有广泛的适应性，它可以在各种操作系统支持的微型计算机和工作站上运行，并支持分辨率由320×200像素到2048×1024像素的各种图形显示器40多种，这为AutoCAD的普及创造了条件。

2. **发展过程**

AutoCAD的发展过程可分为初级阶段、发展阶段、高级发展阶段、完善阶段、改进阶段、协同工作和云存储阶段。

在初级阶段，AutoCAD更新了5个版本。由1982年的AutoCAD 1.0版本发展到1984年的AutoCAD 2.0版本。

在发展阶段，AutoCAD更新了以下版本。由1985年的AutoCAD 2.17版本发展到1987年的AutoCAD 9.0版本和AutoCAD 9.03版本。

在高级发展阶段，AutoCAD经历了3个版本，使AutoCAD的高级协助设计功能逐步完善。1988年8月推出了AutoCAD 10.0版本，1990年推出了AutoCAD 11.0版本，1992年推出了AutoCAD 12.0版本。

在完善阶段，AutoCAD逐步由DOS平台转向Windows平台。从1996年的AutoCAD R13版本问世，到2003年推出的AutoCAD 2004、2004年推出的AutoCAD 2005和2005年推出的AutoCAD 2006版本，实现了技术革命。

在改进阶段，AutoCAD经历了6个版本，从2006年推出的AutoCAD 2007、2007年推出的AutoCAD 2008、2008年推出的AutoCAD 2009、2009年推出的AutoCAD 2010、2010年推出的AutoCAD 2011，到2011年推出的AutoCAD 2012，使三维绘图功能日趋完善。

在协同工作和云存储阶段，2012年推出的AutoCAD 2013和2013年推出的AutoCAD 2014，加入了云端服务链接功能。新增云端服务的链接，可以通过AutoCAD直接登入使用Autodesk 360云端服务，可以上传、同步或共享文档。新增汇入Inventor档案，让AutoCAD可以汇入各种软件设计的三维模型文件，而且能在没有分解或炸开模型的状态下编辑三维实体图块。新增剖面与详图的功能选项，方便建立常用的剖面图，如全剖面、半剖面、偏移或转正，还能建立圆形或矩形边界的详图。当模型或配置有变更时，能维持多个剖面与详图的一致性。新增删除线样式，可以在多行文字、多重引线、标注、表格与弧形文字上使用，以增加文字表达的灵活性。新增表面曲线萃取，让用户能在一个曲面或三维实体的表面之上建立曲线，视曲面的造型或三维实体而定，可用直线、聚合线、弧或云形线为基础的曲线。新增实时预览属性变更，如变更对象的颜色时，当光标停留在选单中的任何一个颜色时，选择的对象就会动态显示该颜色，变更透明度也是一样。AutoCAD 2014提供了全新的“欢迎”屏幕，方便用户使用该软件。

1.2.2 常用的计算机绘图软件

能够完成二维、三维图形绘制和建模的软件有很多，设计人员在这样的CAD设计平台上可以快速准确地进行图形绘制和工程设计。表1-1列举了部分国内外常用的计算机绘图软件（未包括AutoCAD软件）。

表 1-1　常用的计算机绘图软件

软件名称	出品公司	特　点
CATIA	法国 Dassault System 公司	CATIA 是从 20 世纪 70 年代发展形成的，最先采用了三维线框、曲面和实体特征等多项技术。产品整个开发过程包括概念设计、详细设计、工程分析、成品定义和制造乃至成品在整个生命周期中的使用和维护
UG	德国 Siemens PLM Software 公司	利用 UG 可以准确地描述几乎所有的几何形状。通过将这些几何形状组合起来，可以设计、分析零件，并自动生成工程图。完成设计后，便可以进行 NC 编程
Creo	美国 PTC 公司	Creo 是整合了 PTC 公司的 Pro/Engineer 的参数化技术、CoCreate 的直接建模技术和 ProductView 的三维可视化技术的新型 CAD 设计软件包。Creo 的产品设计应用程序使企业中的每个人都能使用最适合自己的工具，有多个独立的应用程序，在二维和三维 CAD 建模、分析及可视化方面提供了新的功能。Creo 还提供了空前的互操作性，可确保在内部和外部团队之间轻松共享数据
Cimatron	以色列 Cimatron 公司	专门针对模具行业设计开发的，包括易于使用的三维设计工具，融合了线框造型、曲面造型和实体造型，允许用户方便地处理获得的数据模型或进行产品的概念设计
Inventor	美国 AutoDesk 公司	Inventor 是一款三维可视化实体模拟软件，包含三维建模、信息管理、协同工作和技术支持等各种特征。使用 Autodesk Inventor 可以创建三维模型和二维制造工程图，可以创建自适应的特征、零件和子部件，还可以管理上千个零件和大型部件，它的“连接到网络”工具可以使工作组人员协同工作，方便数据共享和同事之间设计理念的沟通

第2章 AutoCAD概述

2.1 AutoCAD的主要功能

AutoCAD是由美国Autodesk公司开发的大型计算机辅助绘图软件，主要用来绘制工程图样。Autodesk公司自1982年推出AutoCAD的第一个版本——AutoCAD 1.0起，在全球拥有上千万用户，多年来积累了无法估量的设计数据资源。该软件作为CAD领域的主流产品和工业标准，一直凭借其独特的优势而为全球设计工程师采用。目前，它广泛应用于机械、电子、土木、建筑、航空、航天、轻工和纺织等领域。本书介绍的是最流行的AutoCAD 2014。

AutoCAD是一个辅助设计软件，可以满足通用设计和绘图的主要需求，并提供各种接口，可以和其他软件共享设计成果，并能十分方便地进行管理。它主要提供如下功能。

(1) 具有强大的图形绘制功能：AutoCAD提供了创建直线、圆、圆弧、曲线、文本、表格和尺寸标注等多种图形对象的功能。

(2) 精确定位定形功能：AutoCAD提供了坐标输入、对象捕捉、栅格捕捉、追踪、动态输入等功能，利用这些功能可以精确地为图形对象定位和定形。

(3) 具有方便的图形编辑功能：AutoCAD提供了复制、旋转、阵列、修剪、倒角、缩放、偏移等方便实用的编辑工具，大大提高了绘图效率。

(4) 图形输出功能：图形输出包括屏幕显示和打印出图，AutoCAD提供了方便的缩放和平移等屏幕显示工具，模型空间、图纸空间、布局、图纸集、发布和打印等功能极大地丰富了出图选择。

(5) 三维造型功能：AutoCAD三维建模可让用户使用实体、曲面和网格对象创建图形。

(6) 辅助设计功能：可以查询绘制好的图形的尺寸、面积、体积和力学特性等；提供多种软件的接口，可以方便地将设计数据和图形在多个软件中共享，进一步发挥各软件的特点和优势。

(7) 允许用户进行二次开发：AutoCAD自带的AutoLISP语言让用户自行定义新命令和开发新功能。通过DXF、IGES等图形数据接口，可以实现AutoCAD和其他系统的集成。此外，AutoCAD支持ObjectARX、ActiveX、VBA等技术，提供了与其他高级编程语言的接口，具有很强的开发性。

2.2 AutoCAD 2014工作空间及经典工作界面

2.2.1 AutoCAD 2014工作空间

AutoCAD 2014的工作空间（又称为工作界面）有AutoCAD经典、草图与注释、三维建模和三维基础4种形式。图2-1～图2-4所示分别是AutoCAD经典、草图与注释、三维建模和三维基础的工作界面。

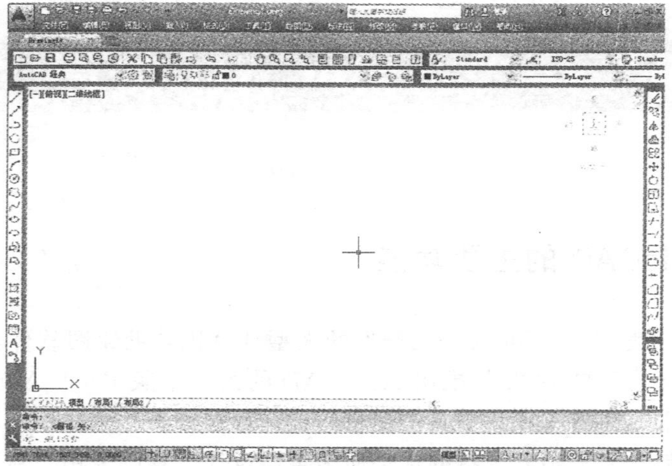

图 2-1　AutoCAD 经典工作界面

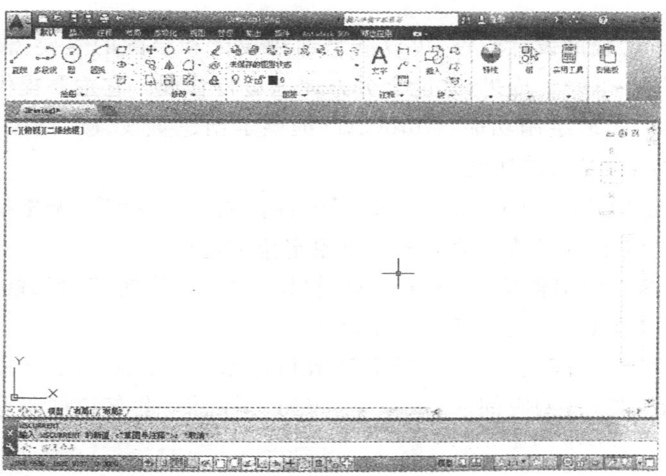

图 2-2　草图与注释工作界面

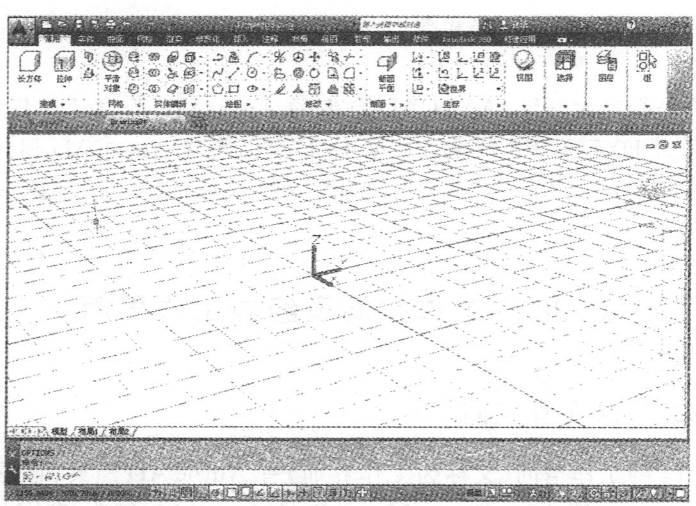

图 2-3　三维建模工作界面

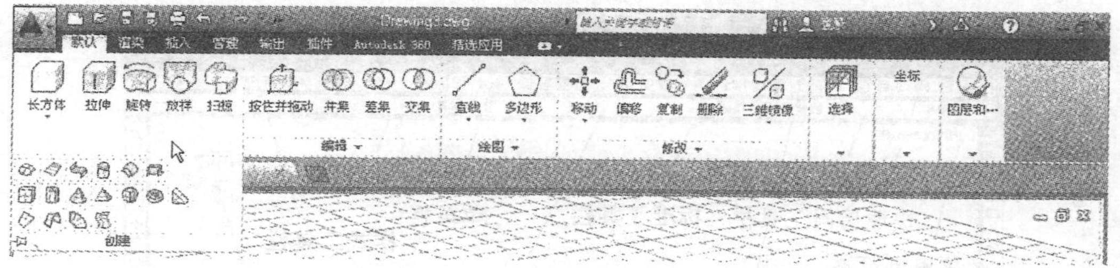

图 2-4　三维基础工作界面(部分)

说明:如果在各界面中显示有网格线,通过单击工作界面中位于最下面一行按钮的第 3 个按钮(栅格显示)可以实现显示或不显示栅格线的切换。

说明:第一次启动 AutoCAD 2014 时,默认的工作界面是草图与注释工作界面。

切换工作界面的方法之一为:单击状态栏(位于绘图界面的最下面一栏)上的"切换工作空间"按钮(),AutoCAD 弹出对应的菜单,如图 2-5 所示,从中选择对应的绘图工作空间即可。

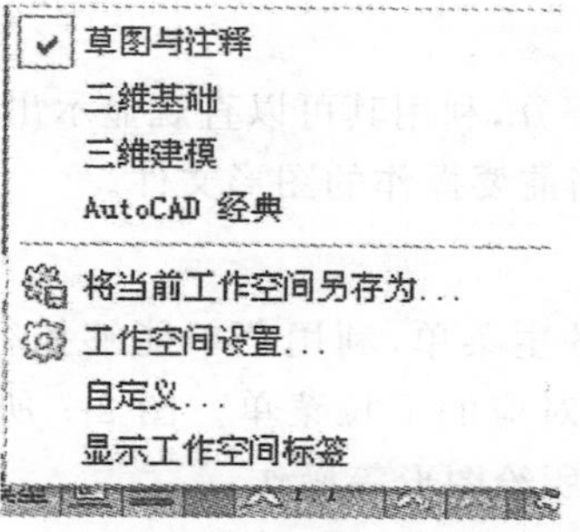

图 2-5　切换工作空间菜单

说明:第一次启动 AutoCAD 2014 后,如果在工作界面上还显示出其他绘图辅助窗口,可以将它们关闭,在绘图过程中需要时再打开。

2.2.2　AutoCAD 2014 经典工作界面

图 2-6 所示为 AutoCAD 2014 经典工作界面。

AutoCAD 2014 经典工作界面由标题栏、菜单栏、多个工具栏、绘图窗口、光标、坐标系图标、模型/布局选项卡、命令窗口(又称为命令行窗口)、状态栏、滚动条和菜单浏览器等组成。下面简要介绍它们的功能。

1. 标题栏

标题栏位于工作界面的最上方,其功能与其他 Windows 应用程序类似,用于显示 AutoCAD 2014 的程序图标以及当前所操作图形文件的名称。位于标题栏右上角的按钮()用于实现 AutoCAD 2014 窗口的最小化、最大化和关闭操作。

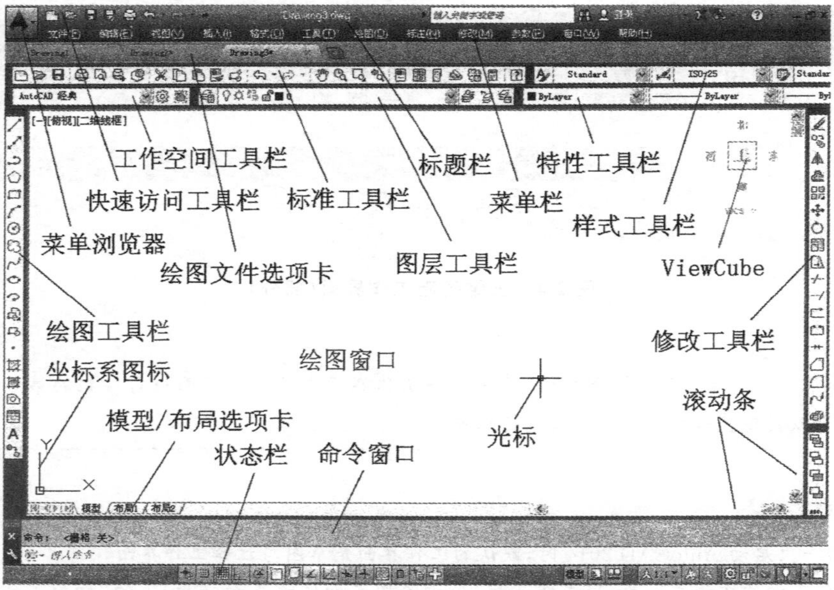

图 2-6　AutoCAD 2014 经典工作界面

2. 绘图文件选项卡

这是 AutoCAD 2014 新增部分，利用其可以直观显示出当前已打开或绘制的图形文件，用户还可以方便地通过它切换当前要操作的图形文件。

3. 菜单栏

菜单栏是 AutoCAD 2014 的主菜单，利用菜单能够执行 AutoCAD 的大部分命令。单击菜单栏中的某一项，可以打开对应的下拉菜单。图 2-7 所示为 AutoCAD 2014 的"修改"下拉菜单及其子菜单，用于编辑所绘图形等操作。

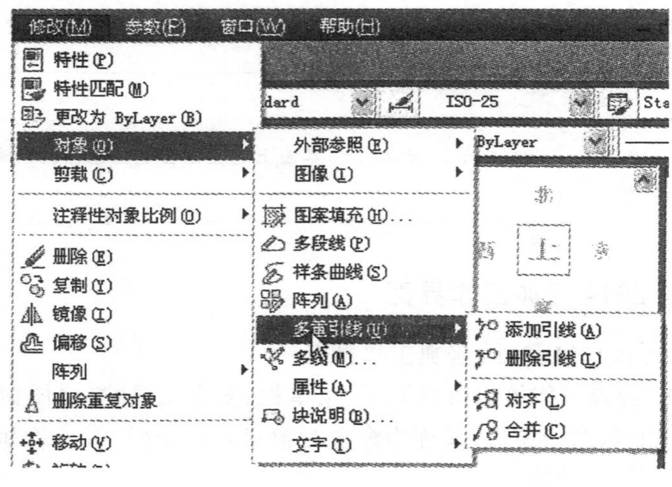

图 2-7　"修改"下拉菜单及其子菜单

下拉菜单具有以下特点。

(1) 右侧有符号"▶"的菜单项，表示它还有子菜单。图 2-7 所示为与"对象"菜单项对应的子菜单和"对象"子菜单中的"多重引线"子菜单。

(2) 右侧有符号“…”的菜单项，被单击后将显示出一个对话框。例如，单击“绘图”菜单中的“表格”项，会显示出图 2-8 所示的“插入表格”对话框，该对话框用于插入表格时的相关设置。

(3) 单击右侧没有任何标识的菜单项，会执行对应的 AutoCAD 命令。

AutoCAD 2014 还提供有快捷菜单，用于快速执行 AutoCAD 的常用操作，单击鼠标右键可打开快捷菜单。当前的操作不同或光标所处的位置不同时，单击鼠标右键后打开的快捷菜单也不同。例如，图 2-9 所示是当光标位于绘图窗口时，单击鼠标右键弹出的快捷菜单（读者得到的快捷菜单可能与此图显示的菜单不一样，因为快捷菜单中位于前面两行的菜单内容与前面的操作有关）。

图 2-8 “插入表格”对话框

图 2-9 快捷菜单

4. 工具栏

AutoCAD 2014 提供了 50 多个工具栏，每个工具栏上有一些命令按钮。将光标放到命令按钮上稍做停留，AutoCAD 会弹出工具提示（即文字提示标签），以说明该按钮的功能以及对应的绘图命令。例如，图 2-10(a)所示是绘图工具栏以及与矩形按钮（▭）对应的工具提示。将光标放到工具栏按钮上，并在显示出工具提示后停留一段时间（约 2 s），又会显示出扩展的工具提示，如图 2-10(b)所示。

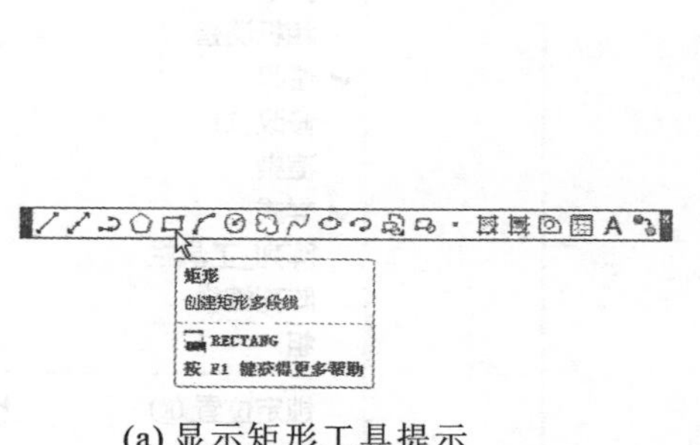

(a) 显示矩形工具提示

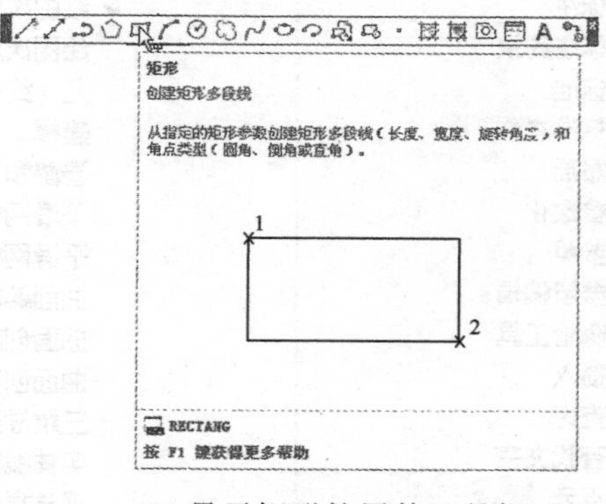

(b) 显示矩形扩展的工具提示

图 2-10 显示工具提示和扩展的工具提示

扩展的工具提示对与该按钮对应的绘图命令给出了更为详细的说明。

说明：可以通过设置来控制是否显示工具提示以及扩展的工具提示。

工具栏中右下角有小黑三角形的按钮(◢)，可以引出一个包含相关命令的弹出工具栏。将光标放在这样的按钮上，按下鼠标左键，即可显示出弹出工具栏。例如，从“标准”工具栏的“窗口缩放”按钮(□)可以引出图 2-11 所示的弹出工具栏。

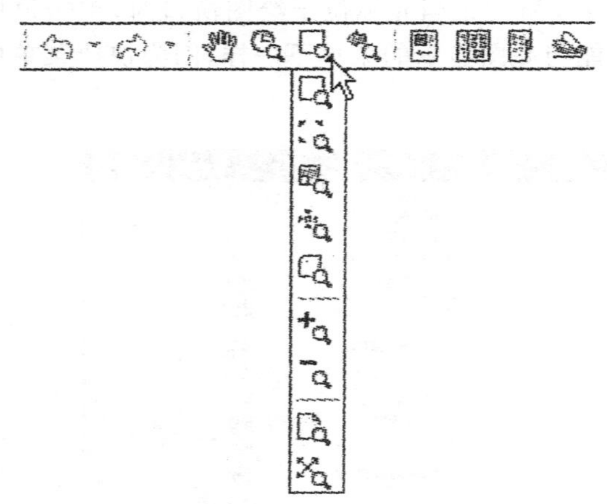

图 2-11 显示弹出工具栏

单击工具栏上的某一按钮可以启动对应的 AutoCAD 命令。在图 2-6 所示的工作界面中显示出了 AutoCAD 默认打开的一些工具栏。用户可以根据需要打开或关闭任一工具栏，其操作方法之一是：在已有工具栏上单击鼠标右键，AutoCAD 弹出列有工具栏目录的快捷菜单，如图 2-12 所示(为节省篇幅，将此工具栏分为 3 列显示)。通过在此快捷菜单中选择，即可打开或关闭某一工具栏。在快捷菜单中，前面有“√”的菜单项表示已打开了对应的工具栏。

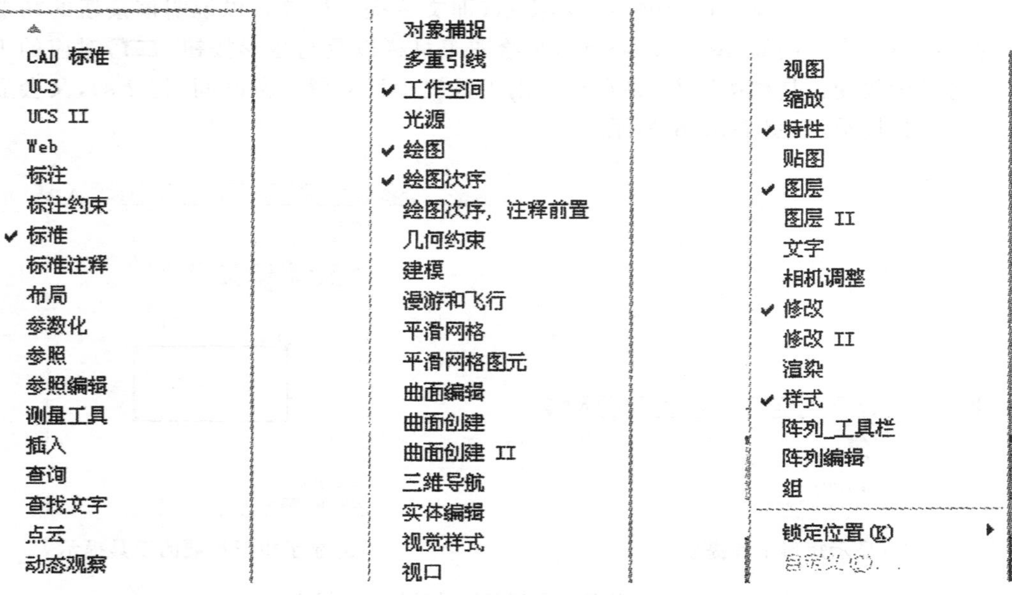

图 2-12 工具栏快捷菜单

AutoCAD 的工具栏是浮动的，用户可以将各工具栏拖放到工作界面的任意位置。由于用计算机绘图时的绘图区域有限，所以绘图时应根据需要只打开那些当前使用或常用的工具栏（如标注尺寸时打开“标注”工具栏），并将其放到绘图窗口的适当位置。

AutoCAD 2014 还提供了快速访问工具栏（其位置如图 2-6 所示），该工具栏用于放置那些需要经常使用的命令按钮，默认有“新建”按钮（）、“打开”按钮（）、“保存”按钮（）及“打印”按钮（）等。

用户可以为快速访问工具栏添加命令按钮，其方法为：在快速访问工具栏上单击鼠标右键，AutoCAD 弹出快捷菜单，如图 2-13 所示。

从快捷菜单中选择“自定义快速访问工具栏”，弹出“自定义用户界面”对话框，如图 2-14 所示。

从快速访问工具栏中删除(R)
添加分隔符(A)
自定义快速访问工具栏(C)
在功能区下方显示快速访问工具栏

图 2-13 快捷菜单

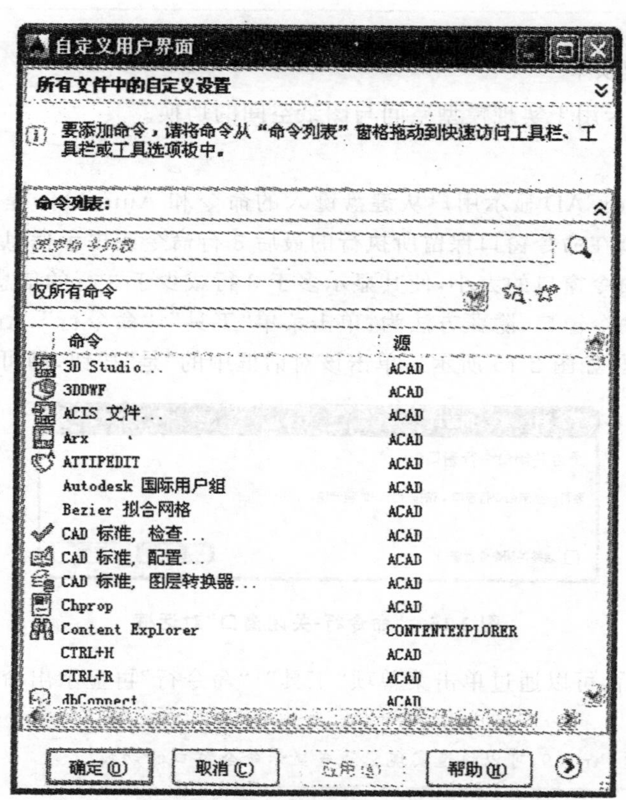

图 2-14 “自定义用户界面”对话框

从该对话框的“命令”列表框中找到要添加的命令后，将其拖到快速访问工具栏，即可为该工具栏添加对应的命令按钮。

说明：为在“命令”列表框中快速找到所希望的命令，可通过命令过滤下拉列表框（如图 2-14 所示的“All Commands Only”所在的下拉列表框）指定命令范围。

5. 绘图窗口

绘图窗口类似于手工绘图时的图纸，用 AutoCAD 2014 绘图就是在此区域中完成的。

6. 光标

AutoCAD 的光标用于绘图、选择对象等操作。光标位于 AutoCAD 的绘图窗口时为十字形状，故又被称为十字光标，十字线的交点为光标的当前位置。

7. 坐标系图标

坐标系图标用于表示当前绘图所使用的坐标系形式以及坐标方向等。AutoCAD 提供了世界坐标系（world coordinate system，WCS）和用户坐标系（user coordinate system，UCS）两种坐标系。世界坐标系为默认坐标系，且默认时水平向右方向为 x 轴正方向，垂直向上方向为 y 轴正方向。

说明：可以通过“视图”|“显示”|“UCS 图标”|“特性”命令设置坐标系图标的样式。

8. 模型/布局选项卡

模型/布局选项卡用于实现模型空间与图纸空间的切换。

9. 命令窗口

命令窗口是 AutoCAD 显示用户从键盘键入的命令和 AutoCAD 提示信息的地方。默认设置下，AutoCAD 在命令窗口保留所执行的最后 3 行命令或提示信息。可以通过拖动窗口边框的方式改变命令窗口的大小，使其显示多于 3 行或少于 3 行的信息。

用户可以隐藏命令窗口，隐藏方法为：单击菜单“工具”|“命令行”，AutoCAD 弹出“命令行-关闭窗口”对话框，如图 2-15 所示。单击该对话框中的“是”按钮，即可隐藏命令窗口。

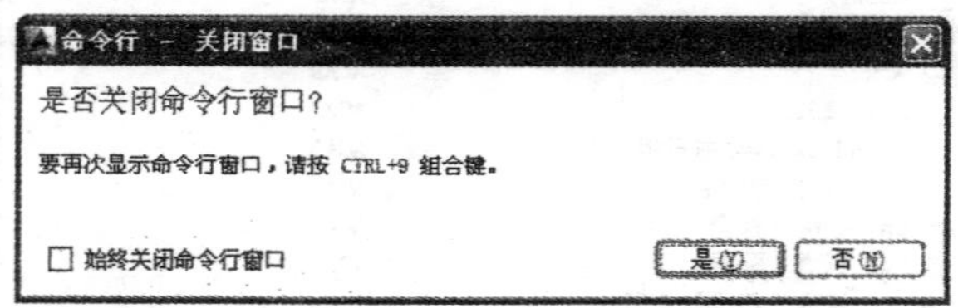

图 2-15 “命令行-关闭窗口”对话框

隐藏命令窗口后，可以通过单击菜单项“工具”|“命令行”再显示出命令窗口。

说明：利用组合键 Ctrl+9，可以快速实现隐藏或显示命令窗口的切换。

10. 状态栏

状态栏用于显示或设置当前绘图状态。位于状态栏上最左边的一组数字反映当前光标的坐标值，其余按钮从左到右分别表示当前是否启用了推断约束、捕捉模式、栅格显示、正交模式、极轴追踪、对象捕捉、三维对象捕捉、对象捕捉追踪、允许/禁止动态 UCS、动态输入，以及是否按设置的线宽显示图形等。单击某一按钮实现启用或关闭对应功能的切换，按钮为蓝色表示启用对应的功能，为灰色则表示关闭该功能。

说明：将光标放到某一个下拉菜单项时，AutoCAD 会在状态栏上显示出与菜单项对应的功能说明。

11. 菜单浏览器

AutoCAD 2014 提供有菜单浏览器，其位置如图 2-16 所示。单击此菜单浏览器，AutoCAD 会将浏览器展开，利用其可以执行 AutoCAD 的相应命令。

图 2-16　菜单浏览器

12. ViewCube

利用该工具可以方便地将视图按不同的方位显示。AutoCAD 默认打开 ViewCube，但对于二维绘图而言，此功能的作用不大。

2.3　文件的基本操作

在 AutoCAD 图形绘制过程中，应当养成有组织地管理文件的良好习惯，并能够有效地进行文件管理。用户自己建立的文件名应当遵循简单明了和易于记忆的原则。

2.3.1　创建新图形文件

该功能用于用户建立自己的图形文件。

命令的输入：

(1) 命令行：NEW。

(2) 菜单："文件"|"新建"。

(3) 工具栏："标准"菜单中的□。

在绘图之前执行命令，AutoCAD 将弹出"选择样板"对话框，如图 2-17 所示，在"文件类型"下拉列表中有 3 种文件格式，用户可以选择图形样板文件（＊.dwt）、图形文件（＊.dwg）或标准文件（＊.dws）。使用样板文件开始绘图可以在保持图形设置的一致性的同时大大提高绘图效率。用户可以根据自己的需要设置新的样板文件。

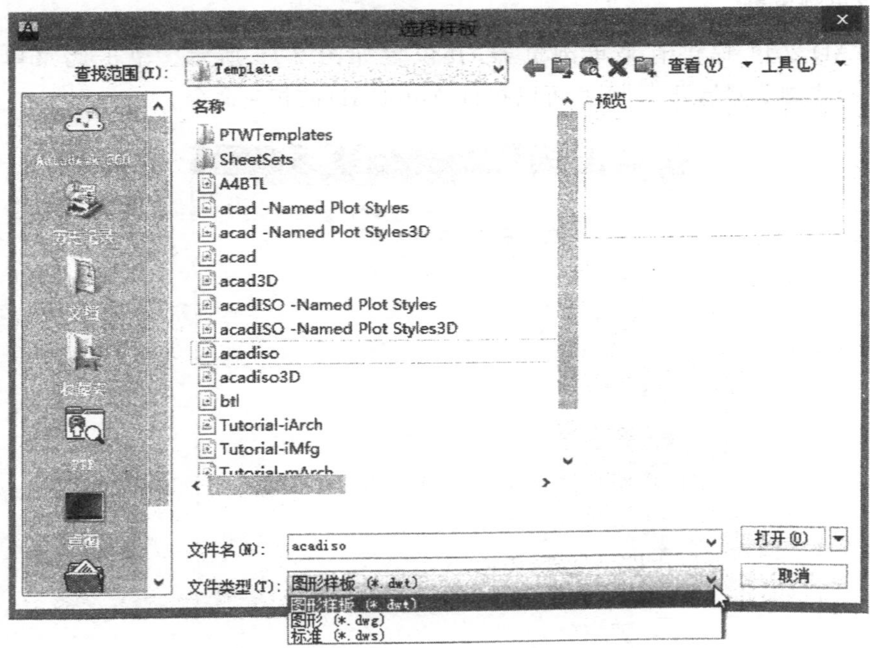

图 2-17 "选择样板"对话框

一般情况下，在"打开"的下拉选项中可选择公制的无样板打开方式，以建立新文件进行练习，如图 2-18 所示。

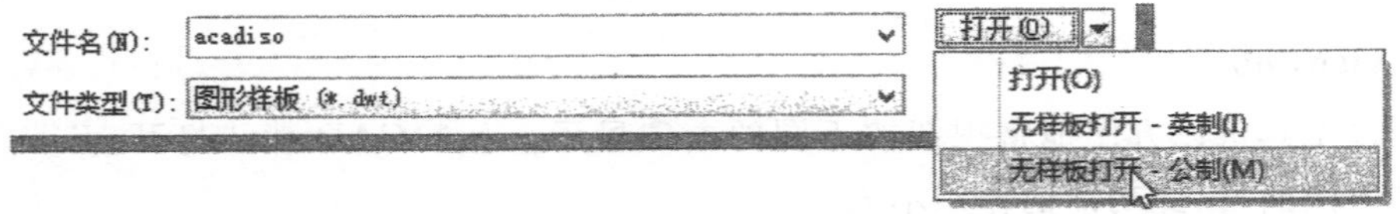

图 2-18 "打开"的下拉选项

2.3.2 打开图形文件

该功能用于用户打开已有的图形文件。

命令的输入：

（1）命令行：OPEN。

（2）菜单："文件"|"打开"。

（3）工具栏："标准"菜单中的 。

在执行上述命令后 AutoCAD 将弹出图 2-19 所示的"选择样板"对话框，并从中选择文件类型或要打开的文件名，在预览窗口中观察图形后，即可打开图形文件进行编辑绘图。

2.3.3 保存图形文件

用户绘制图形后，需要将图形文件保存到磁盘中。

命令的输入：

（1）命令行：QSAVE。

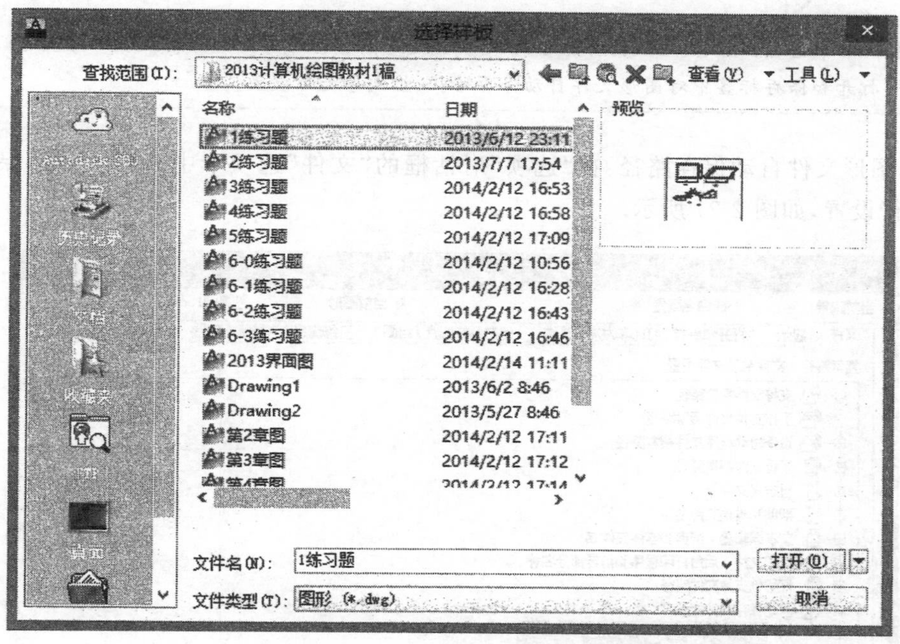

图 2-19 “选择样板”对话框

(2) 菜单:“文件”|“保存”。

(3) 工具栏:“标准”菜单中的。

在执行上述命令后 AutoCAD 将弹出“图形另存为”对话框,当前编辑并已命名的图形直接存入磁盘,所选的路径保持不变,如图 2-20 所示。

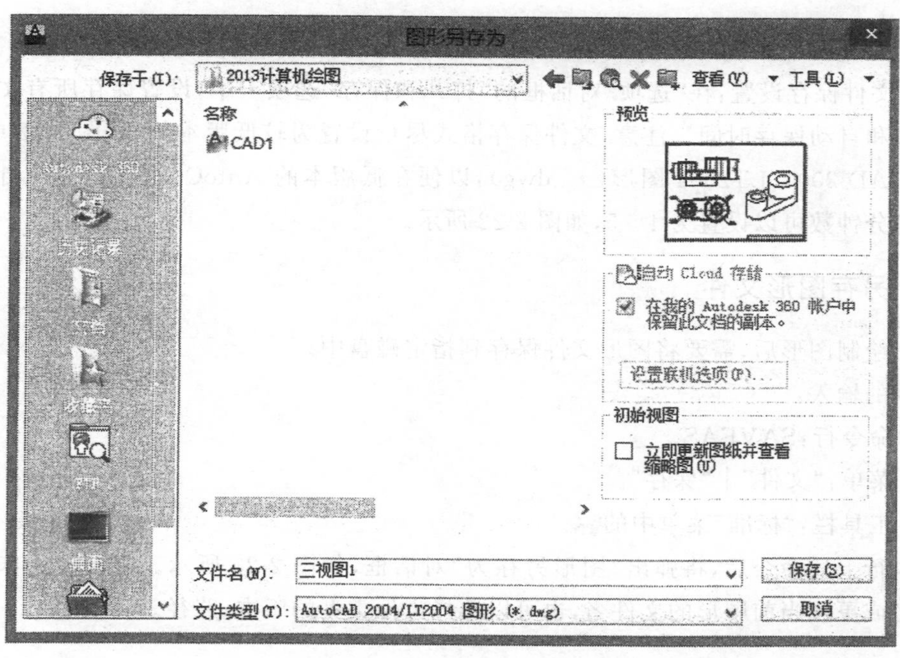

图 2-20 “图形另存为”对话框

说明：为防止意外操作、断电或计算机系统故障导致正在绘制的文件丢失，可以在“工具”|“选项”中的文件、打开和保存标签中对图形文件自动保存路径、格式等进行设置。

(1) 图形文件自动保存路径：在“选项”对话框的“文件”选项卡中，单击“自动保存文件位置”进行设置，如图 2-21 所示。

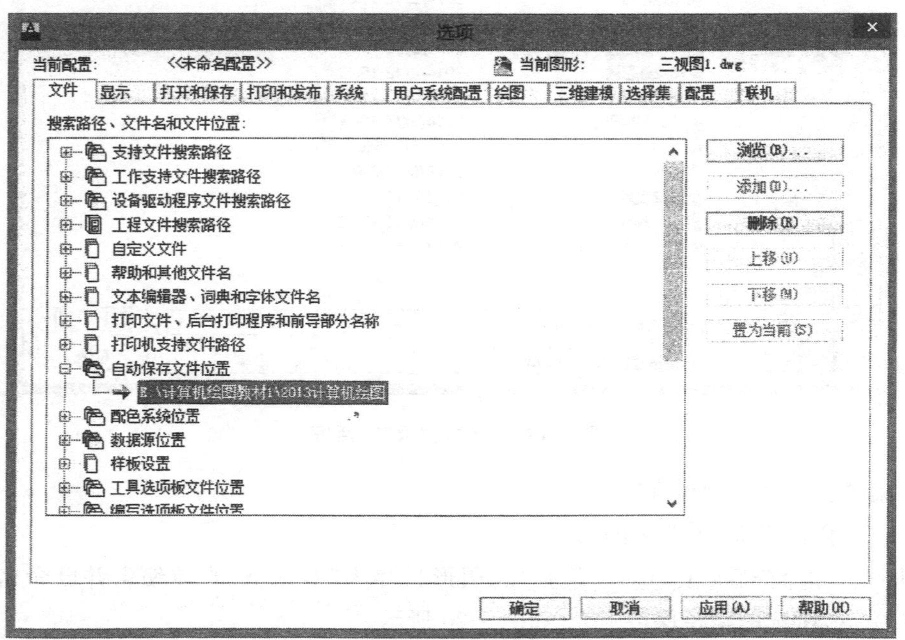

图 2-21 “选项”对话框的“文件”选项卡

(2) 文件保存设置：在“选项”对话框的“打开和保存”选项卡中，设置保存所有文件时的默认格式和自动保存时间。注意，文件保存格式尽量设置为较低版本的，如图 2-22 中，设置为 AutoCAD 2004/LT2004 图形(*.dwg)，以便在低版本的 AutoCAD 上打开。自动保存时间间隔分钟数可以设置为 1～5，如图 2-22 所示。

2.3.4 另存图形文件

用户绘制图形后，需要将图形文件保存到指定磁盘中。

命令的输入：

(1) 命令行：SAVEAS。

(2) 菜单：“文件”|“保存”。

(3) 工具栏：“标准”菜单中的 。

在执行上述命令后，将弹出“图形另存为”对话框，如图 2-20 所示。既可以给未命名的文件命名或更换当前图形的文件名，也可以选择文件类型的版本、路径。

2.3.5 退出图形文件

当绘制完图形，并将文件存盘后，就可以退出系统。

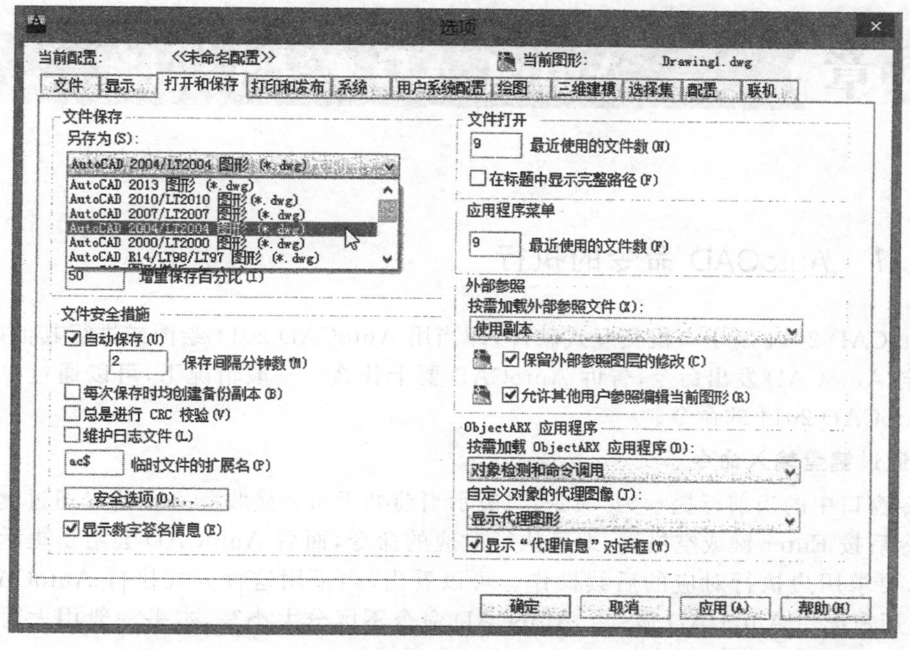

图 2-22 “选项”对话框的“打开和保存”选项卡

在“文件”菜单中选择“关闭”命令，只是关闭当前正在作图的图形文件，并没有完全退出 AutoCAD。如果图形修改过而未执行保存命令，那么在退出 AutoCAD 系统时会弹出报警对话框，如图 2-23 所示，提示在退出 AutoCAD 系统之前是否存储文件，以防止图形文件丢失。

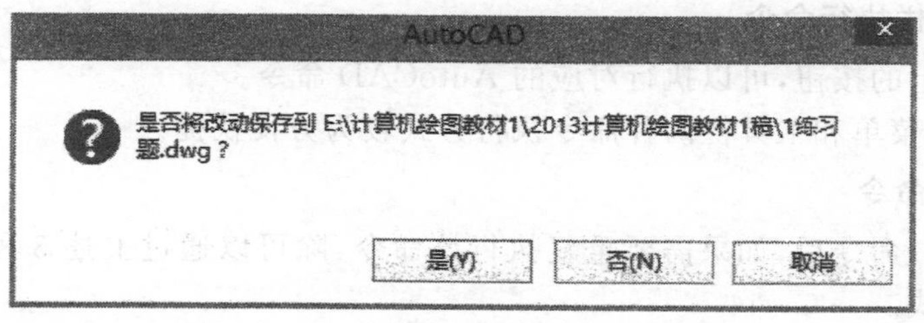

图 2-23 关闭报警对话框

思考与习题

1. 如果条件允许，尝试亲自安装 AutoCAD 2014。
2. 怎样启动、关闭 AutoCAD 2014？
3. 怎样新建、打开、关闭、保存一个文件？
4. AutoCAD 2014 工具软件有哪些基本功能？

第3章 AutoCAD 绘图基础

3.1 AutoCAD 命令的执行

AutoCAD 2014 属于人机交互式软件，即当用 AutoCAD 2014 绘图或进行其他操作时，首先要向 AutoCAD 发出命令，告诉 AutoCAD 要干什么。一般情况下，可以通过以下方式启动 AutoCAD 2014 的命令。

1. 通过键盘输入命令

命令窗口中的当前行提示为“命令:”，表示当前处于命令接收状态。此时通过键盘键入某一命令后按 Enter 键或空格键，即可执行对应的命令，而后 AutoCAD 会给出提示或弹出对话框，要求用户执行对应的后续操作。可以看出，当采用这种方式执行 AutoCAD 命令时，需要用户记住 AutoCAD 命令。AutoCAD 命令不区分大小写，本书一般用大写字母表示 AutoCAD 命令。

说明：利用 AutoCAD 2014 的帮助功能可以浏览 AutoCAD 2014 的全部命令及其功能。

2. 通过菜单执行命令

单击下拉菜单或菜单浏览中的菜单项，可以执行对应的 AutoCAD 命令。

3. 通过工具栏执行命令

单击工具栏上的按钮，可以执行对应的 AutoCAD 命令。

很显然，通过菜单和工具栏两种命令执行方式较为方便快捷。

4. 重复执行命令

当执行完某一命令后，如果需要重复执行该命令，除可以通过上述 3 种方式执行外，还可以使用以下方式。

(1) 直接按键盘上的 Enter 键或空格键。

(2) 使光标位于绘图窗口，单击鼠标右键，AutoCAD 会弹出快捷菜单，并在菜单的第一行显示出重复执行上一次所执行的命令，选择此菜单项可以重复执行对应的命令。例如，执行 ARRAY 命令完成一次阵列操作后，单击鼠标右键，会在快捷菜单的第一行显示“重复阵列”项，单击该菜单项会重复执行 ARRAY 命令。

说明：在命令的执行过程中，可以通过按 Esc 键或单击鼠标右键后，从弹出的快捷菜单中选择“取消”命令来终止命令的执行。

3.2 命令操作

利用 AutoCAD 完成的所有工作都是通过用户对系统下达命令来执行的。所以，用户必须熟练掌握执行命令和结束命令的方法，以及命令提示中各选项的含义和用法。

3.2.1 响应命令和结束命令

在激活命令后，一般情况下需要给出坐标或者选择参数，如让用户输入坐标值、设置选项、选择对象等，这时需要用户回应以继续执行命令。可以使用键盘、鼠标或快捷菜单来响应命令。另外，绘制图样需要多个命令，经常需要结束某个命令接着执行新命令。有些命令在执行完毕后会自动结束，有些命令需要使用相应操作才能结束。

结束命令有以下 4 种方法：

(1) 按键盘上的 Enter 键。按键盘上的 Enter 键，可以结束命令或确认输入的选项和数值。

(2) 按键盘上的空格键。按键盘上的空格键可以结束命令，也可确认除书写文字外的其余选项。这种方法是最常用的结束命令的方法。

说明：绘图时，一般左手操作键盘，右手控制鼠标，这时可以使用左手拇指方便地操作空格键，所以使用空格键是一种更方便的操作方法。

(3) 使用快捷菜单。在执行命令的过程中单击鼠标右键，在弹出的快捷菜单中选择“确认”选项即可结束命令。

(4) 按键盘上的 Esc 键。通过按键盘上的 Esc 键结束命令，回到命令提示状态下。有些命令必须使用键盘上的 Esc 键才能结束。

3.2.2 取消命令

绘图时也有可能会选错命令，需要中途取消命令或取消选中的目标。取消命令的方法有以下两种：

(1) 按键盘上的 Esc 键。Esc 键的功能非常强大，无论命令是否完成，都可通过按键盘上的 Esc 键取消命令，回到命令提示状态下。在编辑图形时，也可通过按键盘上的 Esc 键取消对已激活对象的选择。

(2) 使用快捷菜单。在执行命令的过程中，单击鼠标右键，在弹出的快捷菜单中选择“取消”选项即可取消命令。

说明：有时需要多次使用键盘上的 Esc 键才能取消命令。

3.2.3 撤销命令

撤销即放弃最近执行过的一次操作，回到未执行该命令前的状态。撤销命令的方法有以下几种：

(1) 选择菜单“编辑”|“放弃”命令。

(2) 单击快速访问工具栏中的↶按钮。

(3) 在命令行中输入“undo"或“u”命令，按空格键或 Enter 键。

(4) 使用快捷键 Ctrl＋Z。

放弃近期执行过的一定数目操作的方法如下：

（1）单击快速访问工具栏中的按钮右侧的列表箭头，在下拉列表中选择一定数目要放弃的操作。

（2）在命令行中输入“undo”命令后按 Enter 键，根据提示操作。AutoCAD 提示：

```
命令:undo                    //按 Enter 键或空格键
当前设置:自动=开,控制=全部,合并=是,图层=是
输入要放弃的操作数目或[自动(A)/控制(C)/开始(BE)/结束(E)/标记(M)/后退(B)]<1>:6
//输入要放弃的操作数目,按 Enter 键或空格键
GROUP CIRCLE GROUP ARC GROUP ARC GROUP OFFSET GROUP CIRCLE GROUP LINE
//系统提示所放弃的 6 步操作的名称
```

3.2.4 重做命令

重做是指恢复 undo 命令刚刚放弃的操作。它必须紧跟在 u 或 undo 命令后执行，否则命令无效。

重做单个操作的方法如下：

（1）单击菜单“编辑”|“重做”命令。

（2）单击快速访问工具栏中的按钮。

（3）在命令行中输入“redo”命令，按空格键或 Enter 键。

（4）使用快捷键 Ctrl＋Y。

重做一定数目操作的方法如下：

（1）单击快速访问工具栏中的按钮右侧的列表箭头，在下拉列表中选择一定数目要重做的操作。

（2）在命令行中输入“mredo”命令后按 Enter 键，根据提示操作。AutoCAD 提示：

```
命令:mredo                         //按 Enter 键或空格键
输入动作数目或[全部(A)/上一个(L)]:4 ↙ //输入要重做的操作数目,按 Enter 键或空格键
GROUP LINE GROUP CIRCLE GROUP OFFSET GROUP ARC
                     //系统提示所重做的 4 步操作的名称
```

3.3 鼠标操作

鼠标在 AutoCAD 的操作中起着非常重要的作用，是不可缺少的工具。AutoCAD 采用了大量的 Windows 的交互技术，使鼠标操作的多样化、智能化程度较高。在 AutoCAD 中绘图、编辑都要用到鼠标操作，灵活使用鼠标，对于加快绘图速度、提高绘图质量有着非常重要的作用。所以，有必要先介绍一下鼠标指针在不同情况下的形状和鼠标的几种使用方法。

3.3.1 鼠标指针形状

作为 Windows 的用户，大家都知道鼠标指针有很多样式，不同的形状代表现在系统处在不同的状态。了解鼠标的指针形状对用户进行 AutoCAD 操作的意义是显而易见的。各种鼠标指针形状的含义如表 3-1 所示。

表 3-1 各种鼠标指针形状的含义

指针形状	含义	指针形状	含义
	正常绘图状态		调整图框右上左下方向的大小
	指向状态		调整图框左右方向的大小
	输入状态		调整图框左上右下方向的大小
	选择对象状态		调整图框上下方向的大小
	实时缩放状态		视图平移符号
	移动实体状态		插入文本符号
	调整命令窗口大小		帮助超文本跳转

3.3.2 鼠标基本操作

鼠标的基本操作主要有以下几种。

1. 指向

将鼠标指针移动到某一个面板按钮上，系统会自动显示出该图标按钮的名称和说明信息。

2. 单击左键

把鼠标指针移动到某一个对象上，单击鼠标左键。单击左键主要应用在以下场合：

(1) 选择目标。

(2) 确定十字光标在绘图区的位置。

(3) 移动水平、竖直滚动条。

(4) 单击命令按钮，执行相应的命令。

(5) 单击对话框中的按钮，执行相应的命令。

(6) 打开下拉菜单，选择相应的命令。

(7) 打开下拉列表，选择相应的选项。

3. 单击右键

把鼠标指针指向某一个对象，按一下右键。单击右键主要应用在以下场合：

(1) 结束选择目标。

(2) 弹出快捷菜单。

(3) 结束命令。

4. 双击

把鼠标指针指向某一个对象或图标，快速按两下鼠标左键。

5. 拖动

在某对象上按住鼠标左键并移动鼠标指针至适当的位置释放。拖动主要应用在以下场合：

（1）拖动滚动条，以快速在水平、垂直方向移动视图。

（2）动态平移、缩放当前视图。

（3）拖动选项板到合适的位置。

（4）在选中的图形上拖动，可以移动对象的位置。

6. 间隔双击

在某一个对象上单击鼠标左键，间隔一会再单击一下，这个间隔要超过双击的间隔。间隔双击主要应用于文件名或层名。在文件名或层名上间隔双击后就会进入编辑状态，这时就可以改名了。

7. 滚动中键

滚动中键是指滚动鼠标的中键滚轮。在绘图工作区滚动中键，可以实现对视图的实时缩放。

8. 拖动中键

拖动中键是指按住鼠标中键移动鼠标。在绘图工作区拖动中键或结合键盘拖动中键可以完成以下功能：

（1）直接拖动鼠标中键，可以实现视图的实时平移。

（2）按住 Ctrl 键拖动鼠标中键，可以沿水平方向或竖直方向实时平移视图。

（3）按住 Shift 键拖动鼠标中键，可以实时旋转视图。

9. 双击中键

双击中键是指在图形区双击鼠标中键。双击中键可以将所绘制的全部图形完全显示在屏幕上，使其便于操作。

3.4 AutoCAD 坐标定位

3.4.1 世界坐标系(WCS)和用户坐标系(UCS)

在工程图中，要实现精确绘图，通过输入点的坐标准确定位点极为关键。AutoCAD 坐标系包括世界坐标系和用户坐标系。利用 AutoCAD 的坐标系可以按照非常高的精度标准准确地设计并绘制图形。

1. 世界坐标系

世界坐标系包括 *X* 轴和 *Y* 轴(如果在 3D 空间工作，还有 *Z* 轴)。AutoCAD 系统初始设置的坐标系即为世界坐标系，其坐标原点位于图形窗口的左下角，其坐标轴交汇处显示“□”标记，如图 3-1 所示。绘制图形时，所有的位移都是相对于坐标原点进行计算的，并且规定沿 *X* 轴正向及 *Y* 轴正向的方向为正方向。

2. 用户坐标系

世界坐标系是固定的，不能改变。特别是在进行三维造型设计时，用户经常需要修改坐标系的原点和坐标轴方向，会感到极为不方便，为此 AutoCAD 为用户提供了可以在 WCS 中任意定义的坐标系，称为用户坐标系。UCS 的原点可以在 WCS 内的任意位置上，其坐标

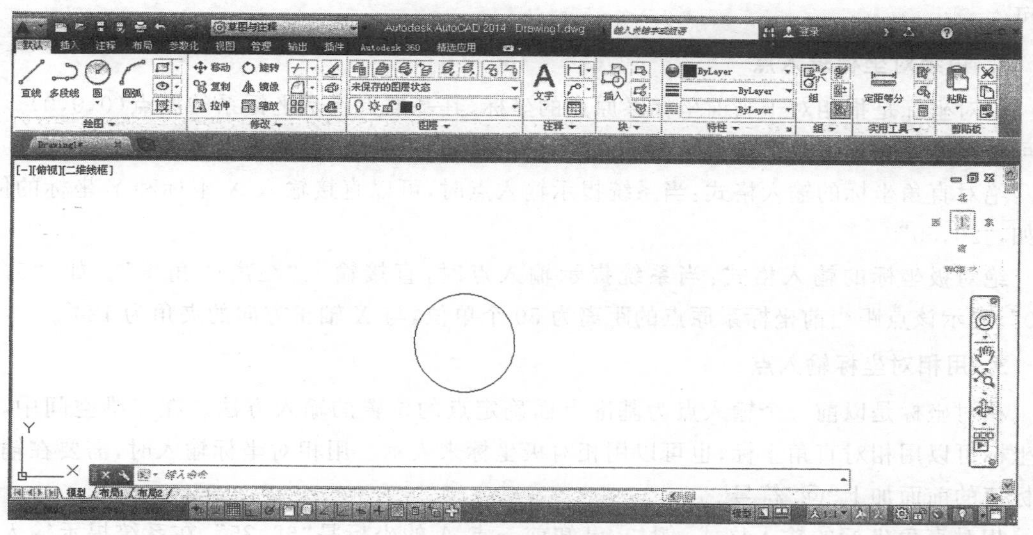

图 3-1　世界坐标系示意

轴可任意旋转和倾斜。用户坐标轴交汇处没有“□”形标记。用户可以通过单击菜单栏“工具”|“新建 UCS”|“原点”命令(或将鼠标停留在 WCS 坐标系图标上,单击右键,在弹出的快捷菜单中选择“原点”),在绘图区内指定一点,即可将世界坐标系变为用户坐标系,该点就成为用户坐标系的原点。如图 3-2 所示,已将圆心 O 点设置为用户坐标系的原点。

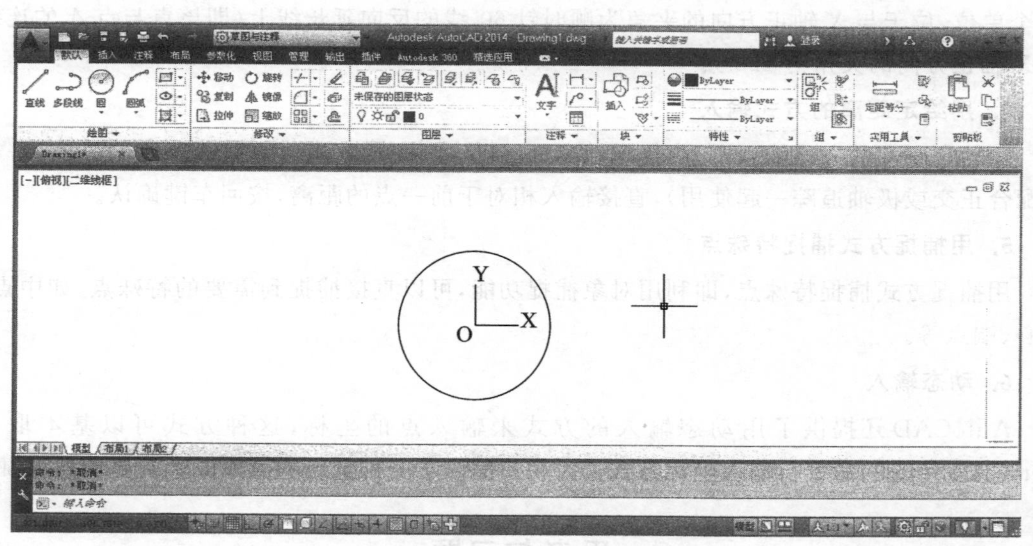

图 3-2　用户坐标系示意

3.4.2　确定点的方式

点是形体中最基本的元素,任何形体都是由许许多多的点组成的,AutoCAD 提供了以下几种点的输入确定方式。

1. 用鼠标直接输入

用鼠标直接选取点的方法是,在绘图区移动光标到欲确定的位置,单击鼠标左键确定即可。

2. 用绝对坐标输入点

绝对坐标是指相对于当前坐标系原点的坐标，其基准点就是坐标系的原点(0,0,0)。一般可采用通过键盘输入绝对直角坐标或绝对极坐标确定某个点。

绝对直角坐标的输入格式：当系统提示输入点时，可以直接输入 X 坐标和 Y 坐标的值，例如，“20,50”。

绝对极坐标的输入格式：当系统提示输入点时，直接输入“距离<角度”。如：“50<120”，表示该点距当前坐标系原点的距离为 50 个单位，与 X 轴正方向的夹角为 120°。

3. 用相对坐标输入点

相对坐标是以前一个输入点为基准点而确定点的位置的输入方法。在二维空间中，相对坐标可以用相对直角坐标，也可以用相对极坐标来表示。用相对坐标输入时，需要在输入坐标值的前面加上“@”符号。

相对直角坐标的输入格式：例如，已知前一点 A 的坐标是“68,25”，在系统提示输入点时，输入“@－28,20”，则该点的绝对直角坐标为“40,45”(沿 X、Y 轴正方向的增量为正，反之为负)。

相对极坐标的输入格式：例如，已知前一点 A 的坐标是“68,25”，在系统提示输入点时，输入“@30<60”，则表示该点与点 A 的距离为 30 个单位，与 X 轴正方向的夹角为逆时针 60°。若已知前一点 A 的坐标是“68,25”，输入“@－30<－60”，则表示该点与点 A 的距离为 30 个单位，位于与 X 轴正方向的夹角为顺时针 60°线的反向延长线上(即该点与点 A 的连线和 X 轴正方向的夹角为 120°)。

4. 用给定距离的方式输入

用给定距离的方式输入时，当提示输入一个点时，将光标移动到欲输入点的方向(一般需配合正交或极轴追踪一起使用)，直接输入相对于前一点的距离，按回车键确认。

5. 用捕捉方式捕捉特殊点

用捕捉方式捕捉特殊点，即利用对象捕捉功能，可以直接捕捉到需要的特殊点，如中点、圆心、端点等。

6. 动态输入

AutoCAD 还提供了用动态输入的方式来输入点的坐标，这种方式可以基本取代 AutoCAD 传统的命令行输入坐标方式，为用户提供了一种全新的操作体验，更加直观快捷。

思考与习题

1. 在 AutoCAD 中怎样执行命令，怎样响应和结束命令？

2. AutoCAD 绘图时点的坐标有哪几种输入方式？如何输入？应注意哪些问题？

3. 根据点的坐标输入法，用直线命令“LINE”绘制下列图形，图形的起点自定，如图 3-3～图 3-7 所示。

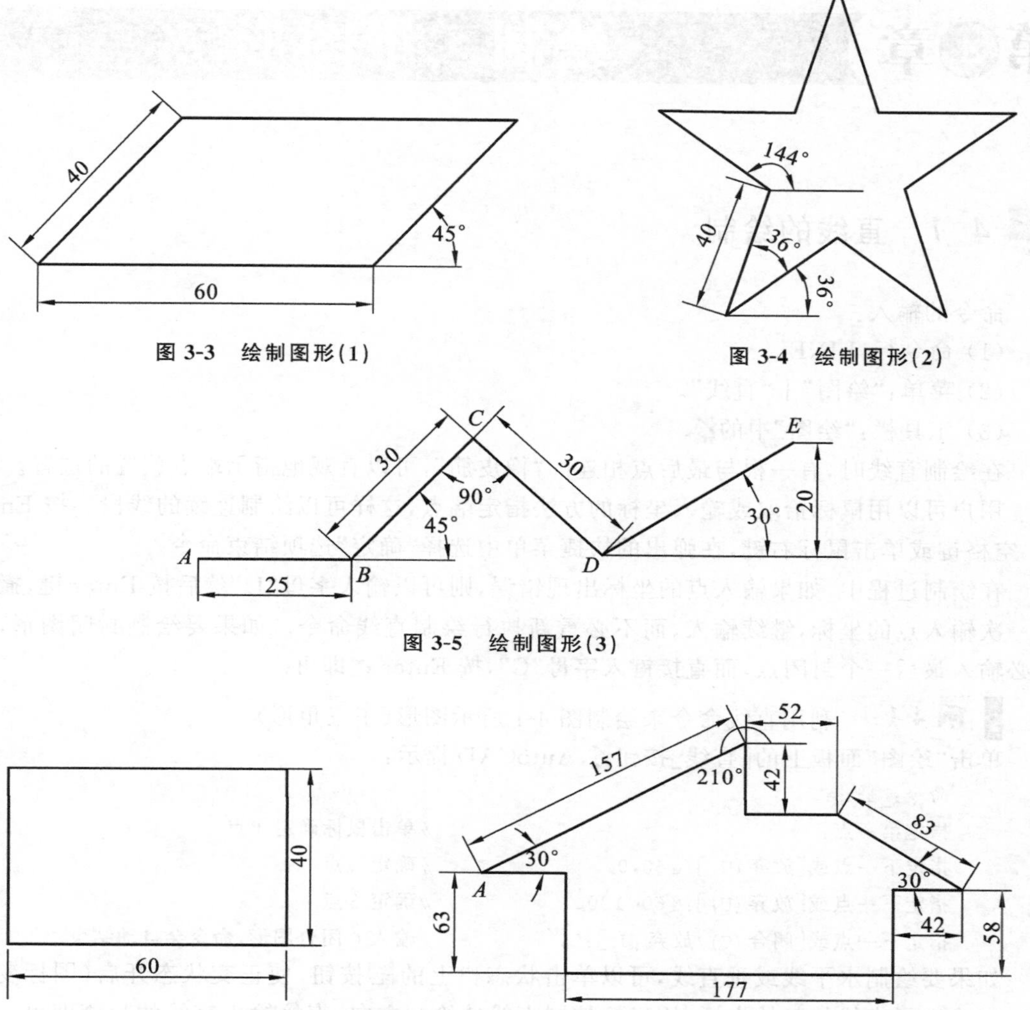

图 3-3 绘制图形(1)

图 3-4 绘制图形(2)

图 3-5 绘制图形(3)

图 3-6 绘制图形(4)

图 3-7 绘制图形(5)

第4章 绘制二维图形

4.1 直线的绘制

命令的输入：

(1) 命令行：LINE。

(2) 菜单："绘图"|"直线"。

(3) 工具栏："绘图"中的。

在绘制直线时，有一根与最后点相连的"橡皮筋"，可以直观地指示端点放置的位置。

用户可以用鼠标拾取或输入坐标的方法指定端点，这样可以绘制连续的线段。按 Enter 键、空格键或单击鼠标右键，在弹出的快捷菜单中选择"确定"选项结束命令。

在绘制过程中，如果输入点的坐标出现错误，则可以输入字母"U"然后按 Enter 键，撤销上一次输入点的坐标，继续输入，而不必重新执行绘制直线命令。如果要绘制封闭图形，则不必输入最后一个封闭点，而直接键入字母"C"，按 Enter 键即可。

例 4-1 利用直线命令来绘制图 4-1 所示图形（正三角形）。

单击"绘图"面板上的[直线]按钮，AutoCAD 提示：

```
命令：_line
指定第一点：                                    //单击鼠标确定 1 点
指定下一点或[放弃(U)]：@60,0↙                   //确定 2 点
指定下一点或[放弃(U)]：@60<120↙                 //确定 3 点
指定下一点或[闭合(C)/放弃(U)]：C↙               //输入 C 闭合图形，命令会自动结束
```

如果要绘制水平线或垂直线，可以单击状态栏上的按钮，使正交状态开启（图标变蓝色），在确定了直线的起始点后，用光标控制直线的绘制方向，直接输入直线的长度即可。利用正交方式可以方便地绘制图 4-2 所示的矩形图样。

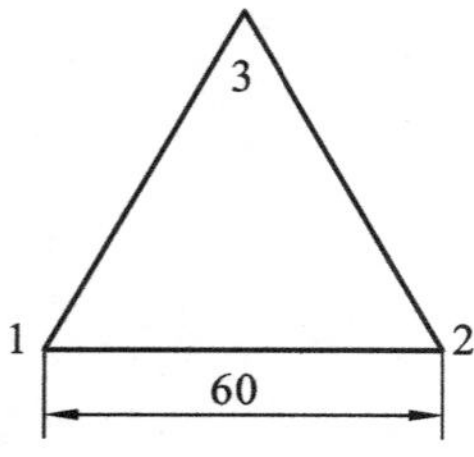

图 4-1　绘制正三角形

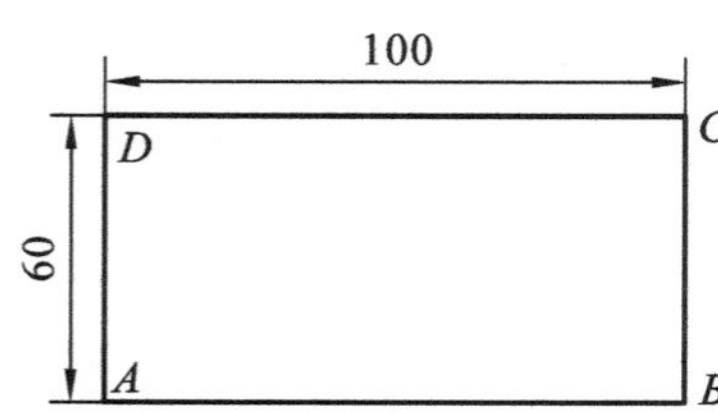

图 4-2　绘制矩形

单击"直线"按钮，AutoCAD 提示：

```
命令：_line
指定第一点： < 正交 开>                          //单击鼠标确定 A 点
指定下一点或[放弃(U)]：< 正交开> 100↙            //确定 B 点
指定下一点或[放弃(U)]：60↙                       //确定 C 点
指定下一点或[闭合(C)/放弃(U)]：100↙              //确定 D 点
指定下一点或[闭合(C)/放弃(U)]：C↙                //封闭图形
```

打开正交工具：在状态栏上的按钮处单击鼠标左键或按 F8 键都可以开启正交状态，这时鼠标只能在水平或竖直方向移动，向右拖动光标，确定直线的走向沿 X 轴正向，如图4-3所示。输入长度值 100，然后按 Enter 键。用同样的方法确定其余直线的方向，输入长度值。

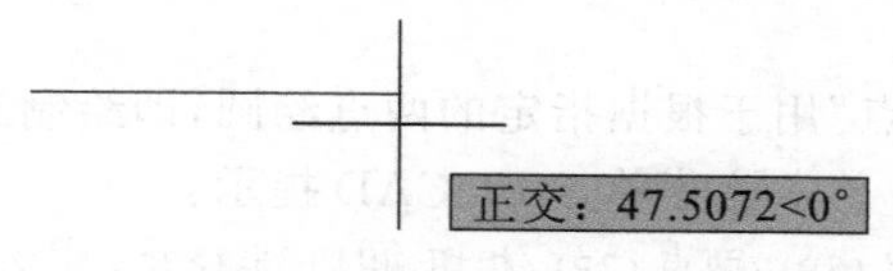

图 4-3　确定直线走向

> **说明**：(1) 在处于开启状态的按钮上再次单击鼠标或按 F8 键都可以取消正交。
>
> (2) 建议长度值不要输入负号，要画的线向哪个方向延伸，就把鼠标向哪个方向拖动，然后输入长度值即可。

4.2　圆及圆弧的绘制

4.2.1　绘制圆

命令的输入：

(1) 命令行：CIRCLE。

(2) 菜单："绘图"|"圆"，如图 4-4 所示。

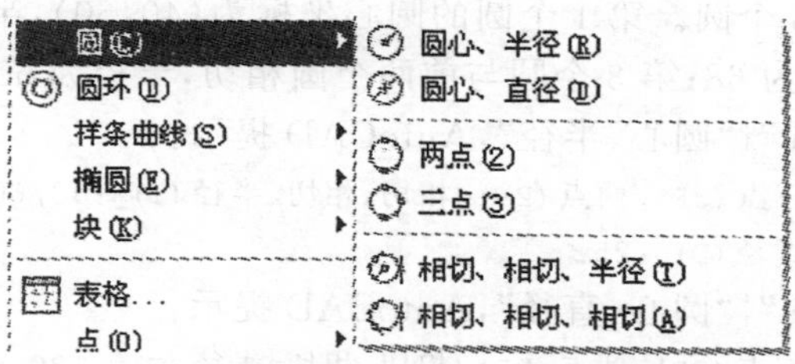

图 4-4　绘制圆的菜单

(3) 工具栏："绘图"中的(圆)。

执行命令后，AutoCAD 提示：

```
指定圆的圆心或[三点(3P)/两点(2P)相切、相切、半径(T)]：
```

此时可以根据提示，采用不同的选项绘制圆，但利用图 4-4 所示的绘圆菜单，可以直接按某种方式绘圆。下面介绍如何通过菜单绘制圆。

1. 根据圆心和半径绘制圆

单击菜单"绘图"|"圆"|"圆心、半径"，AutoCAD 提示：

```
指定圆的圆心或[三点(3P)/两点(2P)/相切、相切、半径(T)]：//指定圆的圆心位置
指定圆的半径或[直径(D)]：                              //输入圆的半径后按 Enter 键
```

2. 根据圆心和直径绘制圆

单击菜单"绘图"|"圆"|"圆心、直径"，AutoCAD 提示：

```
指定圆的圆心或[三点(3P)/两点(2P)/相切、相切、半径(T)]：//指定圆的圆心位置
指定圆的半径或[直径(D)]：_d 指定圆的直径：             //输入圆的直径值后按 Enter 键
```

说明："_d 指定圆的直径："是 AutoCAD 自动给出的提示。

3. 根据两点绘制圆

菜单"绘图"|"圆"|"两点"用于根据指定的两点绘圆，即绘制通过指定的两点，且以这两点之间的距离为直径的圆。单击该菜单，AutoCAD 提示：

```
指定圆的圆心或[三点(3P)/两点(2P)/相切、相切、半径(T)]:_2p
指定圆直径的第一个端点:                //指定某一圆直径上的第一个端点
指定圆直径的第二个端点:                //指定圆直径上的第二个端点
```

4. 根据三点绘制圆

通过三点可以唯一确定一个圆。单击菜单"绘图"|"圆"|"三点"，AutoCAD 提示：

```
指定圆的圆心或[三点(3P)/两点(2P)/相切、相切、半径(T)]:_3p
指定圆上的第一个点:                    //指定圆上的第一个点
指定圆上的第二个点:                    //指定圆上的第二个点
指定圆上的第三个点:                    //指定圆上的第三个点
```

5. 绘制与已有两个对象相切且半径为指定值的圆

单击菜单"绘图"|"圆"|"相切、相切、半径"，AutoCAD 提示：

```
指定圆的圆心或[三点(3P)/两点(2P)/相切、相切、半径(T)]: _ttr
指定对象与圆的第一个切点:              //选择第一个被切对象
指定对象与圆的第二个切点:              //选择第二个被切对象
指定圆的半径:                          //输入半径值后按 Enter 键
```

例 4-2　绘制 3 个圆。第 1 个圆的圆心坐标为(40,60)，半径为 25；第 2 个圆的圆心坐标为(130,80)，直径为 68；第 3 个圆与前两个圆相切，半径为 50。

单击菜单"绘图"|"圆"|"圆心、半径"，AutoCAD 提示：

```
指定圆的圆心或[三点(3P)/两点(2P)/相切、相切、半径(T)]:40,60↙      //圆心
指定圆的半径或[直径(D)]:25↙                                        //半径
```

单击菜单"绘图"|"圆"|"圆心、直径"，AutoCAD 提示：

```
指定圆的圆心或[三点(3P)/两点(2P)/相切、相切、半径(T)]:130,80↙     //圆心
指定圆的半径或[直径(D)]:_d 指定圆的直径:68↙                        //直径
```

单击菜单"绘图"|"圆"|"相切、相切、半径"，AutoCAD 提示：

```
指定圆的圆心或[三点(3P)/两点(2P)/相切、相切、半径(T)]: _ttr
指定对象与圆的第一个切点:              //选择已绘出的半径为 25 的圆
指定对象与圆的第二个切点:              //选择已绘出的直径为 68 的圆
指定圆的半径:50↙
```

到此完成 3 个圆的绘制。读者得到的结果也许是图 4-5 所示形式的某一种。可以看出，第 3 个圆虽然满足相切、相切和半径的要求，但可以有多种绘制结果。

实际上，当绘制与已有两对象相切且半径为指定值的圆时，AutoCAD 总是以离拾取点最近的位置作为切点来绘相切圆。因此，当在"指定对象与圆的第一个切点："和"指定对象与圆的第二个切点："提示下选择相切对象时，应在靠近所希望的切点位置选择对象。

说明：当绘制与已有两对象相切且半径为指定值的圆时，如果在"指定圆的半径："提示下给出的圆半径太小，则不能绘制出圆，AutoCAD 会结束命令，并提示："圆不存在"。

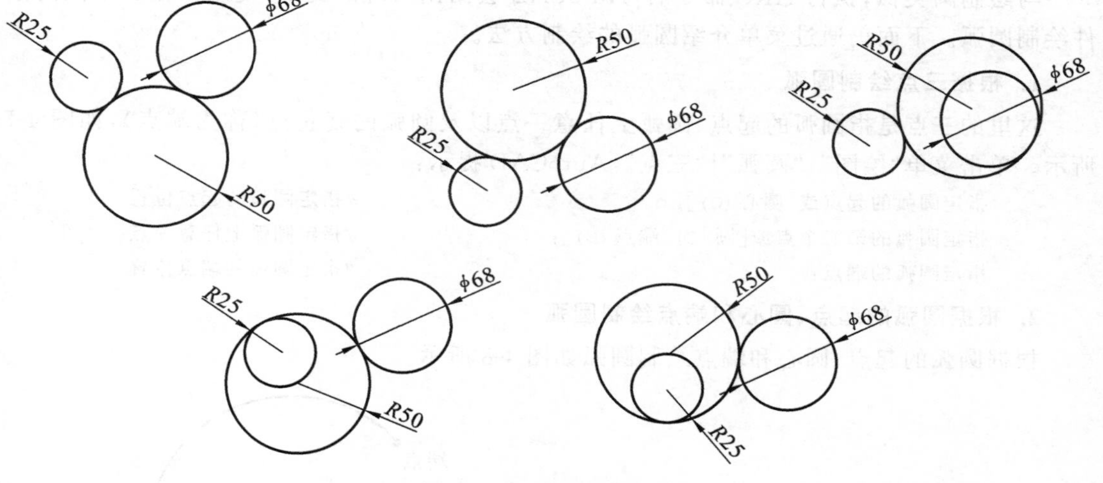

图 4-5　不同形式的三个圆

6. 绘制与 3 个对象相切的圆

单击菜单“绘图”|“圆”|“相切、相切、相切”，AutoCAD 提示：

```
指定圆的圆心或[三点(3P)/两点(2P)/相切、相切、半径(T)]：_3p
指定圆上的第一个点：_tan 到
指定圆上的第二个点：_tan 到
指定圆上的第三个点：_tan 到
```

在上面的提示下依次拾取 3 个被切对象，即可绘制出对应的圆。同样，最后得到的圆与选择被切对象时的选择位置有关系。

4.2.2　绘制圆弧

命令的输入：

(1) 命令行：ARC。

(2) 菜单：“绘图”|“圆弧”，如图 4-6 所示。

(3)工具栏：“绘图”中的 。

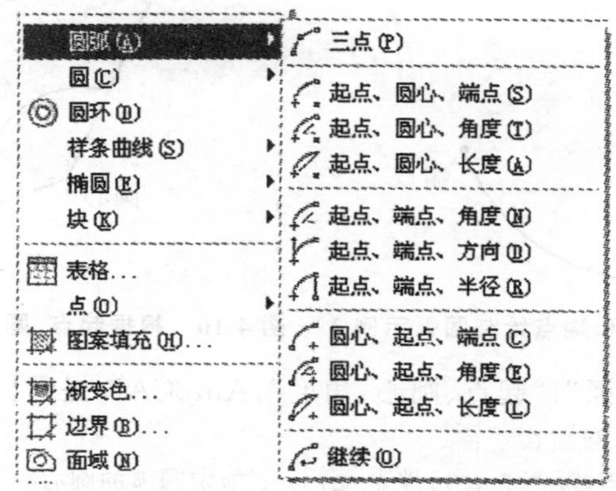

图 4-6　绘制圆弧的菜单

与绘制圆类似，执行 ARC 命令后，AutoCAD 会给出对应的提示，使用户根据不同的条件绘制圆弧。下面仍通过菜单介绍圆弧的绘制方法。

1. 根据三点绘制圆弧

这里的三点是指圆弧的起点、圆弧上任意一点以及圆弧的终止点（称为端点），如图 4-7 所示。单击菜单“绘图”|“圆弧”|“三点”，AutoCAD 提示：

```
指定圆弧的起点或[圆心(C)]:                      //指定圆弧的起点位置
指定圆弧的第二个点或[圆(C)/端点(E)]:             //指定圆弧上任意一点
指定圆弧的端点:                                  //指定圆弧的端点位置
```

2. 根据圆弧的起点、圆心和端点绘制圆弧

根据圆弧的起点、圆心和端点绘制圆弧如图 4-8 所示。

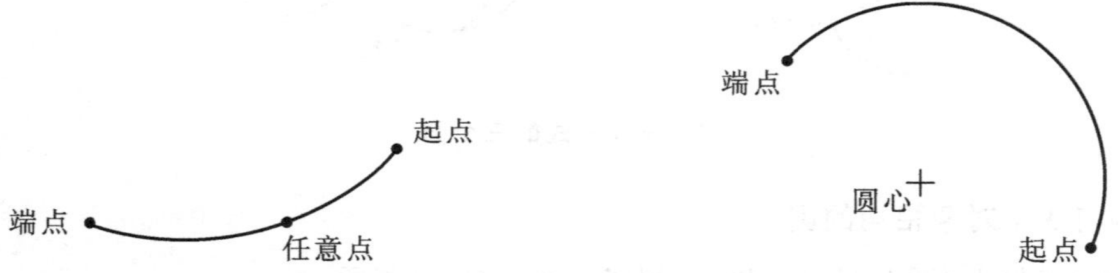

图 4-7　根据三点绘制圆弧示例　　图 4-8　根据起点、圆心和端点绘制圆弧示例 1

单击菜单“绘图”|“圆弧”|“起点、圆心、端点”，AutoCAD 提示：

```
指定圆弧的起点或[圆心(C)]:                                  //指定圆弧的起点位置
指定圆弧的第二个点或[圆心(C)/端点(E)]:_c 指定圆弧的圆心:    //指定圆弧的圆心位置
指定圆弧的端点或[角度(A)/弦长(L)]:                          //指定圆弧的端点位置
```

说明： 根据起点、圆心和端点绘制圆弧时，AutoCAD 总是从起点开始，绕圆心沿逆时针方向绘制圆弧。因此，对于图 4-8 所示圆弧，如果圆心不变，而将起点、端点交换位置绘出的圆弧则为图 4-9 所示的结果。

3. 根据圆弧的起点、圆心和包含角绘制圆弧

根据圆弧的起点、圆心和包含角绘制圆弧如图 4-10 所示。

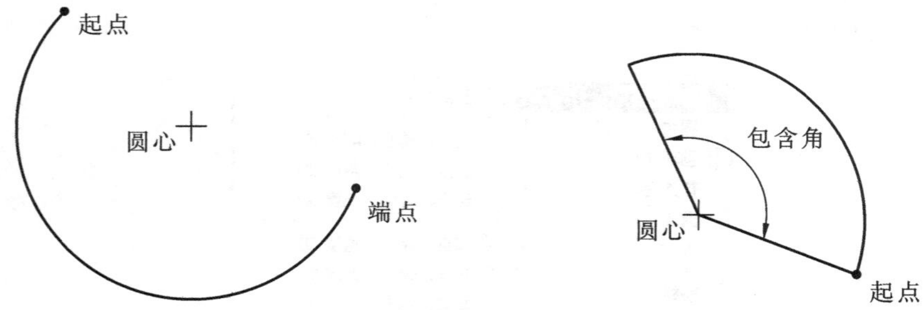

图 4-9　根据起点、圆心和端点绘制圆弧示例 2　　图 4-10　根据起点、圆心和包含角绘制圆弧示例

单击菜单“绘图”|“圆弧”|“起点、圆心、角度”，AutoCAD 提示：

```
指定圆弧的起点或[圆心(C)]:                                  //指定圆弧的起点位置
指定圆弧的第二个点或[圆心(C)/端点(E)]:_c 指定圆弧的圆心:    //指定圆弧的圆心位置
指定圆弧的端点或[角度(A)/弦长(L)]:_a 指定包含角:
                                  //输入圆弧包含角度值(即圆心角)后按 Enter 键
```

说明：在角度的默认正方向设置下，当提示"指定包含角："时，若输入正角度值，AutoCAD 从起点绕圆心沿逆时针方向绘制圆弧；如果输入负角度值，则沿顺时针方向绘制圆弧。对于后面将介绍的涉及角度的其他绘制圆弧方法有相同的规则，不再说明。

4. 根据圆弧的起点、圆心和弦长绘制圆弧

根据圆弧的起点、圆心和弦长绘制圆弧如图 4-11 所示。

单击菜单"绘图"|"圆弧"|"起点、圆心、长度"，AutoCAD 提示：

```
指定圆弧的起点或[圆心(C)]:                                  //指定圆弧的起点位置
指定圆弧的第二个点或[圆心(C)/端点(E)]:_c 指定圆弧的圆心: //指定圆弧的圆心位置
指定圆弧的端点或[角度(A)/弦长(L)]:_l 指定弦长: //输入圆弧的弦长值后按 Enter 键
```

说明：根据起点、圆心和弦长绘制圆弧时，AutoCAD 总是从起点开始，绕圆心沿逆时针方向绘制对应的圆弧。另外，弦长是正值或负值时，得到的圆弧是不一样的，其效果如图 4-12 所示。

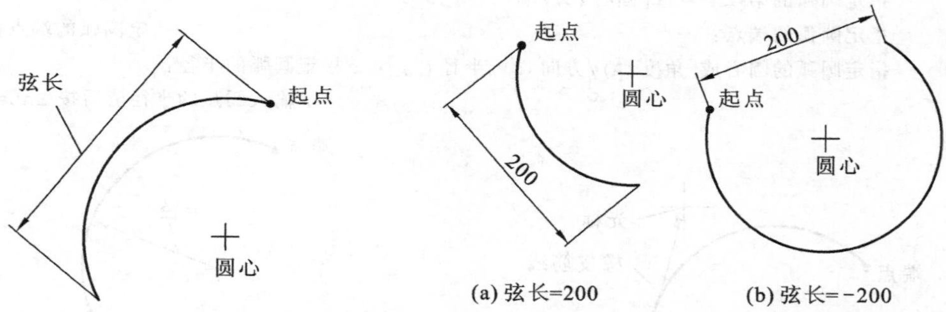

图 4-11　根据起点、圆心和弦长绘制圆弧实例　图 4-12　弦长为正值或负值时绘出的不同圆弧效果

5. 根据圆弧的起点、端点和包含角绘制圆弧

根据圆弧的起点、端点和包含角绘制圆弧如图 4-13 所示。

单击菜单"绘图"|"圆弧"|"起点、端点、角度"，AutoCAD 提示：

```
指定圆弧的起点或[圆心(C)]:                                  //指定圆弧的起点位置
指定圆弧的第二个点或[圆(C)/端点(E)]:_e
指定圆弧的端点:                                              //指定圆弧的端点位置
指定圆弧的圆心或[角度(A)/方向(D)/半径(R)]:_a 指定包含角:
                                            //输入圆弧的包含角度值后按 Enter 键
```

6. 根据圆弧的起点、端点和圆弧在起点的切线方向绘制圆弧

根据圆弧的起点、端点和圆弧在起点的切线方向绘制圆弧如图 4-14 所示。

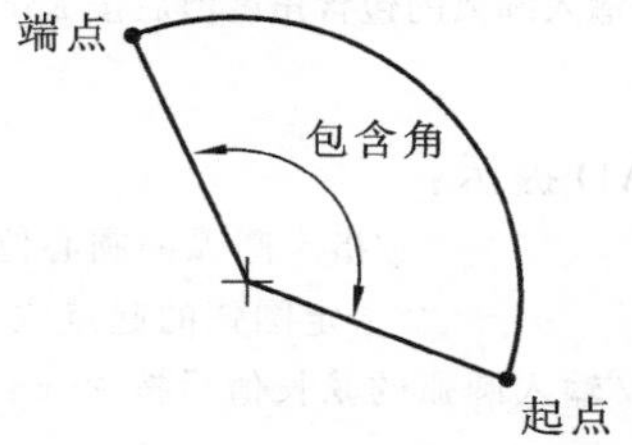

图 4-13　根据圆弧的起点、端点和包含角绘制圆弧示例

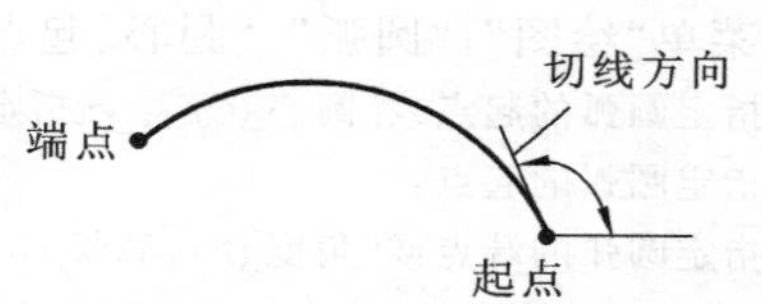

图 4-14　根据圆弧的起点、端点和圆弧在起点的切线方向绘制圆弧示例

单击菜单“绘图”|“圆弧”|“起点、端点、方向”，AutoCAD 提示：

```
指定圆弧的起点或[圆心(C)]:                                    //指定圆弧的起点位置
指定圆弧的第二个点或[圆心(C)/端点(E)]:_e
指定圆弧的端点:                                                //指定圆弧的端点位置
指定圆弧的圆心或[角度(A)/方向(D)/半径(R)]:_d 指定圆弧的起点切向:
                                  //输入圆弧在起点处的切线方向与水平方向的夹角
```

说明：当提示“指定圆弧的起点切向:”时，AutoCAD 会从圆弧的起点向光标引出一条橡皮筋线，此橡皮筋线的方向就表示圆弧的起点切向（见图 4-15）。此时可以通过拖动鼠标的方式，动态地确定圆弧的起点切线方向，确定后单击鼠标左键，即可绘制出对应的圆弧。

7. 根据圆弧的起点、端点和半径绘制圆弧

根据圆弧的起点、端点和半径绘制圆弧如图 4-16 所示。

单击菜单“绘图”|“圆弧”|“起点、端点、半径”，AutoCAD 提示：

```
指定圆弧的起点或[圆心(C)]:                                    //指定圆弧的起点位置
指定圆弧的第二个点或[圆心(C)/端点(E)]:_e
指定圆弧的端点:                                                //指定圆弧的端点位置
指定圆弧的圆心或[角度(A)/方向(D)/半径(R)]:_r 指定圆弧的半径:
                                          //输入圆弧的半径值后按 Enter 键
```

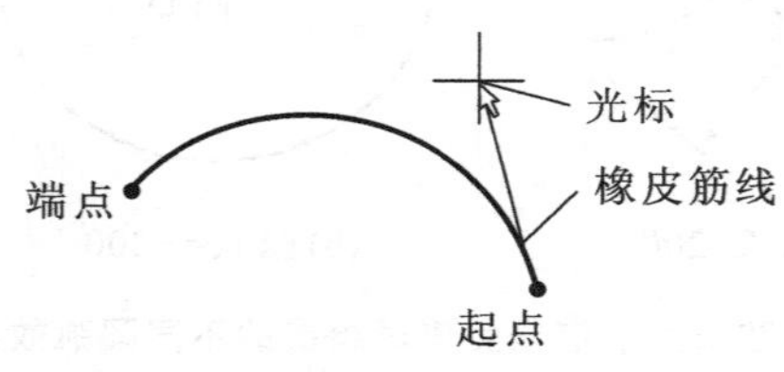

图 4-15　动态确定圆弧的起点切向

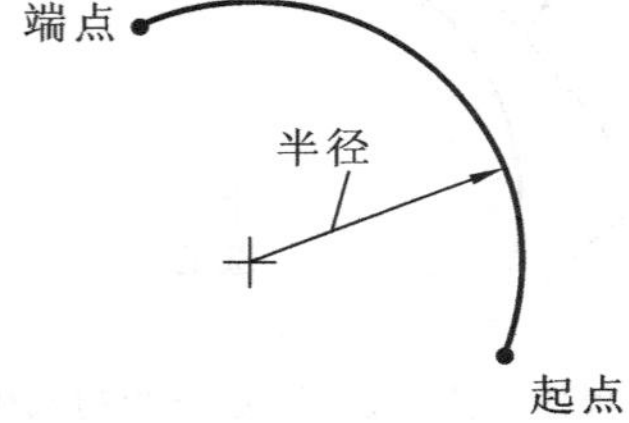

图 4-16　根据起点、端点和半径绘制圆弧

8. 根据圆弧的圆心、起点和端点位置绘制圆弧

单击菜单“绘图”|“圆弧”|“圆心、起点、端点”，AutoCAD 提示：

```
指定圆弧的起点或[圆心(C)]:_c 指定圆弧的圆心:                  //指定圆弧的圆心位置
指定圆弧的起点:                                                //指定圆弧的起点位置
指定圆弧的端点或[角度(A)/弦长(L)]:                            //指定圆弧的端点位置
```

9. 根据圆弧的圆心、起点和圆弧的包含角绘制圆弧

单击菜单“绘图”|“圆弧”|“圆心、起点、角度”，AutoCAD 提示：

```
指定圆弧的起点或[圆心(C)]:_c 指定圆弧的圆心:  //指定圆弧的圆心位置
指定圆弧的起点:                              //指定圆弧的起点位置
指定圆弧的端点或[角度(A)/弦长(L)]:_a 指定包含角:  //输入圆弧的包含角度值后按 Enter 键
```

10. 根据圆弧的圆心、起点和弦长绘制圆弧

单击菜单“绘图”|“圆弧”|“圆心、起点、长度”，AutoCAD 提示：

```
指定圆弧的起点或[圆心(C)]:_c 指定圆弧的圆心:                  //指定圆弧的圆心位置
指定圆弧的起点:                                                //指定圆弧的起点位置
指定圆弧的端点或[角度(A)/弦长(L)]:_l 指定弦长:  //输入圆弧的弦长值后按 Enter 键
```

11. 绘制连续圆弧

如果单击菜单“绘图”|“圆弧”|“继续”，AutoCAD 会以上一次绘制直线或圆弧时确定的

终止点作为新圆弧的起点，并以直线方向或圆弧在终止点处的切线方向为新圆弧在起点处的切线方向开始绘制圆弧，同时提示：

指定圆弧的端点：

在此提示下确定相应的点，即可绘出对应的圆弧。

例 4-3 绘制图 4-17 所示的两段圆弧。可以看出，位于左侧的圆弧可通过指定起点、圆心和端点的方法绘制，位于右侧的圆弧可以通过继续的方式绘制。

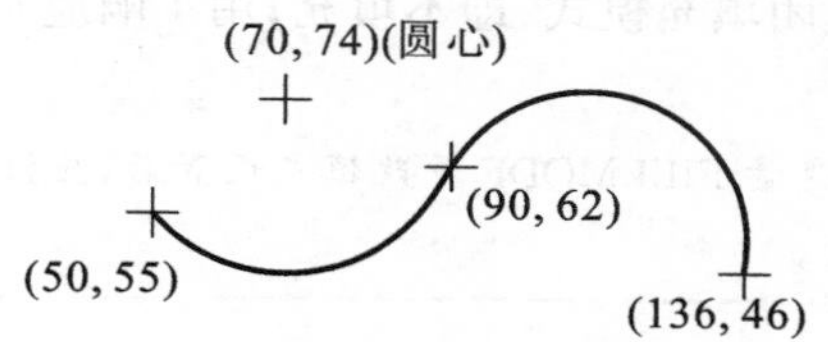

图 4-17 绘制圆弧

单击菜单“绘图”|“圆弧”|“起点、圆心、端点”，AutoCAD 提示：

指定圆弧的起点或[圆心(C)]：50,55↙
指定圆弧的第二个点或[圆心(C)/端点(E)]：_c 指定圆弧的圆心：70,74↙
指定圆弧的端点或[角度(A)/弦长(L)]：90,62↙

再单击菜单“绘图”|“圆弧”|“继续”，AutoCAD 提示：

指定圆弧的端点：136,46↙

4.2.3 绘制圆环

命令的输入：

(1) 命令行：DONUT。

(2) 菜单：“绘图”|“圆环”。

执行 DONUT 命令，AutoCAD 提示：

指定圆环的内径： //输入圆环的内径后按 Enter 键
指定圆环的外径： //输入圆环的外径后按 Enter 键
指定圆环的中心点或<退出>： //指定圆环的中心点位置
指定圆环的中心点或<退出>： //或继续指定圆环的中心点位置绘圆环

说明：可以通过命令 FILL 或系统变量 FILLMODE 设置是否填充圆环。圆环填充与否的效果如图 4-18 所示。另外，如果将圆环的内径设为 0，得到的结果为填充圆。

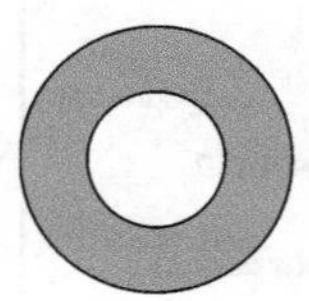

(a) 填充的圆环

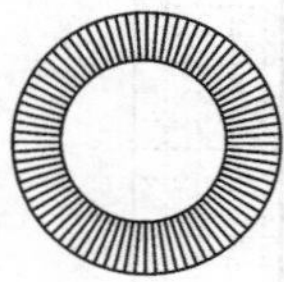

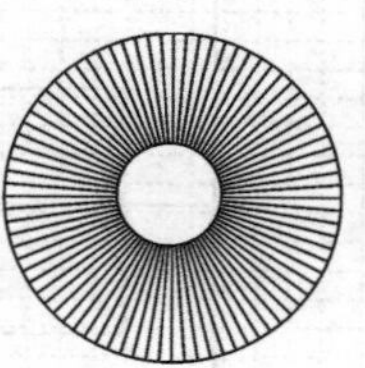

(b) 没有填充的圆环

图 4-18 填充和没有填充的圆环

利用命令 FILL，设置是否填充圆环的步骤如下。

执行 FILL 命令，AutoCAD 提示：

输入模式[开(ON)/关(OFF)]<开>：

提示中，“开(ON)”选项使填充有效，“关(OFF)”选项则关闭填充模式，即不填充。

利用系统变量 FILLMODE 设置是否填充圆环的步骤如下。

在“命令：”提示下输入 FILLMODE 后按 Enter 键，AutoCAD 提示：

输入 FILLMODE 的新值：

提示中，用 0 响应表示关闭填充模式，即不填充；用 1 响应则启用填充模式，即填充。

说明： 用命令 FILL 或系统变量 FILLMODE 更改填充设置后，应执行 REGEN 命令（位于菜单“视图”|“重生成”）使填充设置生效。

4.3 使用栅格

如果启用了栅格功能，可以在绘图窗口内显示出按指定的行间距和列间距均匀分布的栅格线，如图 4-19 所示。可以看出，这些栅格线可以用于表示绘图时的坐标位置，与坐标线的作用类似，但 AutoCAD 不会将这些栅格线打印到图纸上。

说明： 绘图时，利用栅格功能可以方便地实现图形之间的对齐，确定图形对象之间的距离等。

1. 设置栅格间距

利用图 4-20 所示的“捕捉和栅格”选项卡可以设置栅格间距。在该选项卡中，“启用栅格”复选框用于确定是否显示栅格，选中复选框就显示，否则不显示；在“栅格间距”选项组中，“栅格 X 轴间距”和“栅格 Y 轴间距”文本框分别用于确定栅格线沿 *X* 方向和沿 *Y* 方向的间距（它们的值可以相等，也可以不等），即所显示栅格线的列间距和行间距，在对应的文本框中输入数值即可。可以将栅格线间距设为 0。距离为 0，表示所显示栅格线之间的距离与捕捉设置中的对应距离相等。在这样的设置下，如果同时启用捕捉和栅格功能，移动光标时，光标会正好落在各栅格线上。

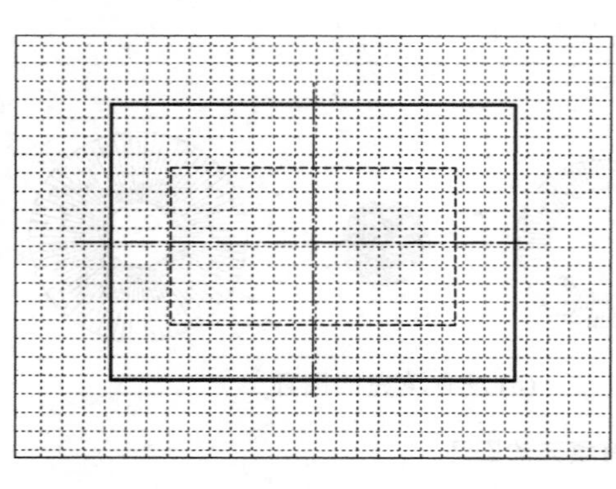

图 4-19 栅格线

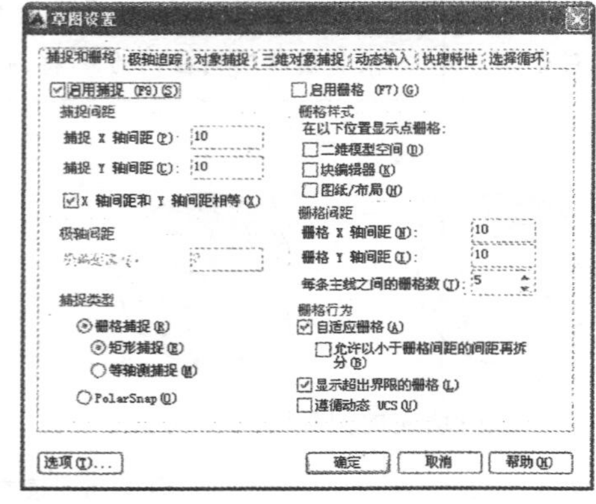

图 4-20 “捕捉和栅格”选项卡

说明：如果设置的栅格间距太小，当通过某一方式启用栅格功能时，AutoCAD 会提示：栅格太密，无法显示，此时不显示栅格。

2. 启用栅格功能

可以通过以下操作实现是否启用栅格功能的切换。

① 通过"捕捉和栅格"选项卡中"启用栅格"复选框设置。

② 单击状态栏上的▦(栅格显示)按钮。按钮变蓝表示启用栅格功能，即在绘图窗口内显示出栅格；按钮变灰则表示关闭栅格显示。

③ 按 F7 键。

④ 执行 GRID 命令。执行 GRID 命令后，在给出的提示下执行"开(ON)"选项可以启用栅格功能，执行"关(OFF)"选项则不显示栅格。

⑤ 在状态栏上的▦(栅格显示)按钮上单击鼠标右键，从弹出的快捷菜单(见图 4-21)中选择"启用栅格捕捉"项。"启用栅格捕捉"项前面有☑符号表示启用栅格功能，否则关闭栅格功能。

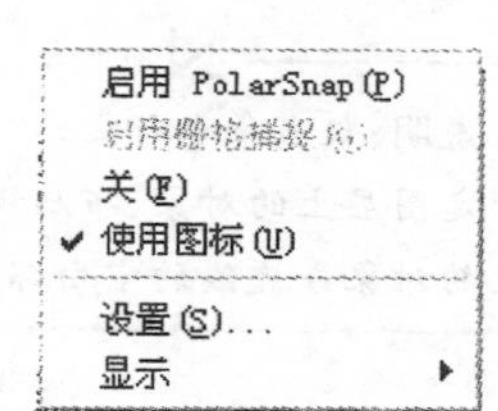

图 4-21　栅格显示快捷菜单

说明：绘图过程中，可以根据需要随时启用或关闭栅格功能。

3. 栅格行为设置

在"捕捉和栅格"选项卡的"栅格行为"选项组中，如果选中"自适应栅格"复选框，当缩小图形的显示时，会自动改变栅格的密度，以便栅格不至于太密。如果选中"允许以小于栅格间距的间距再拆分"复选框，当放大图形的显示时，可以再添加一些栅格线。如果选中"显示超出界限的栅格"复选框，AutoCAD 会在整个绘图屏幕中显示栅格，否则只在由 LIMITS 命令设置的绘图界限中显示栅格。

例 4-4　利用捕捉与栅格功能绘制图 4-22 所示的三视图。本三视图中的各视图均由简单的直线构成，而且图形中的各尺寸均为 5 的整数倍。因此，利用 AutoCAD 的捕捉、栅格功能，不需要输入坐标值就能够方便地确定各直线的端点位置。

首先设置捕捉和栅格间距。打开"草图设置"对话框，在该对话框中的"捕捉和栅格"选项卡中，将捕捉间距和栅格间距均设为 5，同时启用捕捉和栅格功能，如图 4-23 所示。

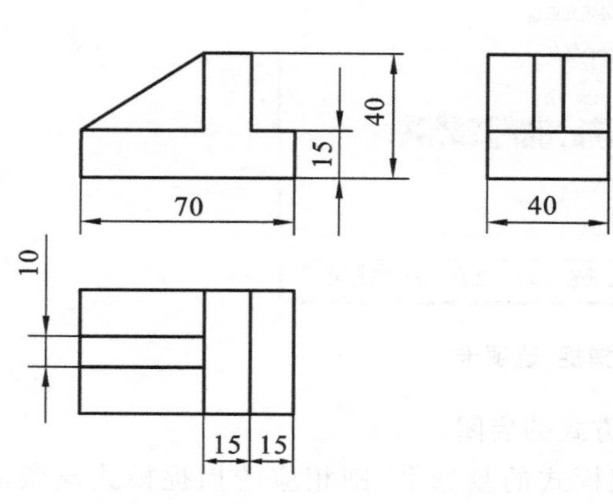

图 4-22　三视图

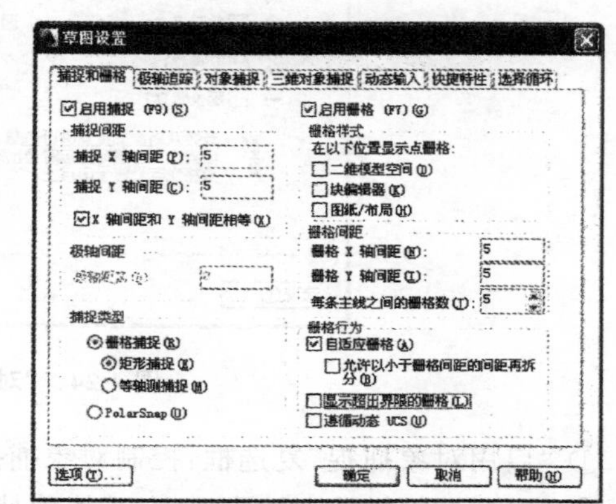

图 4-23　设置捕捉间距和栅格间距

单击“确定”按钮关闭对话框后，AutoCAD在屏幕上显示出栅格线。此时用LINE命令绘制3个视图时，会看到光标只能位于各个栅格线上，因此能够容易地确定各直线的端点位置（通过栅格数来确定距离，过程略）。

4.4 使用对象捕捉功能

在绘图过程中经常要准确地找到已有图形中某些特殊的点，例如圆心、切点、线段或圆弧的端点、中点等，能够迅速、准确地识别这些特殊点的功能称为对象捕捉功能。

> **说明**：仅当命令行提示“指定点”时，对象捕捉才生效。多数对象捕捉只影响屏幕上可见的对象，包括锁定图层上的对象、布局视口边界和多段线，不能捕捉不可见的对象，如未显示的对象、关闭或冻结图层上的对象或虚线的空白部分。

1. “对象捕捉”的启闭

命令的输入：

（1）状态栏：“对象捕捉”按钮。

（2）功能键：F3。

2. “对象捕捉”的设置

命令的输入：

（1）下拉菜单：“工具”|“绘图设置”。

（2）快捷菜单：将光标置于“对象捕捉”按钮上，单击鼠标右键，在弹出的快捷菜单中选择“设置”命令；执行命令后弹出“草图设置”对话框，并选择“对象捕捉”选项卡，如图4-24所示。

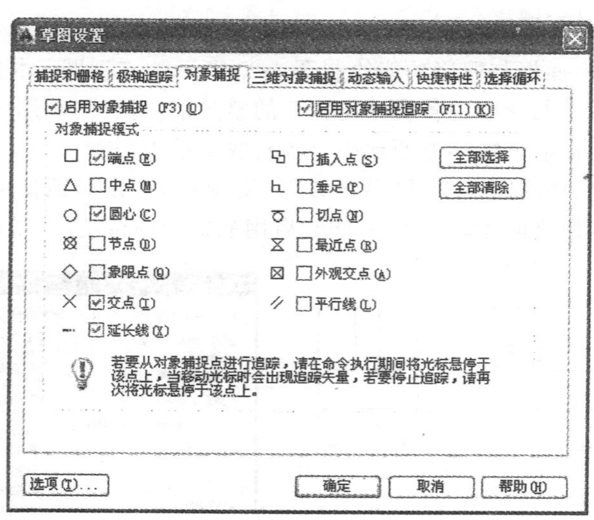

图4-24 “对象捕捉”选项卡

① “启用对象捕捉”复选框：控制对象捕捉方式的启闭。

② “对象捕捉模式”选项组：选择某种捕捉模式的复选框，则相应的捕捉模式被激活。单击“全部选择”按钮，所有模式均被选中；单击“全部清除”按钮，则所有捕捉模式均被清除。

说明：当屏幕已显示某一图形对象上的某一捕捉点时，反复按 Tab 键可在该图形对象上的多个捕捉点间反复切换。

对象捕捉模式及其功能见表 4-1。

表 4-1　对象捕捉模式及其功能

对象捕捉模式	功　能
端点	捕捉到对象(如圆弧、直线、多线、多段线、样条曲线、面域或三维对象)的最近端点或角点
中点	捕捉到对象(如圆弧、椭圆、直线、多段线、面域、样条曲线、构造线或三维对象的边)的中点
圆心	捕捉到圆弧、圆、椭圆或椭圆弧的中心点
节点	捕捉到点对象、标注定义点或标注文字原点
象限点	捕捉到圆弧、圆、椭圆或圆弧的象限点，即圆周上 0°、90°、180°、270°位置上的点
交点	捕捉到对象(如圆弧、圆、椭圆、直线、多段线、射线、面域、样条曲线或构造线)的交点
延长线	光标经过对象的端点时，显示临时延长线或圆弧，以便用户在延长线或圆弧上指定点
插入点	捕捉到对象(如属性、块或文字)的插入点
垂足	捕捉到对象(如圆弧、圆、椭圆、椭圆弧、直线、多线、多段线、射线、面域、三维实体、样条曲线或构造线)的垂足
切点	捕捉到圆弧、圆、椭圆、椭圆弧或样条曲线的切点
最近点	捕捉到对象(如圆弧、圆、椭圆、椭圆弧、直线、点、多段线、射线、样条曲线或构造线)的最近点
外观交点	捕捉在三维空间中不相交但在当前视图中看起来可能相交的两个对象的视觉交点
平行线	将直线段、多段线、射线或构造线限制为与其他线性对象平行
无(NON)	关闭对象捕捉模式

4.5　矩形的绘制

矩形命令用于绘制给定大小的矩形。

命令的输入：

(1) 命令行：RECTANG。

(2) 菜单："绘图"|"矩形"。

(3) 工具栏："绘图"中的 ▭。

1. 矩形

绘制图 4-25(a)所示的矩形。

执行命令后 AutoCAD 提示：

```
命令:_rectang
指定第一个角点或[倒角(C)/标高(E)/圆角(F)/厚度(T)/宽度(W)]://给定左下角点
指定另一个角点或[面积(A)/尺寸(D)/旋转(R)]:@30,20↙
```

2. 倒角矩形

绘制图 4-25(b)所示的倒角矩形。

执行命令后 AutoCAD 提示:

```
命令:_rectang
指定第一个角点或[倒角(C)/标高(E)/圆角(F)/厚度(T)/宽度(W)]:C↙
指定矩形的第一个倒角距离<0.0000>:5↙
指定矩形的第二个倒角距离<5.0000>:5↙
指定第一个角点或[倒角(C)/标高(E)/圆角(F)/厚度(T)/宽度(W)]://给定左下角点
指定另一个角点或[面积(A)/尺寸(D)/旋转(R)]:@30,20↙
```

3. 圆角矩形

绘制图 4-25(c)所示的圆角矩形。

执行命令后 AutoCAD 提示:

```
命令:_rectang
当前矩形模式:倒角=5.0000×5.0000↙
指定第一个角点或[倒角(C)/标高(E)/圆角(F)/厚度(T)/宽度(W)]:F↙
指定矩形的圆角半径<5.0000> :5↙
指定第一个角点或[倒角(C)/标高(E)/圆角(F)/厚度(T)/宽度(W)]://给定左下角点
指定另一个角点或[面积(A)/尺寸(D)/旋转(R)]:@30,20↙
```

4. 圆角宽度矩形

绘制图 4-25(d)所示的圆角宽度矩形。

执行命令后 AutoCAD 提示:

```
命令:_rectang
当前矩形模式:圆角=5.0000↙
指定第一个角点或[倒角(C)/标高(E)/圆角(F)/厚度(T)/宽度(W)]:W↙
指定矩形的线宽<0.0000>:2↙
指定第一个角点或[倒角(C)/标高(E)/圆角(F)/厚度(T)/宽度(W)]:F↙
指定矩形的圆角半径<5.0000>:5↙
指定第一个角点或[倒角(C)/标高(E)/圆角(F)/厚度(T)/宽度(W)]://给定左下角点
指定另一个角点或[面积(A)/尺寸(D)/旋转(R)]:@30,20↙
```

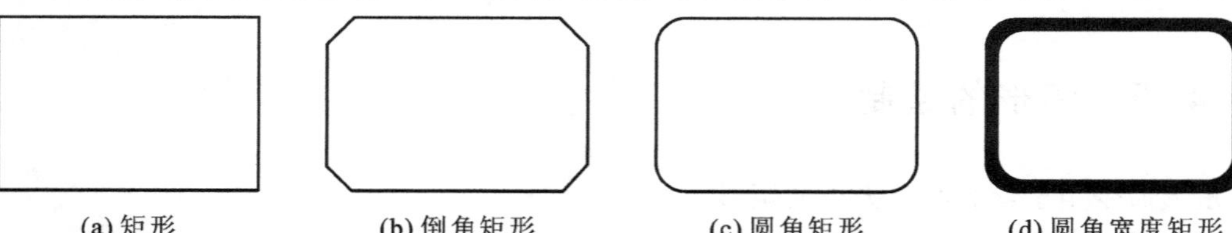

(a) 矩形　(b) 倒角矩形　(c) 圆角矩形　(d) 圆角宽度矩形

图 4-25　矩形示例

4.6　椭圆及椭圆弧的绘制

4.6.1　椭圆的绘制

椭圆由定义其长度和宽度的两条轴决定。较长的轴称为长轴,较短的轴称为短轴。根据几何学中确定椭圆的方法，AutoCAD 2014 提供了两种方式用于绘制精确的椭圆。用户根据实际情况，可采用任一种方式画椭圆。

命令的输入：

(1) 命令行：ELLIPSE。

(2) 菜单："绘图" | "椭圆"。

(3) 工具栏："绘图"中的⊙·，如图 4-26 所示。

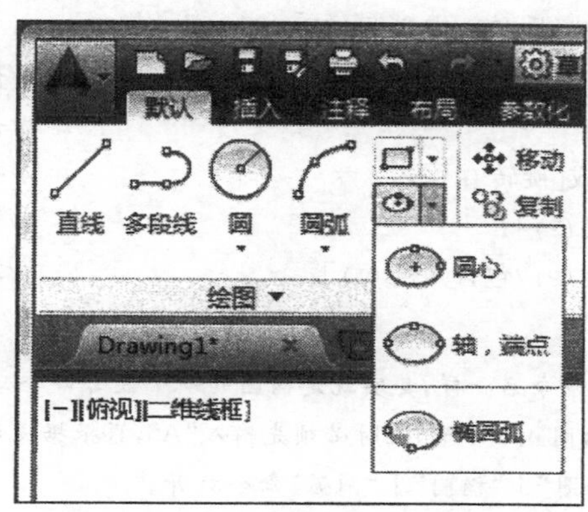

图 4-26 "绘图"面板中"椭圆"下拉列表框

打开命令后，AutoCAD 提示：

```
命令：_ellipse
指定椭圆端点或[圆弧(A)/中心点(C)]：              //指定输入轴端点或选项
指定轴的另一个端点：                              //指定该轴另一个端点
指定另一条半轴长度或[旋转(R)]：                   //指定另一个半轴长或旋转
```

1. 圆弧(A)

输入命令选项，按默认方式绘制时，系统首先提示输入椭圆一个轴端点，然后提示输入该轴另一个端点，然后提示输入另一条轴的半轴长度，接着提示输入椭圆弧的起始角度，最后提示输入椭圆弧的终止角度(详见 4.6.2 椭圆弧)。

2. 中心点(C)

输入命令选项后，系统提示输入椭圆的中心点，然后提示输入一条轴的端点，最后提示输入另一条轴的端点。

例 4-5 绘制长轴为 40、短轴为 10 的椭圆，如图 4-27 所示。

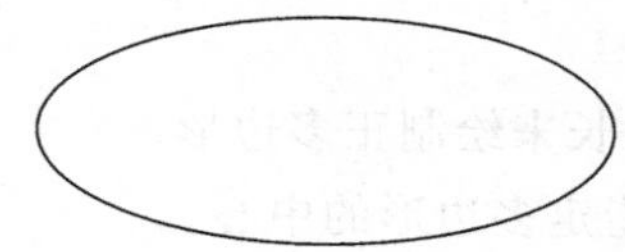

图 4-27 绘制的一个椭圆

```
命令：ELLIPSE↙
指定椭圆的轴端点或[圆弧(A)/中心点(C)]：C↙
指定椭圆的中心点：                         //在绘图区单击鼠标左键任意指定一点
指定轴的端点：@20<0↙
指定另一条半轴长度或[旋转(R)]：@0,5↙
```

4.6.2 椭圆弧的绘制

使用 AutoCAD 可以方便地绘制出部分椭圆，即椭圆弧。打开该命令后，AutoCAD 先按照椭圆命令步骤提示确定椭圆的形状，之后要求用户按起始角度和终止角度参数绘制出椭圆弧。AutoCAD 提示：

```
命令：_ellipse
指定椭圆的轴端点或[圆弧(A)/中心点(C)]：_a
指定椭圆弧的轴端点或[中心点(C)]：              //指定输入轴端点或选项
指定轴的另一个端点：                            //指定该轴另一个端点
指定另一条半轴长度或[旋转(R)]：                 //指定另一个半轴长或旋转
指定起始角度或[参数(P)]：                       //输入起始角度或选项
指定终止角度或[参数(P)/包含角度(I)]：           //输入终止角度或选项
```

说明：(1) 该命令名和椭圆命令名一样，其实就是椭圆的一个嵌套命令。当采用在命令行输入命令名打开方式时，AutoCAD 提示开始同 4.6.1 节，此时必须先输入“A”，再根据提示操作，逐步完成绘制椭圆弧。

(2) 可通过单击菜单栏“绘图”|“椭圆”|“圆弧”命令打开。

(3) 可单击选择图 4-26 所示的“椭圆弧”命令打开。

4.7 正多边形的绘制

命令的输入：

(1) 命令行：POLYGON。

(2) 菜单：“绘图”|“正多边形”。

(3) 工具栏：“绘图”中的⬠。

POLYGON 命令可以绘制由 3～1024 条边组成的正多边形。

在执行 POLYGON 命令过程中，AutoCAD 提示：

```
输入边的数目<4>：
指定正多边形的中心点或[边(E)]：
输入选项[内接于圆(I)/外切于圆(C)]<I>：
指定圆的半径：
```

其中各选项说明如下。

① 边(E)：表示按照边数和边长来绘制正多边形。

② 指定正多边形的中心点：指定多边形的中心。

③ 内接于圆(I)：用内接圆方式定义多边形。

④ 外切于圆(C)：用外切圆方式定义多边形。

⑤ 指定圆的半径：输入内接圆或外切圆的半径。

例 4-6 绘制图 4-28 所示的正七边形。

(1) 绘制 $R350$ 圆。

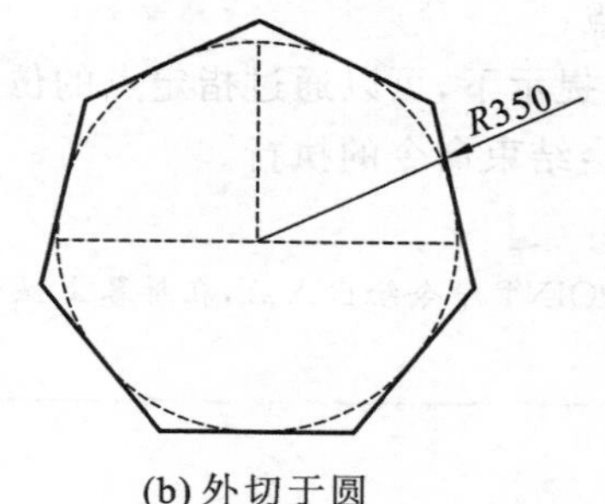

(a) 内接于圆　　　　(b) 外切于圆

图 4-28　绘制正七边形

```
命令:CIRCLE                                        //按 Enter 键确定
指定圆的圆心或[三点(3P)/两点(2P)/切点、切点、半径(T)]:
                                                   //在绘图区域内单击左键,指定圆心点
指定圆的半径或[直径(D)]:350↙                      //按 Enter 键结束绘制圆命令
```

(2) 绘制内接于圆的正七边形。

```
命令:POLYGON                                        //按 Enter 键确定
输入边的数目<4>:7↙                                 //指定多边形边数
指定正多边形的中心点或[边(E)]:@0,0↙
                        //指定正多边形的中心点与前面绘制的 R350 圆的圆心重合
输入选项[内接于圆(I)/外切于圆(C)]<C>:I↙            //指定内接于圆方式绘制多边形
指定圆的半径:350↙                                  //指定多边形外接圆半径
```

绘制结束后得到图 4-28(a)所示图形。

(3) 绘制外切于圆的正七边形。

```
命令:POLYGON
输入边的数目<7>:                                    //按 Enter 键确定边的数目为 7
指定正多边形的中心点或[边(E)]:@0,0↙
输入选项[内接于圆(I)/外切于圆(C)]<I>:C↙            //指定外切于圆方式绘制多边形
指定圆的半径:350↙
```

绘制结束后得到如图 4-28(b)所示图形。

4.8　点的绘制

4.8.1　绘制单点与多点

命令的输入:

(1) 命令:POINT(绘单点)。

(2) 菜单:"绘图"|"点"|"单点","绘图"|"点"|"多点"。

(3) 工具栏:"绘图"中的 · (点),用于绘多点。

在"命令"提示下输入 POINT 后按 Enter 键,或单击菜单"绘图"|"点"|"单点",AutoCAD 提示:

```
指定点:
```

在该提示下指定所绘制点的位置,即可绘出对应的点。

单击菜单"绘图"|"点"|"多点"或单击"绘图"工具栏上的按钮 · (点),AutoCAD 提示:

指定点：

在这样的提示下，可以通过指定点的位置绘制出一系列的点。如果在“指定点：”提示时按 Esc 键，将会结束命令的执行。

说明：用 POINT 命令绘出点后，在屏幕上显示出的只是一个小点，但用户可以设置点的样式。（参考 4.8.2 节）

4.8.2 设置点样式

命令的输入：

(1) 命令行：DDPTYPE。

(2) 菜单：“格式”|“点样式”。

执行 DDPTYPE 命令，AutoCAD 弹出“点样式”对话框，如图 4-29 所示。

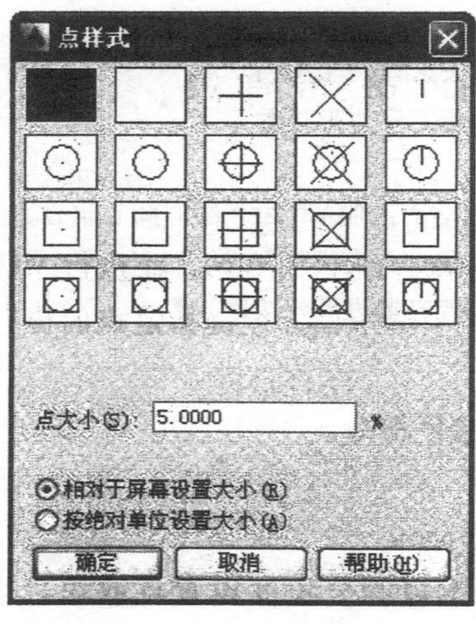

图 4-29 “点样式”对话框

可以通过此对话框选择所需要的点样式。AutoCAD 的默认点样式如对话框中位于左上角的图标所示，即一个小点。还可以利用对话框中的“点大小”文本框确定点的大小。设置了点的样式和大小后，单击“确定”按钮关闭对话框，已绘出的点会自动进行对应的更新，且在此之后绘制的点均会采用新设置的样式。

4.8.3 绘制定数等分点

命令的输入：

(1) 命令行：DIVIDE。

(2) 菜单：“绘图”|“点”|“定数等分”。

绘制定数等分点是指将点对象沿指定对象的长度或周长方向等间隔排列。

执行 DIVIDE 命令，AutoCAD 提示：

选择要定数等分的对象： //选择要进行定数等分的对象

输入线段数目或[块(B)]： //输入等分数后按 Enter 键，有效值为 2～32767 之间的数。或通过“块(B)”选项将指定的块对象沿所指定对象的长度或周长方向等间隔插入

例 4-7 已知图 4-30 所示的曲线，对其绘制定数等分点，为该曲线均匀标记出 5 等分，如图 4-31 所示。

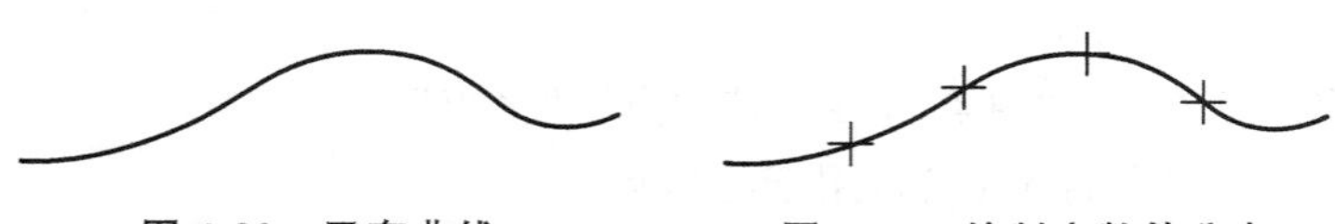

图 4-30 已有曲线　　图 4-31 绘制定数等分点

执行 DIVIDE 命令，AutoCAD 提示：

选择要定数等分的对象： //选择已有曲线

输入线段数目或[块(B)]：5↙

执行结果如图 4-31 所示。

说明：用户可以根据需要设置不同的点样式。

4.8.4 绘制定距等分点

命令的输入：

(1) 命令行：MEASURE。

(2) 菜单："绘图"|"点"|"定距等分"。

绘制定距等分点是指将点对象在指定的对象上按指定的距离间隔放置，请注意与定数等分点的区别。

执行 MEASURE 命令，AutoCAD 提示：

选择要定距等分的对象： //选择对应的对象

指定线段长度或[块(B)]： //在此提示下如果输入长度值后按 Enter 键，AutoCAD 就在所指定对象上按指定的长度绘制出对应的点。"[块(B)]："选项表示将在对象上按指定的长度插入块

例 4-8 已知图 4-30 所示的曲线，对其从左端点起按长度 30 绘制定距等分点。

执行 MEASURE 命令，AutoCAD 提示：

选择要定距等分的对象： //在靠近曲线的左端点处选择该曲线

指定线段长度或[块(B)]：30↙

执行结果如图 4-32 所示，即从曲线左端点起，每隔长度 30 绘制一个点。

说明：用 MEASURE 命令绘制定距等分点时，AutoCAD 总是在指定的对象上从离拾取点近的端点位置开始绘定距等分点。对于【例 4-8】，如果在"选择要定距等分的对象："提示下在靠近曲线的右端点处选择曲线，绘图结果则如图 4-33 所示。

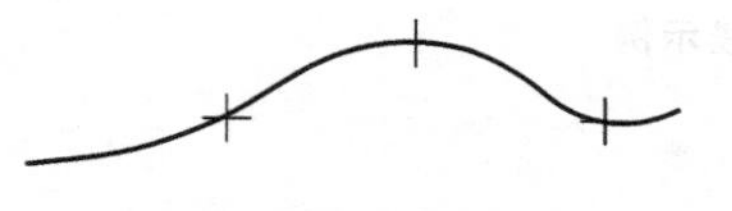

图 4-32 绘制定距等分点 1

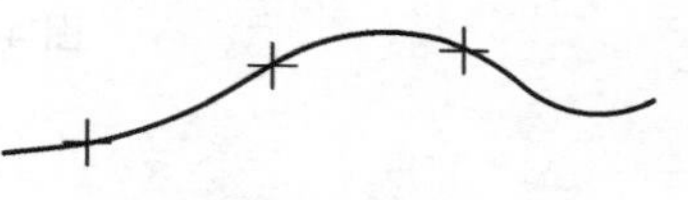

图 4-33 绘制定距等分点 2

4.9 绘制多段线

多段线是一种可由直线段和圆弧组合而成的具有不同线宽的组合线。这种组合线，形式多样，线宽可变，适合绘制各种复杂图形，因而得到广泛应用。

该命令用于创建给定起点、端点的具有不同线宽的组合线。

命令的输入：

(1) 命令行：PLINE。

(2) 菜单："绘图"|"多段线"。

(3) 工具栏："绘图"中的[图标]。

执行命令后 AutoCAD 提示：

```
命令:_pline
指定起点:                                                          //指定 1 点
当前线宽为 0.0000
指定下一点或[圆弧(A)/半宽(H)/长度(L)/放弃(U)/宽度(W)]:                //指定 2 点
指定下一点或[圆弧(A)/闭合(C)/半宽(H)/长度(L)放弃(U)/宽度(W)]:W↙
指定起点宽度<0.0000>:1↙
指定端点宽度<1.0000>:1↙
指定下一点或[圆弧(A)/闭合(C)/半宽(H)/长度(L)/放弃(U)/宽度(W)]:         //指定 3 点
指定下一点或[圆弧(A)/闭合(C)/半宽(H)/长度(L)/放弃(U)/宽度(W)]:A↙
指定圆弧的端点或
[角度(A)/圆心(CE)/闭合(CL)/方向(D)/半宽(H)/直线(L)/半径(R)/
第二个点(S)/放弃(U)/宽度(W)]:                                       //指定 4 点
指定圆弧的端点或
[角度(A)/圆心(CE)/闭合(CL)/方向(D)/半宽(H)/直线(L)/半径(R)/
第二个点(S)/放弃(U)/宽度(W)]:                                       //指定 5 点
指定圆弧的端点或
[角度(A)/圆心(CE)/闭合(CL)/方向(D)/半宽(H)/直线(L)/半径(R)/
第二个点(S)/放弃(U)/宽度(W)]:L↙
指定下一点或[圆弧(A)/闭合(C)/半宽(H)/长度(L)/放弃(U)/宽度(W)]:W↙
指定起点宽度<1.0000>:
指定端点宽度<1.0000>:0↙
指定下一点或[圆弧(A)/闭合(C)/半宽(H)/长度(L)/放弃(U)/宽度(W)]:         //指定 6 点
```

执行结果如图 4-34 所示。

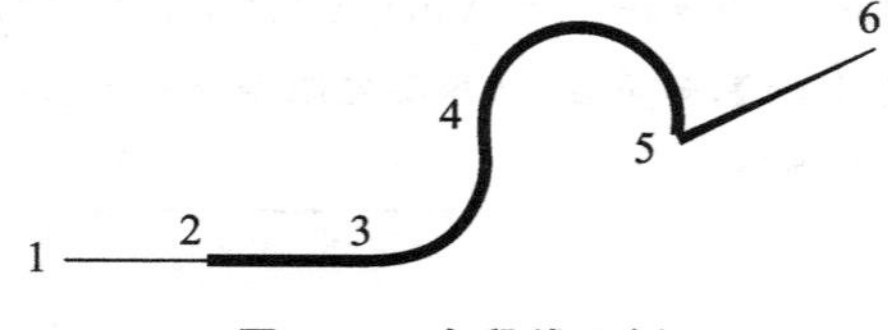

图 4-34　多段线示例

说明:(1) 圆弧(A)选项:画圆弧。
(2) 长度(L)选项:画直线。
(3) 半宽(H)、宽度(W)选项:设定所画线的宽度。

4.10　样条曲线的绘制

样条曲线命令用于创建通过或接近给定点的平滑曲线。

命令的输入:

(1) 命令行:SPLINE。

(2) 菜单:“绘图”|“样条曲线”。

(3) 工具栏:“绘图”中的～。

执行命令后 AutoCAD 提示:

```
命令:_spline
当前设置:方式=拟合  节点=弦
指定第一个点或[方式(M)/节点(K)/对象(O)]:                    //拾取点 A
输入下一个点或[起点切向(T)/公差(L)]:                        //拾取点 B
输入下一个点或[端点相切(T)/公差(L)/放弃(U)]:                //拾取点 C
输入下一个点或[端点相切(T)/公差(L)/放弃(U)/闭合(C)]:        //拾取点 E
输入下一个点或[端点相切(T/)公差(L)/放弃(U)/闭合(C)]:        //拾取点 F
指定起点切向:                                              //给定起点 A 的切线方向
指定端点切向:                                              //给定端点 F 的切线方向
```

执行结果如图 4-35 所示。

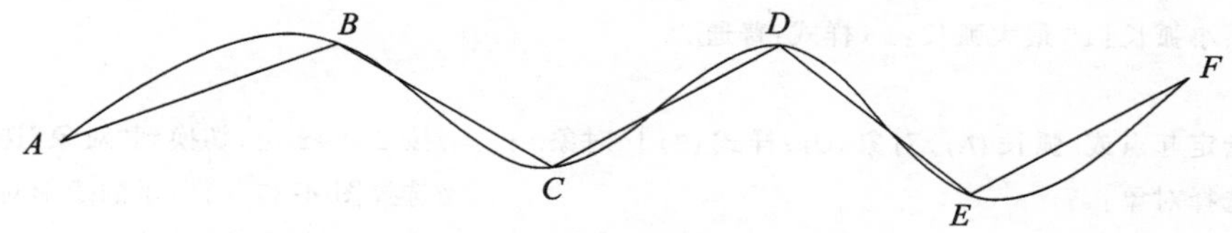

图 4-35 样条曲线示例

说明:给定最后一点后须按 Enter 键,然后给定起点切向后再次按 Enter 键,给定端点切向后第三次按 Enter 键,结束命令。若起点、端点的切向,默认须按三次 Enter 键即可结束命令操作。

4.11 修订云线

修订云线命令用于创建由连续圆弧组成的多段线,以构成云线形对象。在检查或用红线圈阅图形时,可以使用修订云线功能亮显标记以提高工作效率。

可以从头开始创建修订云线,也可以将闭合对象(如圆、椭圆、闭合多段线或闭合样条曲线)转换为修订云线。

从头创建云线的步骤如下:

单击"绘图"面板上的"修订云线"按钮,AutoCAD 提示:

```
命令:_revcloud
最小弧长:15  最大弧长:15 样式:普通
指定起点或[弧长(A)/对象(O)/样式(S)]<对象>:
//单击鼠标指定云线的起点
沿云线路径引导十字光标...//沿着云线路径移动十字光标,要更改圆弧的大小,可以沿着路径
单击拾取点。要结束云线,可以单击鼠标右键(或按 Enter 键)修订云线完成
```

完成图如 4-36 所示

图 4-36 完成的云线

说明：要闭合修订云线，移动十字光标返回它的起点，系统会自动封闭云线。

如果用户要改变弧长，可以根据提示输入字母 A，然后按 Enter 键切换到"弧长"选项，指定新的最大和最小弧长，默认的弧长最小值和最大值设置为 0.5000 个单位。弧长的最大值不能超过最小值的 3 倍。

将闭合对象转换为修订云线的步骤如下：

单击"绘图"面板上的"修订云线"按钮，AutoCAD 提示：

```
命令:_revcloud
最小弧长:15 最大弧长:15 样式:普通

指定起点或[弧长(A)/对象(O)/样式(S)]<对象>:   //按 Enter 键,切换到"对象"选项
选择对象:                                     //选择图 4-37(a)所示的矩形对象
反转方向[是(Y)/否(N)]<否>:                    //是否反转圆弧的方向
修订云线完成                                  //云线自动转换,如图 4-37(b)所示
```

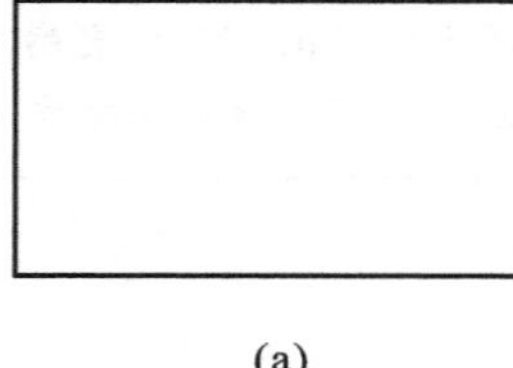

(a)

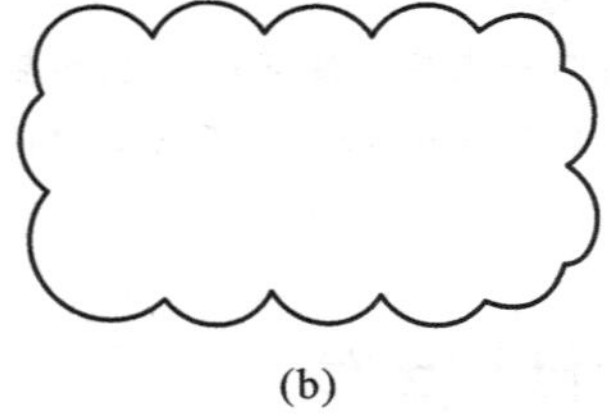

(b)

图 4-37　将闭合对象转换为修订云线

4.12　使用自动追踪

利用 AutoCAD 中的自动追踪功能可以帮助用户精确绘图，即在精确的位置上或以精确的角度绘图。有极轴追踪和对象捕捉追踪两种模式。对象捕捉追踪见 4.4。

极轴追踪是指以起始点为基准，按指定的极轴角或极轴角的倍数对齐要指定点的路径。极轴追踪必须配合极轴功能和对象追踪。

(1) 命令的输入：

① 状态栏：打开"极轴"和"对象追踪"按钮。

② 功能键：F10 和 F11。

(2) 设置方法。

将光标放置在状态栏中极轴按钮上，单击鼠标右键，在弹出的快捷菜单中单击"设置"，系统打开"草图设置"对话框中的"极轴追踪"选项卡(见图 4-38)。设置如下：

① "极轴角设置"：单击"增量角"的下拉列表可选择常用的 90°、45°、30°、22.5°、18°、15°或 5°角度，也可直接输入任意角度。复选"附加角"，则表示除增量角或其倍数角外，再增加的一个极轴追踪角。

② "极轴角测量"：可选"绝对"或"相对上一段"。绝对极轴角表示以坐标系 X 轴为基准进行测量，而相对上一段则表示命令操作过程中以创建的最后一条直线为基准进行测量。

草图设置

捕捉和栅格 | 极轴追踪 | 对象捕捉 | 三维对象捕捉 | 动态输入 | 快捷特性 | 选择循环

☑启用极轴追踪 (F10)(P)

极轴角设置

增量角(I):

30

☐附加角(D)

新建(N)

删除

对象捕捉追踪设置

◉仅正交追踪(L)

○用所有极轴角设置追踪(S)

极轴角测量

◉绝对(A)

○相对上一段(R)

选项(T)... 确定 取消 帮助(H)

图 4-38 "草图设置"对话框中的"极轴追踪"选项卡

例 4-9 利用自动捕捉功能设置，用"直线"命令画出倾斜 35°的长为 45、宽为 20 的矩形，如图 4-39 所示。

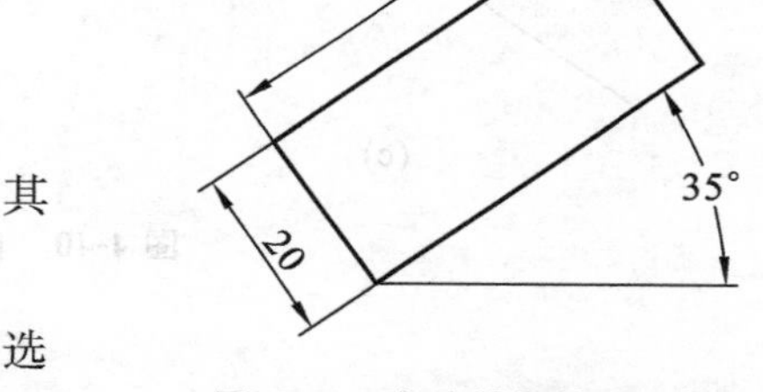

图 4-39 自动捕捉绘图示例

作图步骤：

(1) 在状态栏上按下"极轴"和"对象追踪"，其余关闭。

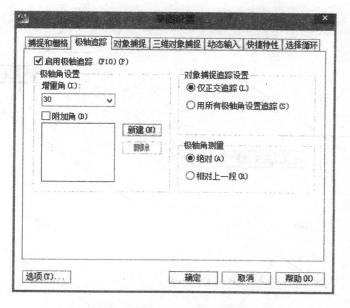

(2) 打开"草图设置"对话框中的"极轴追踪"选项卡，增量角选择 90°，附加角选择 35°，极轴角测量选择"相对上一段"。

(3) 执行"直线"命令。AutoCAD 提示：

命令：_line 指定第一点：

//任意指定起始点后，移动光标到与 X 轴成 35°出现对齐路径时，见图 4-40(a)

指定下一点或[放弃(U)]：45↙ //光标出现对 35°对齐路径时输入 45

指定下一点或[放弃(U)]：20↙

//移动光标出现对 90°对齐路径时输入 20，见图 4-40(b)

指定下一点或[闭合(C)/放弃(U)]：45↙

//移动光标出现对 90°对齐路径时输入 45，见图 4-40(c)

指定下一点或[闭合(C)/放弃(U)]：C↙ //输入 C 闭合，完成图形，见图 4-40(d)

说明：作图时当已知下一点的对齐路径时，可沿对齐路径方向直接在命令窗口中给定与上一点的距离，即可精确定点。

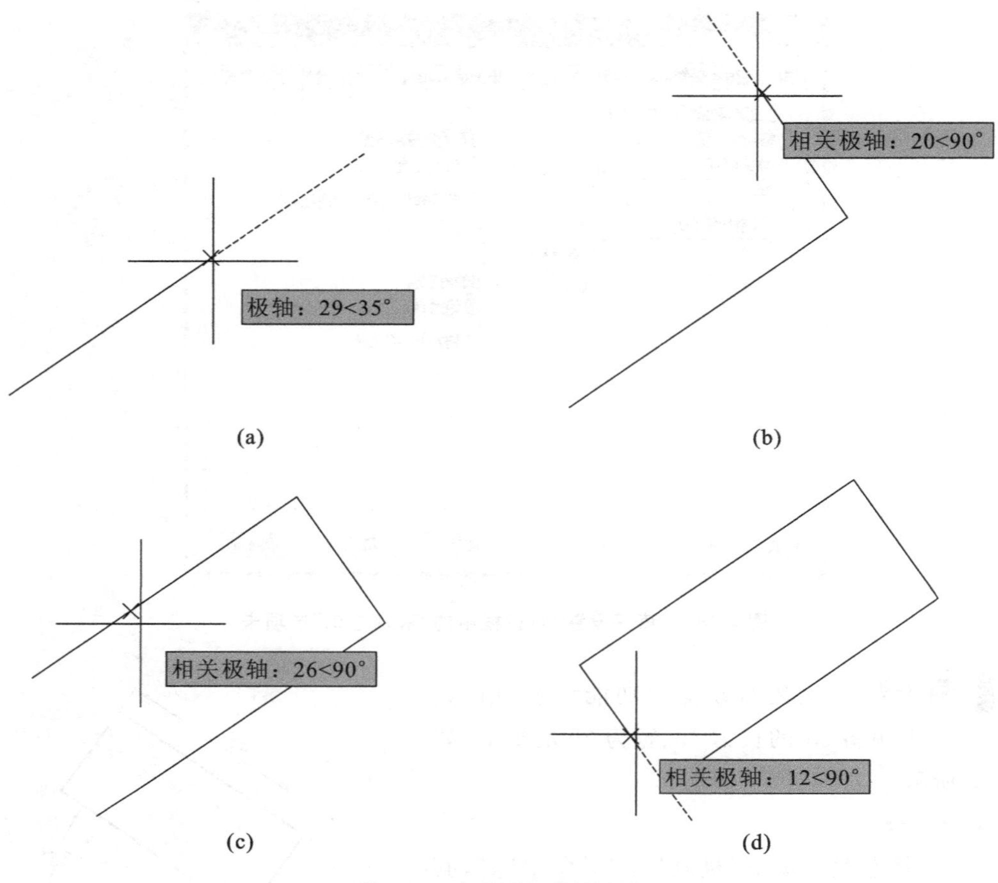

图 4-40　自动捕捉绘图步骤

4.13　使用动态输入

利用 AutoCAD 的动态输入功能，绘图时可在绘图区域直接动态输入绘制对象的各种参数，从而使绘图更加直观方便。

(1) 命令的输入：

① 命令行：DSETTINGS。

② 状态栏："DYN"按钮(打开或关闭)。

③ 功能键：F12(打开或关闭)。

④ 工具栏："对象捕捉"中的 。

(2) 设置方法。

执行命令后，在打开的"草图设置"对话框的"动态输入"选项卡(见图 4-41)中，选中"启用指针输入"，单击"设置"按钮，打开"指针输入设置"对话框(见图 4-42)，对"格式"和"可见性"进行设置。

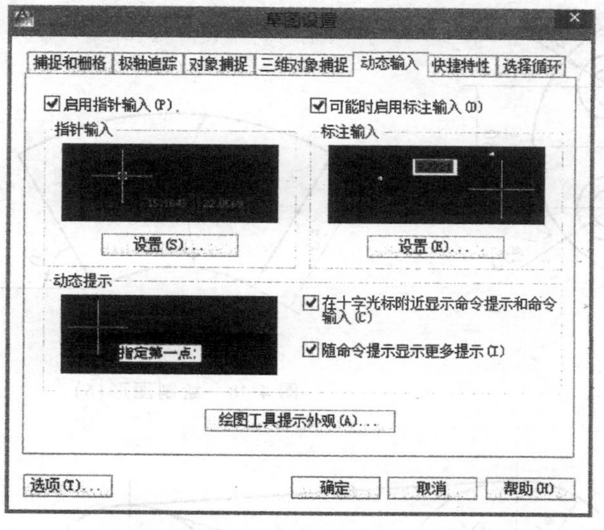

图 4-41 "草图设置"对话框的"动态输入"选项卡

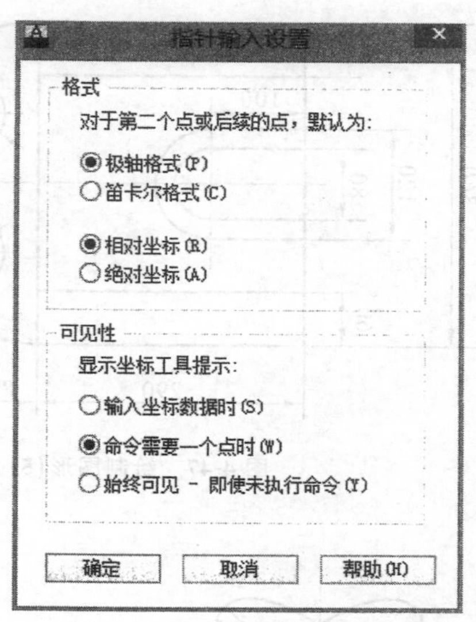

图 4-42 "指针输入设置"对话框

思考与练习

1. 在 AutoCAD 中，直线、射线和构造线有什么不同？如何创建？
2. 如何绘制和编辑样条曲线？
3. 在 AutoCAD 中系统默认的角度的正向和弧的形成方向是逆时针还是顺时针？
4. 简述绘制矩形的几种方法。
5. 如何启用动态输入模式？启用动态输入模式有什么好处？
6. 绘制图 4-43～图 4-50 所示的图形。

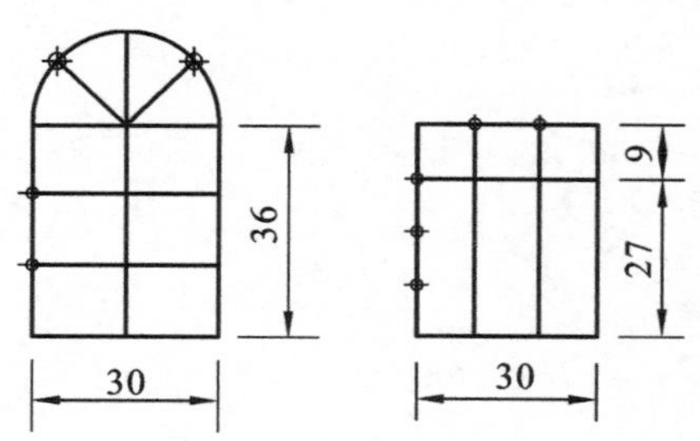

图 4-43 绘制图形(1)

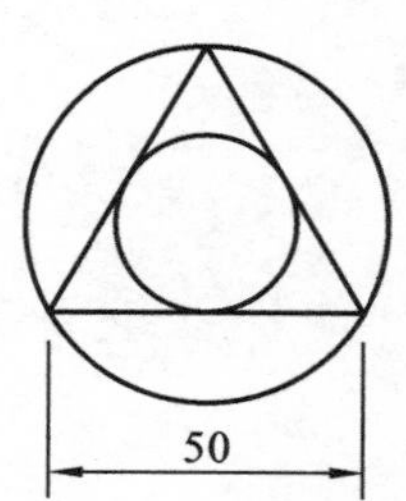

图 4-44 绘制图形(2)

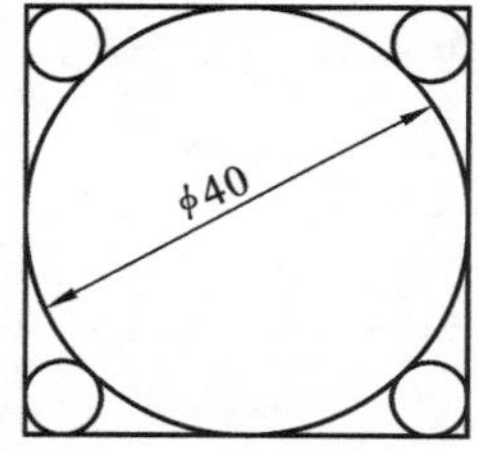

图 4-45 绘制图形(3)

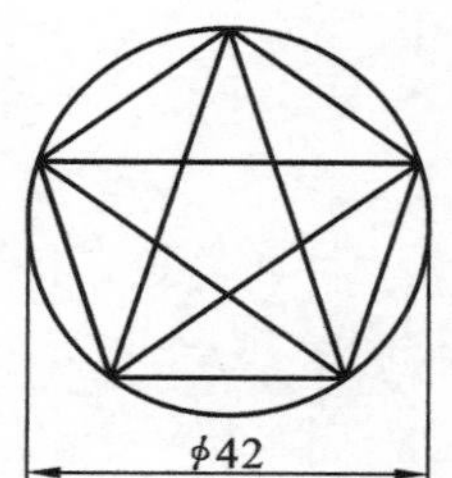

图 4-46 绘制图形(4)

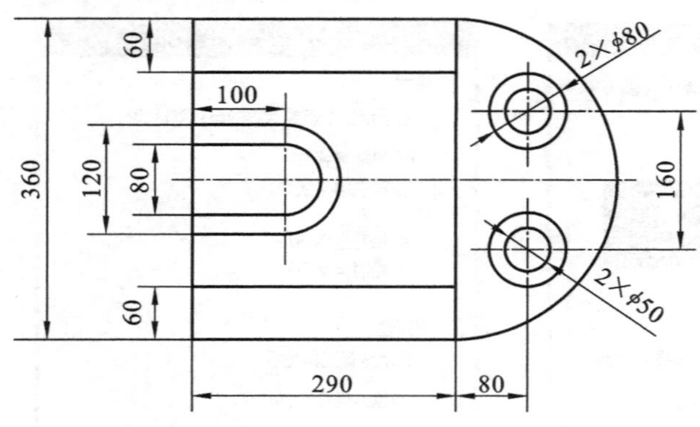

图 4-47　绘制图形(5)

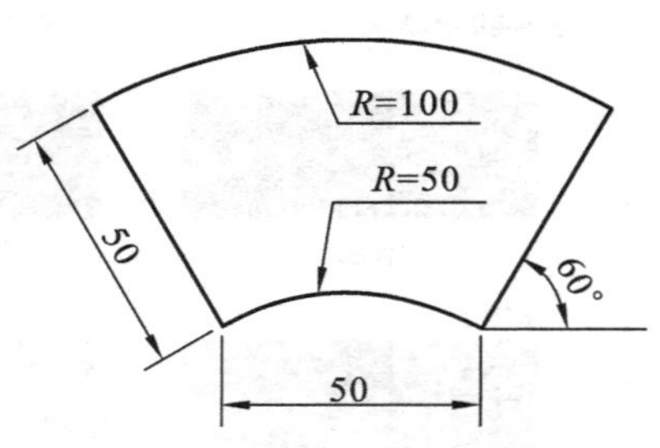

图 4-48　绘制图形(6)

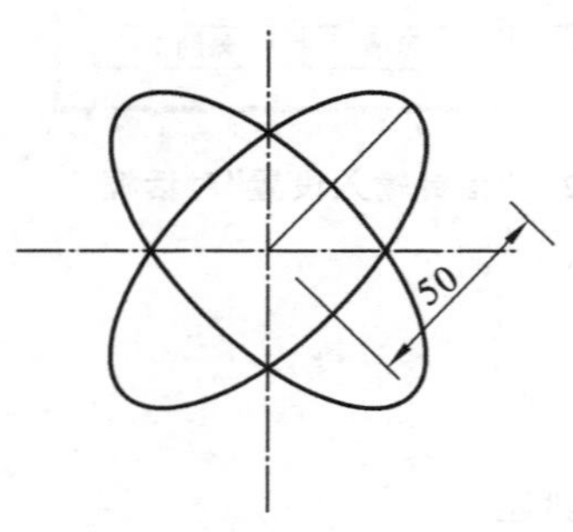

图 4-49　绘制图形(7)

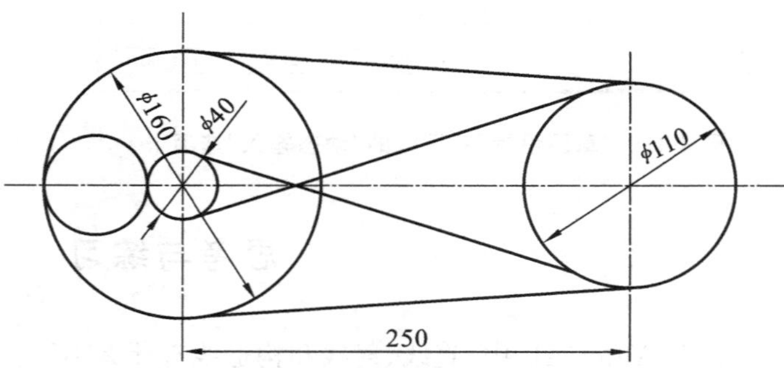

图 4-50　绘制图形(8)

第⑤章 规划与管理图层

5.1 图层的概述

AutoCAD 的图层就像一张透明的图纸，每一图层一般包含不同对象，可以逐层叠放，如图 5-1 所示。AutoCAD 为用户创建的图层、颜色、线型等功能及将不同对象布置在同一层上，使得复杂的作图更容易操作。可以为每一个图层设置颜色、线型和线宽等。一张图上可以有多个图层，每层上图形对象的数量没有限制。AutoCAD 在默认情况下只有一个图层，即图层 0，同时用户也可以根据绘图需要增加和删除某一个图层（0 层除外）。

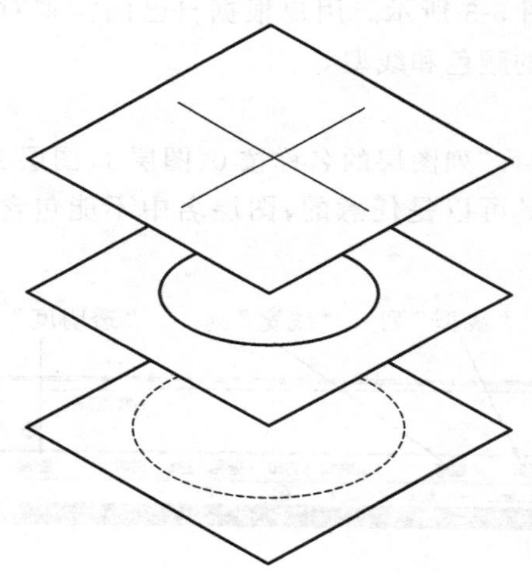

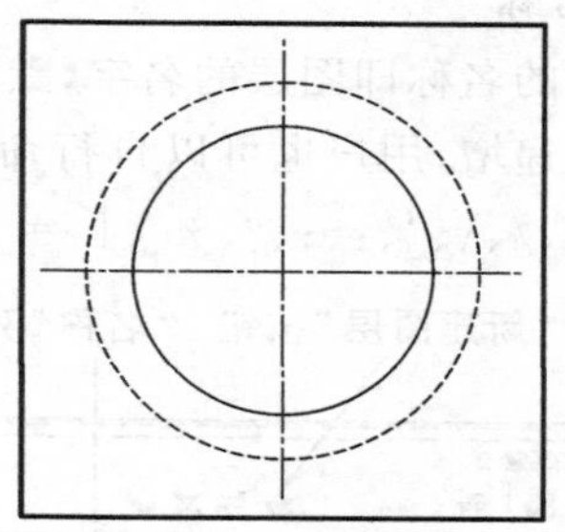

图 5-1　想象的图层

5.2 图层设置

5.2.1 设置图层特性

命令的输入：

(1) 命令行：LAYER。

(2) 菜单："格式"|"图层"。

(3) 工具栏：▣。

每一新图形文件均默认包含一个名为 0 的图层，图层 0 无法被删除或重命名，以便确保每个图形至少包括一个图层。"图层特性管理器"对话框如图 5-2 所示。

用户可以通过创建图层，将类型相似的对象指定给同一图层以使其相关联。

图 5-2 “图层特性管理器”对话框

1. 创建图层

单击“图层特性管理器”对话框中的“新建图层”按钮，会产生名称为图层 $N(N=1, 2, 3, \cdots)$ 的新图层；被选中的图层是亮显的，如图 5-3 所示。用户根据自己的需求对该图层的各项特性进行设置，例如命名图层、设置图层的颜色和线型等。

1）名称

图层的名称即图层的名字，默认情况下，“名称”列图层的名称按 0、图层 1、图层 2……的编号依次递增，用户也可以自行命名。图层数量可以是任意的，图层名中不能包含以下字符：<、>、/、\、“、:、;、?、*、|、=、‘、。

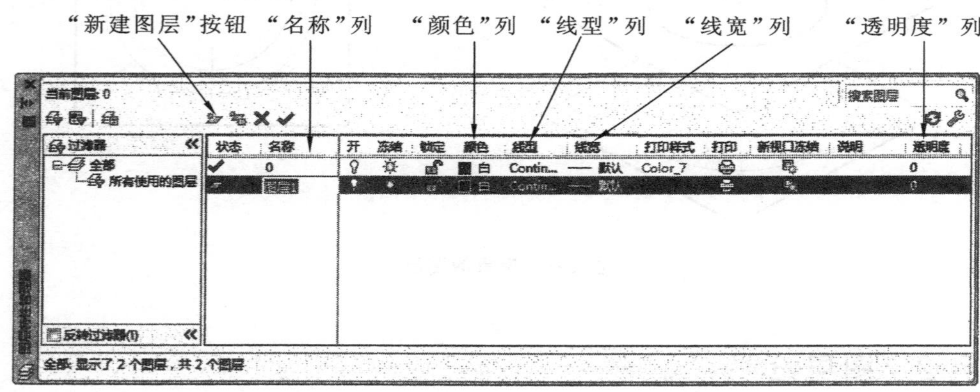

图 5-3 创建新图层

2）颜色

在“图层特性管理器”对话框中，单击“颜色”列对应图标，将弹出“选择颜色”对话框，该对话框用来设定图层颜色，如图 5-4 所示。

3）线型

在“图层特性管理器”对话框中，单击“线型”列显示的线型名称，将弹出“选择线型”对话框，该对话框用来设定所需的线型，如图 5-5 所示。如果已加载线型太少，则可单击“加载”按钮，软件将提供更多可选择的线型。

4）线宽

在“图层特性管理器”对话框中，单击“线宽”列显示的线宽值，将弹出“线宽”对话框，该对话框用来设定所需的线宽，如图 5-6 所示。

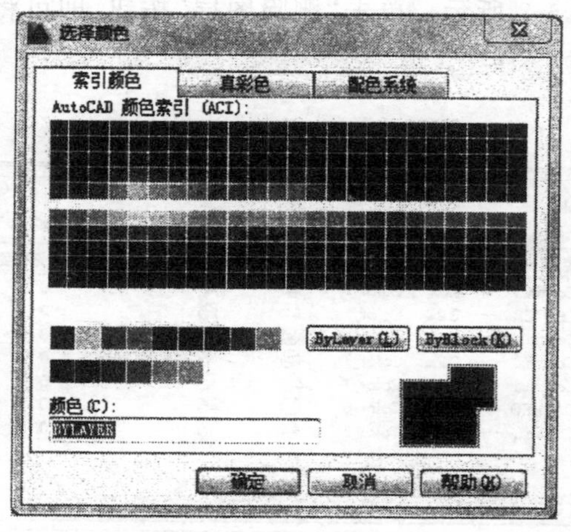

图 5-4 “选择颜色”对话框

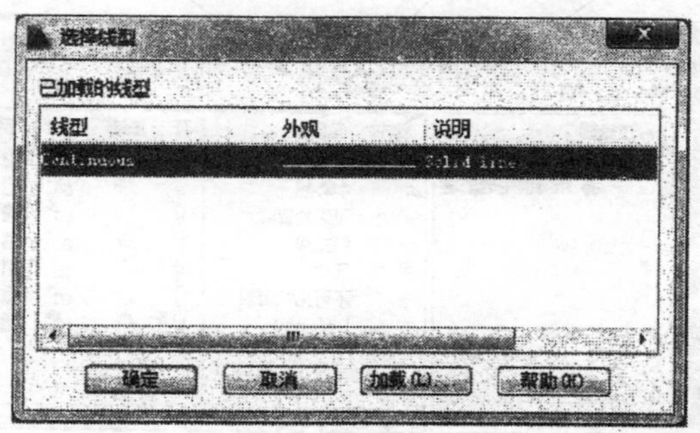

图 5-5 “选择线型”对话框

说明：图层设置中设置了线宽，显示器究竟能否显示线宽是通过状态栏上的“线宽”按钮的“开”“闭”来控制的。

5）透明度

在“图层特性管理器”对话框中，单击“透明度”列显示的透明度值，将弹出“图层透明度”对话框，该对话框用来设定选定图层的透明度级别，如图 5-7 所示。

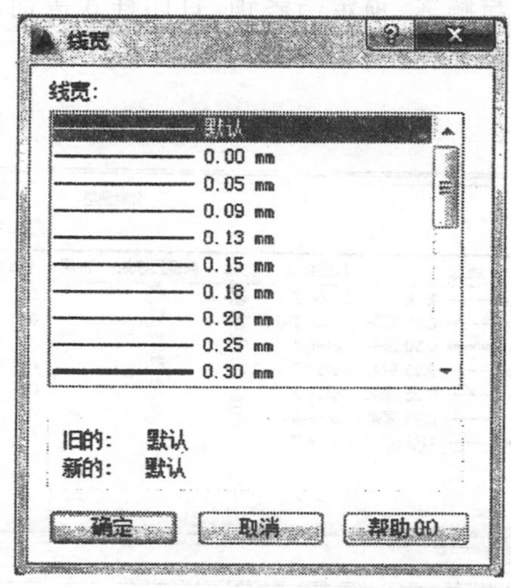

图 5-6 “线宽”对话框

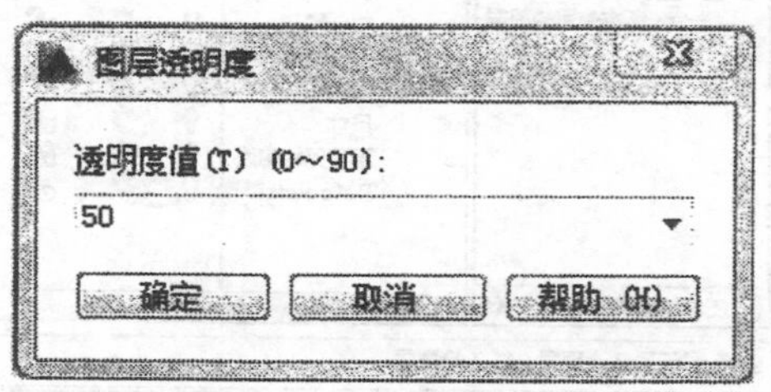

图 5-7 “图层透明度”对话框

2. 设置当前图层

当图形文件具有多个图层时，图层与图层之间具有相同的坐标系、绘图界限、缩放倍数。

说明：绘制图形是在当前图层上进行的；但不同图层上的对象可以同时进行编辑图形操作，而且操作都是在当前图层上进行的。

在“图层特性管理器”对话框的图层列表中，选中某一图层后单击“置为当前”按钮或者双击该图层，即可将该图层设置为当前图层，如图 5-8 所示。单击“删除图层”按钮，即可将所选未使用的空白图层删除。

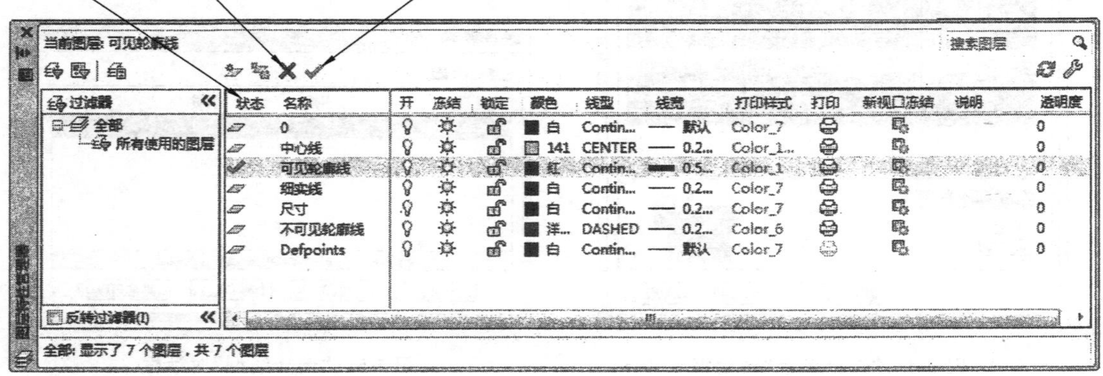

图 5-8　设置当前图层

说明：在“图层特性管理器”对话框的图层列表的“状态”列中，当前图层被标识为√ 。

3. 图层简单管理

在“图层特性管理器”对话框中不仅可以建立和命名图层、设置当前图层、设置图层的颜色、线型和线宽，还可以对图层进行打开与关闭、冻结与解冻、锁定与解锁、打印样式等简单特性管理，从而提高绘图效率，如图 5-9 所示。

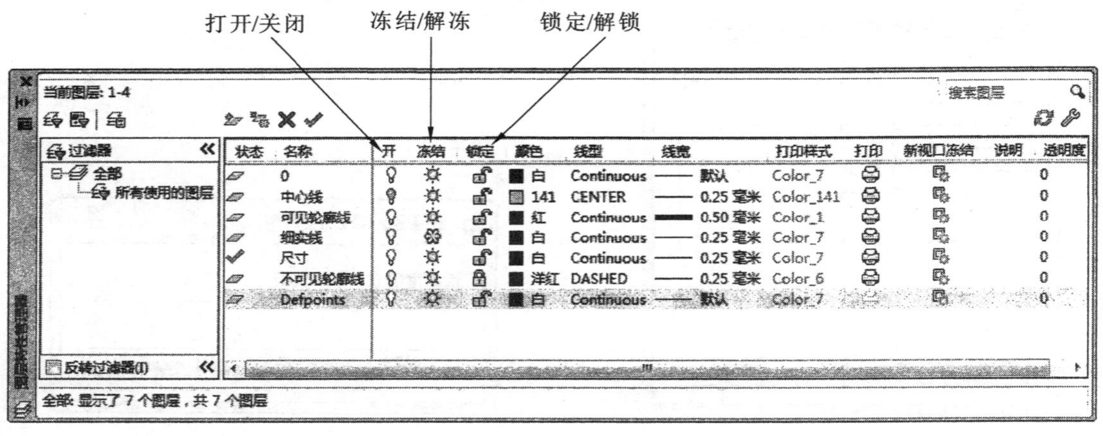

图 5-9　图层简单管理

1）打开/关闭状态

在“图层特性管理器”对话框中单击“开”列的灯泡图标 ，可以打开或关闭图层。图层打开状态时灯泡的颜色为黄色，该图层上的图形对象可以显示，也可以在输出设备上打印。在图层处于关闭状态时灯泡的颜色为灰色，此时该图层上的图形对象不能显示，也不能打印输出。

2）冻结/解冻状态

在“图层特性管理器”对话框中通过单击“冻结”列的太阳图标或雪花图标，可以解冻或冻结图层。图层被冻结时显示雪花图标，该图层上的图形对象不能被显示出来，也不能打印输出，而且还不能编辑或修改该图层上的图形对象。被解冻的图层将显示太阳图标，该图层能够显示，也能够打印输出，并且可以在该图层上编辑图形对象。

说明：关闭的图层与冻结的图层上的对象都是不可见的，也不能打印输出。但关闭的图层仍参加消隐和渲染，打开图层时不重生成图形；而冻结的对象在解冻图层时会重新生成图形。因此，在复杂的图形中冻结不需要的图层可以加快系统重新生成图形时的速度。

3）锁定/解锁状态

在“图层特性管理器”对话框中通过单击“锁定”列对应的小锁图标，可以锁定或解锁图层。锁定图层上的图形对象仍然能够显示，还可以对锁定图层上的对象应用对象捕捉，并可以执行不会修改对象的其他操作。

4）打印样式和打印

在“图层特性管理器”对话框中单击“打印样式”列设置各图层的打印样式，单击“打印”列对应的打印机图标可以设置各图层是否能够被打印，这样可以在保持图形显示可见性不变的前提下控制图形的打印特性。

5.2.2 图层使用与切换

在绘制图形的过程中，只需在“图层”工具栏的“图层控制”下拉列表中选择某图层名称即可将其设置为当前图层，实现图层间的灵活快速切换，如图 5-10 所示。

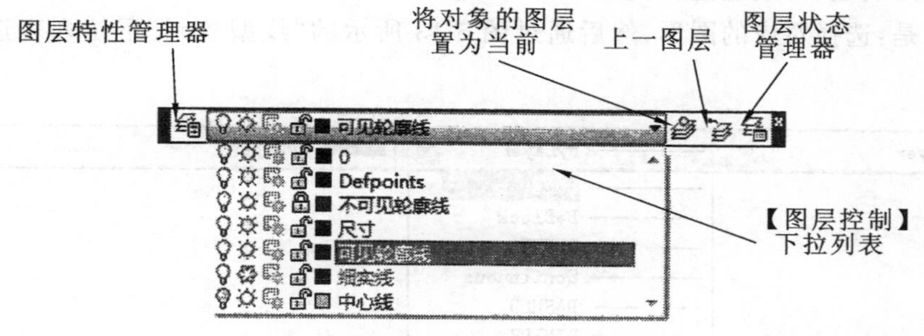

图 5-10 “图层”工具栏

5.3 对象特性

AutoCAD 提供了图 5-11 所示的“特性”工具栏，利用它可以快速、方便地设置绘图颜色、线型以及线宽。

图 5-11 “特性”工具栏

下面介绍“特性”工具栏上主要选项的功能。

1. “颜色控制”下拉列表框

设置绘图颜色。单击此列表框，AutoCAD 弹出下拉列表，如图 5-12 所示。用户可以通过该列表设置绘图颜色（一般应选择随层，即 ByLayer）或修改当前图形的颜色。修改图形对象颜色的方法是：首先选择图形，然后通过图 5-12 所示的“颜色控制”列表选择对应的颜色。

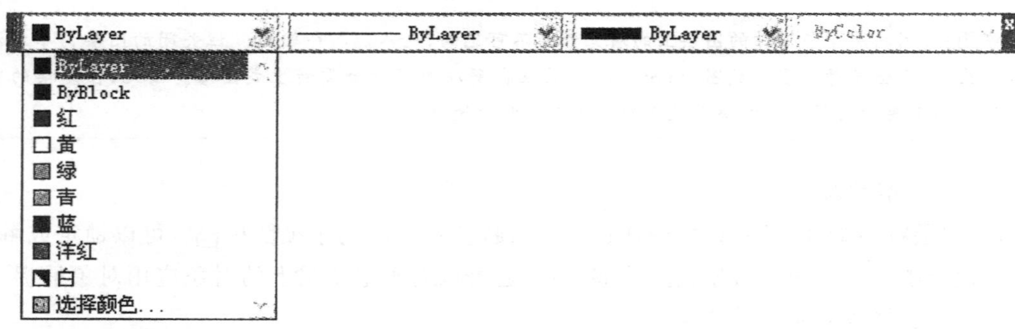

图 5-12　显示“颜色控制”列表

说明：单击“颜色控制”下拉列表中的“选择颜色”项，AutoCAD 弹出图 5-4 所示的“选择颜色”对话框，供用户选择颜色。

2. “线型控制”下拉列表框

设置绘图线型。单击此列表框，AutoCAD 弹出下拉列表，如图 5-13 所示。可以通过该列表设置绘图线型（一般应选择随层，即 ByLayer）或修改当前图形的线型。修改图形对象线型的方法是：选择对应的图形，然后通过图 5-13 所示的“线型控制”下拉列表选择对应的线型。

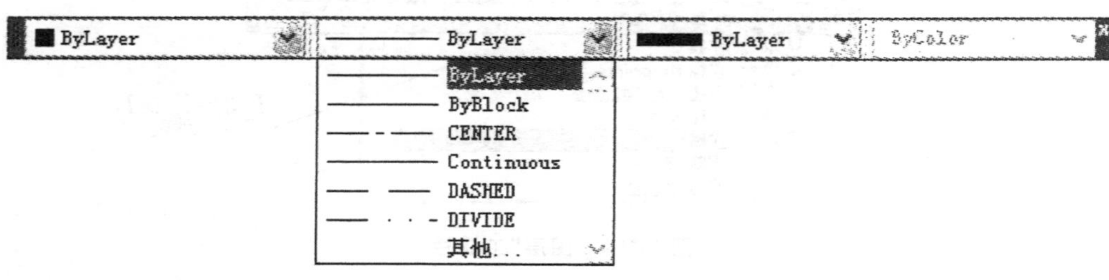

图 5-13　显示“线型控制”下拉列表

说明：单击“线型控制”下拉列表中的“其他”项，AutoCAD 弹出“线型管理器”对话框，供用户选择线型。

3. “线宽控制”列表框

设置绘图线宽。单击此列表框，AutoCAD 弹出下拉列表，如图 5-14 所示。可以通过该列表设置绘图线宽（一般应选择随层，即 ByLayer）或修改当前图形的线宽。修改图形对象线宽的方法是：选择对应的图形，然后通过图 5-14 所示的“线宽控制”下拉列表选择对应的线宽。

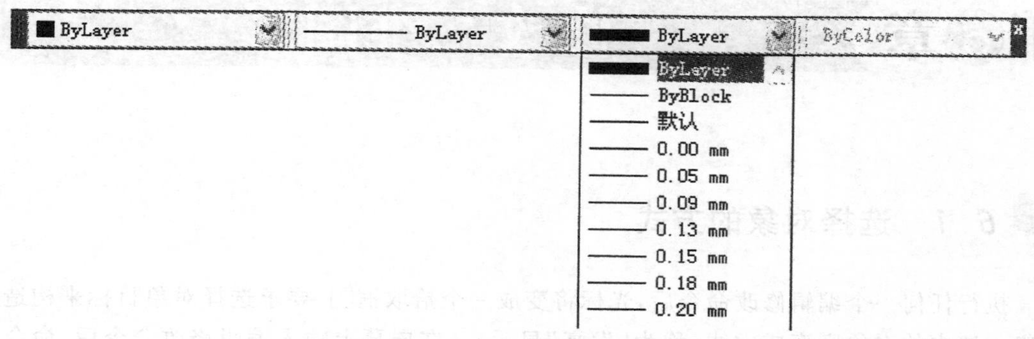

图 5-14　显示"线宽控制"下拉列表

可以看出，利用"特性"工具栏，可以方便地设置或修改绘图的颜色、线型与线宽。

说明：如果通过"特性"工具栏设置了具体的绘图颜色、线型或线宽，而不是采用"随层"设置，那么在此之后用 AutoCAD 绘制出的新图形对象的颜色、线型或线宽均会采用新的设置，不再受图层颜色、图层线型或图层线宽的限制，但建议读者采用 ByLayer(随层)。

思考与习题

1. 在 AutoCAD 绘图中，为什么要将不同对象按分类分别绘在不同的图层上？为什么要为图层设置颜色？
2. 图层的关闭和冻结有何不同？
3. 在 AutoCAD 2014 中，图层特性主要包括哪些方面？
4. 怎样修改对象特性？
5. 新建一个名为"机械零件.dwg"的图形文件，并在该文件中创建如下图层。

名　称	颜　色	线　型	线宽/mm
细点画线	红色	Center	0.1
粗实线	白色	Continuous	0.3
细实线	绿色	Continuous	0.1
虚线	黄色	Dashed	0.1

第6章 修改二维图形

 6.1 选择对象的方式

执行任何一个编辑修改命令后，光标将变成一个拾取框□，要求选择对象目标来构造选择集。选中的对象则变成虚线(称为“发亮”显示)。在屏幕上输入编辑修改命令后，命令窗口显示“选择对象”，选择以下的其中一种方法决定选择范围。

(1) 单击：用鼠标直接单击实体来选择对象，是系统默认的一种对象选择方法。

(2) W(矩形窗口)：从左到右点选窗口的对角两点形成一个选择窗口，只有完全落在窗口内的实体才能被选中。

(3) C(交叉窗口)：从右到左点选窗口的对角两点形成一个选择窗口，只要实体的任何一部分在窗口内则被选中。

(4) L(选择实体)：选中作图过程中的最后一个实体。

(5) A(全部选择)：选中图形文件中的所有实体。

 6.2 删除对象

命令的输入：

(1) 命令行：ERASE。

(2) 菜单：“修改”|“删除”。

(3) 工具栏：“修改”中的✐。

删除图形与手工绘图时用橡皮擦除已绘出的图形相似。

执行 ERASE 命令，AutoCAD 提示：

```
选择对象：                    //选择要删除的对象。选择时直接拾取对象即可
选择对象：                    //也可以继续选择要删除的对象
```

 6.3 复制对象

命令的输入：

(1) 命令行：COPY。

(2) 菜单：“绘图”|“复制”。

(3) 工具栏：“绘图”中的。

复制对象是指将选定的对象复制到其他位置。

执行 COPY 命令，AutoCAD 提示：

```
选择对象：                    //选择要复制的对象
选择对象：                    //也可以继续选择对象
指定基点或[位移(D)/模式(O)]<位移>：
```

1. 指定基点

功能：确定复制基点，为默认项。执行该默认项，即指定一点作为复制基点后，AutoCAD 提示：

指定第二个点或[阵列(A)]<使用第一个点作为位移>：

在此提示下再确定一点，AutoCAD 将所选择对象按由两点确定的位移矢量复制到指定位置，而后 AutoCAD 可能会继续提示（由复制模式确定，见后面的介绍。提示中，"阵列(A)"选项会将选中的对象进行线性阵列复制）：

指定第二个点或[阵列(A)/退出(E)/放弃(U)]<退出>：

如果在这样的提示下再依次确定位移的第二个点，AutoCAD 会将选择的对象按基点与其他各点确定的各位移矢量关系进行多次复制；如果按 Enter 键、空格键或 Esc 键，AutoCAD 结束 COPY 命令。

说明：执行 COPY 命令后，可以通过"模式(O)"选项确定是否进行多次复制（见后面对该选项的介绍）。

执行 COPY 命令并指定基点后，如果在"指定第二个点或<使用第一个点作为位移>："提示下直接按 Enter 键或空格键，AutoCAD 会将该基点的各坐标分量作为位移量复制对象，而后结束 COPY 命令。

2. 位移(D)

功能：根据位移量复制对象。执行该选项，AutoCAD 提示：

指定位移：

如果在此提示下输入位移量（如输入"20,30,50"，它表示沿 X,Y,Z 3 个坐标方向的位移量分别是 20,30,50）后按 Enter 键，AutoCAD 将按此位移量复制所选对象。

说明：当使用 AutoCAD 在一幅图中绘制多个相同的图形时，可以先绘出一个图形，然后通过复制的方法得到其他图形。

3. 模式(O)

功能：确定复制的模式。执行该选项，AutoCAD 提示：

输入复制模式选项[单个(S)/多个(M)]<多个>：

其中，"单个(S)"选项表示执行 COPY 命令后只能对选择的对象执行一次复制，而"多个(M)"选项表示可以多次复制，AutoCAD 默认为"多个(M)"。

例 6-1 对图 6-1 所示的圆和六边形进行复制操作，结果如图 6-2 所示。

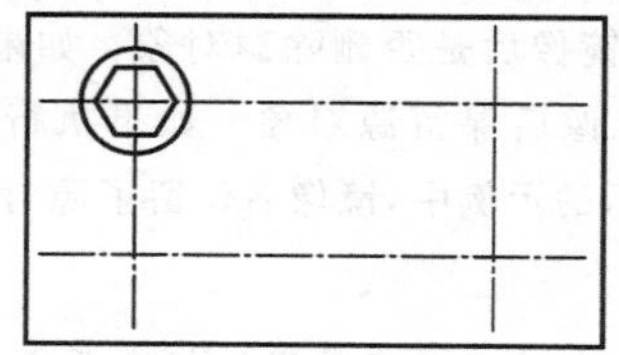

图 6-1 圆和六边形

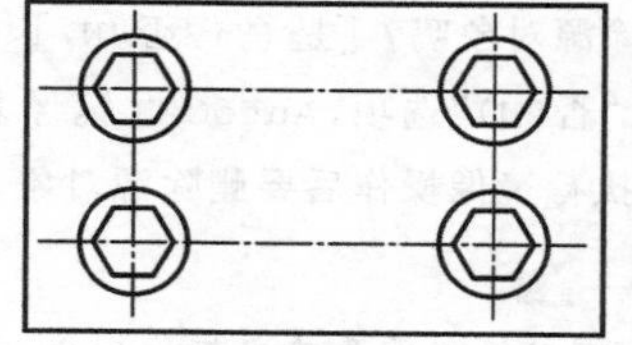

图 6-2 复制结果

执行 COPY 命令，AutoCAD 提示：

选择对象：//选择已有的圆和六边形
选择对象：↙
指定基点或[位移(D)/模式(O)]<位移>：//拾取已有圆的圆心
指定第二个点或[阵列(A)]<使用第一个点作为位移>：
//拾取位于图中左下角位置的两条中心线交点
指定第二个点或[阵列(A)/退出(E)/放弃(U)]<退出>：
//拾取位于图中右上角位置的两条中心线交点
指定第二个点或[阵列(A)/退出(E)/放弃(U)]<退出>：
//拾取位于图中右下角位置的两条中心线交点
指定第二个点或[阵列(A)/退出(E)/放弃(U)]<退出>：↙

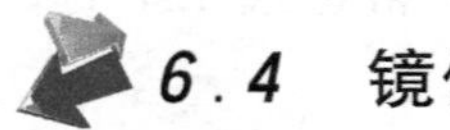

6.4 镜像

命令的输入：

(1) 命令行：MIRROR。
(2) 菜单："修改"|"镜像"。
(3) 工具栏："修改"中的 。

镜像对象是指将选定的对象相对于镜像线进行镜像复制，如图 6-3 所示。

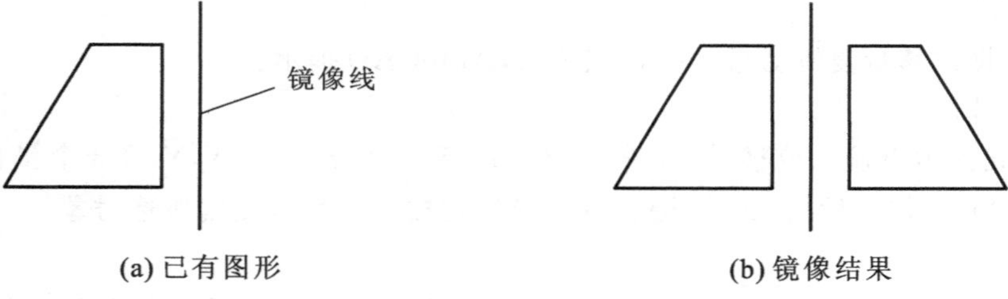

图 6-3 镜像对象示例

说明：镜像功能特别适合绘制对称图形。

执行 MIRROR 命令，AutoCAD 提示：

选择对象：//选择要镜像的对象
选择对象：//也可以继续选择对象
指定镜像线的第一点：//指定镜像线的第一点
指定镜像线的第二点：//指定镜像线的第二点
要删除源对象吗？[是(Y)/否(N)]<N>：//确定镜像后是否删除源对象。如果直接按 Enter 键，即执行"否(N)"选项，AutoCAD 镜像复制对象，即镜像后保留源对象。如果执行"是(Y)"选项，AutoCAD 执行镜像操作后要删除源对象。在图 6-3 所示的示例中，镜像后保留了源对象。

说明：用户可以根据需要确定镜像时是否绘制镜像线。有时可以直接通过指定两点的方式确定镜像线，也可以直接以已有图形上的某条直线作为镜像线。

6.5 偏移

偏移对象是指对指定的直线、圆弧、圆等对象进行偏移复制，创建平行线或等距离分布图形。

说明：利用“偏移”命令复制对象时，对直线段、构造线、射线做偏移是平行复制；对圆弧做偏移后，新圆弧与旧圆弧同心且具有同样的包含角，但新圆弧的长度发生改变；对圆或椭圆做偏移后，新圆、新椭圆与旧圆、旧椭圆有同样的圆心，但新圆的半径或新椭圆的轴长发生了变化。

命令的输入：

(1) 命令行：OFFSET。

(2) 菜单：“修改”|“偏移”。

(3) 工具栏：。

执行命令后 AutoCAD 提示：

当前设置：删除源=否　图层=源　OFFSETGAPTYPE=0

指定偏移距离或[通过(T)/删除(E)/图层(L)]<通过>：

① 指定偏移距离：在距现有对象指定的距离处复制出对象。

② 通过(T)：指定一个通过点，经过通过点复制对象。

③ 删除(E)：偏移源对象后将源对象删除。

④ 图层(L)：确定将偏移对象创建在当前图层上还是源对象所在的图层上。

说明：系统变量 OFFSETGAPTYPE 用以控制偏移多段线时处理线段之间的潜在间隙的方式。系统变量 OFFSETGAPTYPE 为 0 时，将线段延伸到投影交点，如图 6-4(a)所示；系统变量 OFFSETGAPTYPE 为 1 时，将线段在其投影交点处进行圆角，每个圆弧段的半径等于偏移距离，如图 6-4(b)所示；系统变量 OFFSETGAPTYPE 为 2 时，将线段在其投影交点处进行倒角，在原始对象上从每个倒角到其相应顶点的垂直距离等于偏移距离，如图 6-4(c)所示。

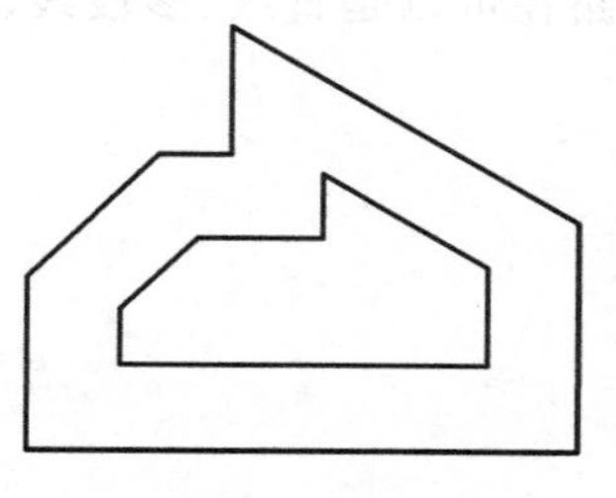
(a) OFFSETGAPTYPE=0

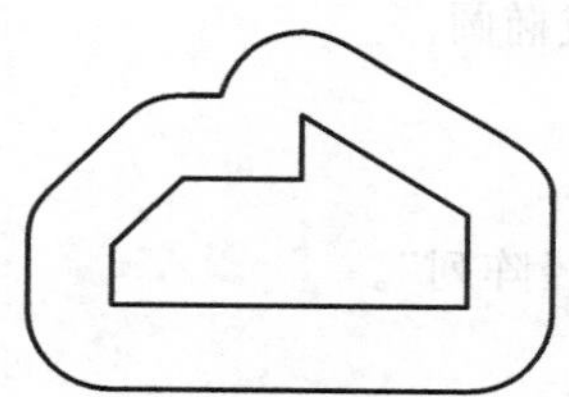
(b) OFFSETGAPTYPE=1

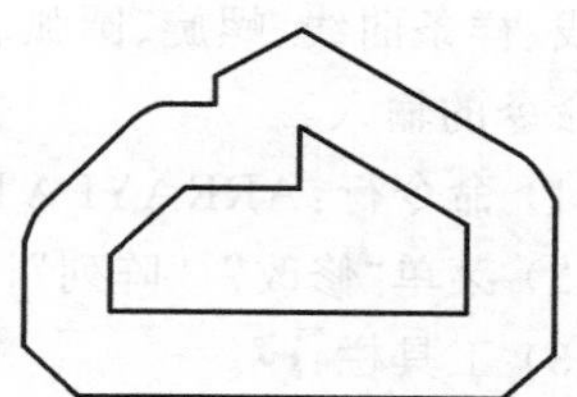
(c) OFFSETGAPTYPE=2

图 6-4　偏移对象

6.6 阵列对象

阵列对象是指创建以阵列模式排列的对象的副本，有 3 种类型。

1. 矩形阵列

矩形阵列将对象副本分布到行、列和标高的任意组合。

命令的输入：

(1) 命令行：ARRAYRECT。

(2) 菜单："修改"|"阵列"|"矩形阵列"。

(3) 工具栏：▦。

执行命令后 AutoCAD 提示：

选择对象： //选择要阵列的对象，选择完成后确认

类型=矩形 关联=是

选择夹点以编辑阵列或[关联(AS)/基点(B)/计数(COU)/间距(S)/列数(COL)/行(R)/层(L)/退出(X)]<退出>：

① 关联(AS)：指定阵列中的对象是关联的，还是独立的。

② 基点(B)：定义阵列基点和夹点的位置。

③ 计数(COU)：指定行数和列数并使用户在移动光标时可以动态观察结果。其中"表达式"是基于数学公式或方程式导出值的。

④ 间距(S)：指定行间距和列间距并使用户在移动光标时可以动态观察结果。其中"单位单元"是通过设置等同于间距的矩形区域的每个角点来同时指定行间距和列间距的。"列间距"用于指定从每个对象的相同位置测量的每列之间的距离。"行间距"用于指定从每个对象的相同位置测量的每行之间的距离。

⑤ 列数(COL)：用于编辑列数和列间距。其中"全部"指定从开始和结束对象上的相同位置测量的起点和终点列之间的总距离。

⑥ 行(R)：用于指定阵列中的行数、它们之间的距离以及行之间的增量标高。其中"全部"指定从开始和结束对象上的相同位置测量的起点和终点行之间的总距离。其中"增量标高"用于设置每个后续行增大或减小的标高。

⑦ 层(L)：指定三维阵列的层数和层间距。

⑧ 退出(X)：退出命令。

2. 路径阵列

路径阵列用于沿路径或部分路径均匀地分布对象副本，路径可以是直线、多段线、三维多段线、样条曲线、螺旋、圆弧、圆或椭圆。

命令的输入：

(1) 命令行：ARRAYPATH。

(2) 菜单"修改"|"阵列"|"路径阵列"。

(3) 工具栏：↝。

执行命令后 AutoCAD 提示：

选择对象： //选择要阵列的对象，选择完成后确认

类型=路径 关联=是

选择路径曲线： //指定用于阵列路径的对象

选择夹点以编辑阵列或[关联(AS)/方法(M)/基点(B)/切向(T)/项目(I)/行(R)/层(L)/对齐项目(A)/Z方向(Z)/退出(X)]<退出>：

与矩形阵列相同功能的选项就不再介绍了。

① 方法(M)：用于控制如何沿路径分布项目。

其中“定数等分”将指定数量的项目沿路径的长度均匀分布。“测量”将以指定的间隔沿路径分布项目。

② 切向(T):用于指定阵列中的项目如何相对于路径的起始方向对齐。其中“两点”指定阵列中的项目相对于路径的切线的两个点,这两个点的矢量建立阵列中第一个项目的切线。若“对齐项目”设置为“普通”,则根据路径曲线的起始方向调整第一个项目的 Z 方向。

③ 项目(I):根据“方法”的设置,指定项目数或项目之间的距离。

说明:当“方法”为“定数等分”时,“沿路径的项目数”可用,使用值或表达式指定阵列中的项目数。当“方法”为“定距等分”时,“沿路径的项目之间的距离”可用,使用值或表达式指定阵列中的项目的距离。默认情况下,使用最大项目数填充阵列,这些项目使用输入的距离填充路径。如果需要可以指定一个更小的项目数,也可以启用“填充整个路径”,以便在路径长度更改时调整项目数。

④ 对齐项目(A):用于指定是否对齐每个项目以与路径的方向相切,控制阵列中的其他项目是否保持相对于第一个项目相切或平行。

⑤ Z 方向(Z):用于控制是否保持项目的原始 Z 方向或沿三维路径自然倾斜项目。

3. 环形阵列

环形阵列用于围绕中心点或旋转轴在环形阵列中均匀分布对象副本。

命令的输入:

(1) 命令行:ARRAYPOLAR。

(2) 菜单:“修改”|“阵列”|“环形阵列”。

(3) 工具栏:✿。

执行命令后 AutoCAD 提示:

```
选择对象:                    //选择要阵列的对象,选择完成后确认
类型=极轴  关联=是
指定阵列的中心点或[基点(B)/旋转轴(A)]:
选择夹点以编辑阵列或[关联(AS)/基点(B)/项目(I)/项目间角度(A)/填充角度(F)/行(R)/层(L)/旋转项目(ROT)/退出(X)]<退出>:
```

① 阵列的中心点:分布阵列项目所围绕的点,旋转轴是当前 UCS 的 Z 轴。

② 旋转轴(A):指定由两个指定点定义的自定义旋转轴。

③ 项目(I):用值或表达式指定阵列中的项目数。当在表达式中定义填充角度时结果值中的(+或−)数学符号不会影响阵列的方向。

④ 项目间角度(A):使用值或表达式指定项目之间的角度。

⑤ 填充角度(F):使用值或表达式指定阵列中第一个和最后一个项目之间的角度。

⑥ 旋转项目(ROT):控制在排列项目时是否旋转项目。

例 6-2 使用“阵列”命令绘制图 6-5 所示的图形。

(1) 启动“圆弧”命令,绘制图 6-5 所示的路径。

```
指定圆弧的起点或[圆心(C)]:50,100↙
指定圆弧的第二个点或[圆心(C)/端点(E)]:C↙
指定圆弧的圆心:@200,0↙
指定圆弧的端点或[角度(A)/弦长(L)]:@200,0↙
```

(2) 重复“圆弧”命令。

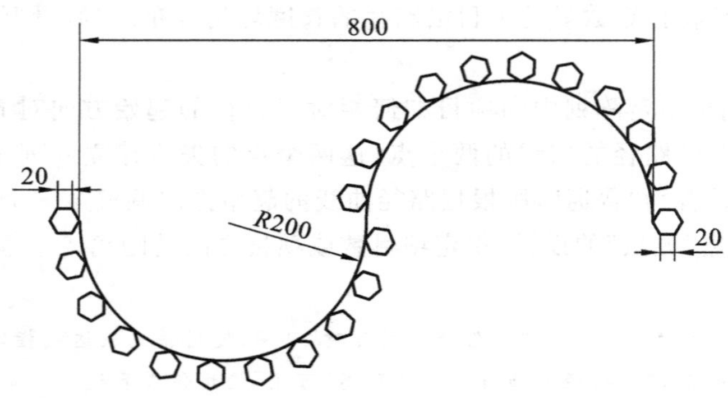

图 6-5 阵列对象示例

指定圆弧的起点或[圆心(C)]:

指定圆弧的端点:@400,0↙

(3) 启动“正多边形”命令。

输入侧面数<4>:6↙

指定正多边形的中心点或[边(E)]://抓取已绘制路径的左端点

输入选项[内接于圆(I)/外切于圆(C)]<I>:↙

指定圆的半径:20↙

(4) 重复“正多边形”命令。

输入侧面数<6>:↙

指定正多边形的中心点或[边(E)]: //抓取已绘制路径的右端点

输入选项[内接于圆(I)/外切于圆(C)]<I>:↙

指定圆的半径:20↙

得到图 6-6 所示的图形。

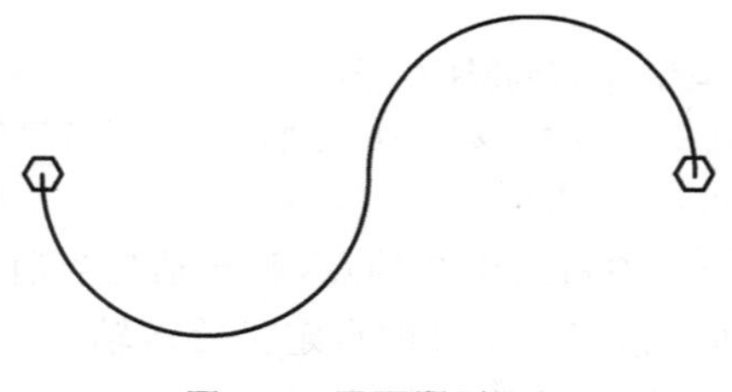

图 6-6 平面图形(1)

(5) 启动“路径矩阵”命令。

选择对象://抓取已绘制的左倒六边形

选择对象:找到 1 个↙

类型=路径 关联=是

选择路径曲线://选取左侧圆弧路径靠近左端点的任意位置

选择夹点以编辑阵列或[关联(AS)/方法(M)/基点(B)/切向(T)/项目(I)/行(R)/层(L)/对齐项目(A)/Z 方向(Z)/退出(X)]<退出>:B↙

指定基点或[关键点(K)]<路径曲线的终点>:K↙

指定源对象上的关键点作为基点: //抓取图 6-7 所示的 B 点

选择夹点以编辑阵列或[关联(AS)/方法(M)/基点(B)/切向(T)/项目(I)/行(R)/层(L)/对齐项目(A)/Z 方向(Z)/退出(X)]<退出>:↙

说明：选择路径曲线时，拾取框选取的位置不同，阵列结果将会不同。

(6) 重复“路径矩阵”命令。

选择对象：↙ //抓取已绘制的右侧六边形

选择对象：找到 1 个 ↙

类型=路径 关联=是

选择路径曲线： //选取右侧圆弧路径靠近右端点的任意位置

选择夹点以编辑阵列或[关联(AS)/方法(M)/基点(B)/切向(T)/项目(I)/行(R)/层(L)/对齐项目(A)/Z 方向(Z)/退出(X)]<退出>:B↙

指定基点或[关键点(K)]<路径曲线的终点>:K↙

指定源对象上的关键点作为基点： //抓取图 6-7 所示的 B 点

选择夹点以编辑阵列或[关联(AS)/方法(M)/基点(B)/切向(T)/项目(I)/行(R)/层(L)/对齐项目(A)/Z 方向(Z)/退出(X)]<退出>:↙

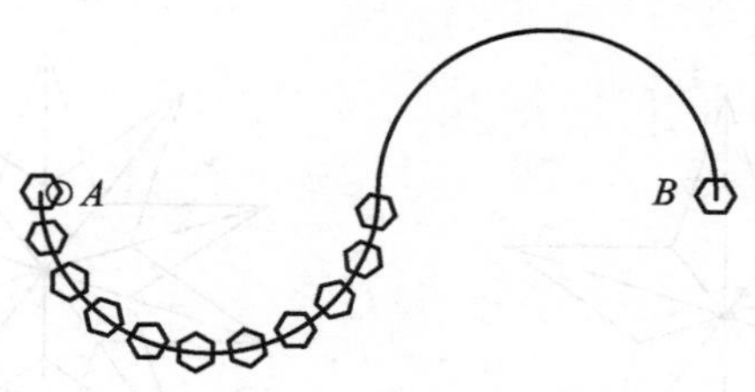

图 6-7 平面图形(2)

6.7 移动和旋转

1. 移动对象

移动对象用于将对象重定位，对象的位置发生了改变，但方向和大小不改变。

命令的输入：

(1) 命令行：MOVE。

(2) 菜单：“修改”|“移动”。

(3) 工具栏：。

执行命令后 AutoCAD 提示：

选择对象：//选择要移动的对象，选择完成后确认

指定基点或[位移(D)]< 位移> ： //指定基点

指定第二个点或< 使用第一个点作为位移> ：//指定点

说明：在前面已经介绍过，“位移”是使用坐标指定相对距离和方向的。通过指定的两点定义一个矢量，指示复制对象的放置离原位置有多远以及以哪个方向放置。如果选择“使用第一个点作为位移”选项，那么所给出的基点坐标值就被作为偏移量．也就是将图形相对于该点移动由基点设定的偏移量。

2. 旋转对象

旋转对象用于将对象绕基点旋转指定的角度。

命令的输入：

(1) 命令行：ROTATE。

(2) 菜单："修改"|"旋转"。

(3) 工具栏：。

执行命令后 AutoCAD 提示：

```
UCS 当前的正角方向：ANGDIR=逆时针 ANGBASE=0
选择对象：  //选择要旋转的对象，选择完成后确认
指定基点：                    //指定基点（也就是旋转中心）
指定旋转角度或[复制(C)/参照(R)]<0>：//根据需要进行操作
```

说明：使用系统变量 ANGDIR 和 ANGBASE 可以设置旋转时的正方向和0°方向。用户也可以选择"格式"|"单位"命令，在弹出的"图形单位"对话框中设置它们的值。

例 6-3 使用"旋转"命令将图 6-8(a)所示图形变换为图 6-8(b)所示图形。

(a) 原图形

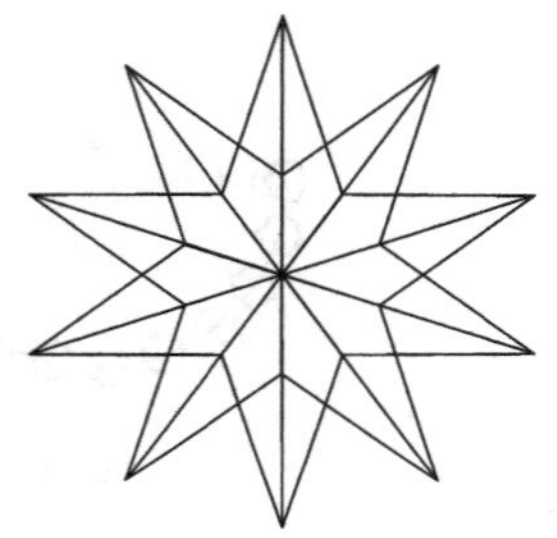
(b) 变换后的图形

图 6-8 平面图形

```
UCS 当前的正角方向：ANGDIR=逆时针   ANGBASE=0
选择对象：//选择全部对象，选择完成后确认
指定基点：                    //抓取图形中心点
指定旋转角度或[复制(C)/参照(R)]<0>：C↙
旋转一组选定对象。
指定旋转角度或[复制(C)/参照(R)]<0>：36↙
```

6.8 比例缩放

比例缩放命令用于将选中的对象按一定的比例缩小或放大，可以缩小或放大对象而不改变它的整体比例。输入比例因子，并为对象指定新长度也可以实现缩放。另外，可以修改对象的所有标注尺寸。

命令的输入：

(1) 命令行：SCALE。

(2) 菜单："修改"|"缩放"。

(3) 工具栏："修改"中的。

缩放示例如图 6-9 所示。

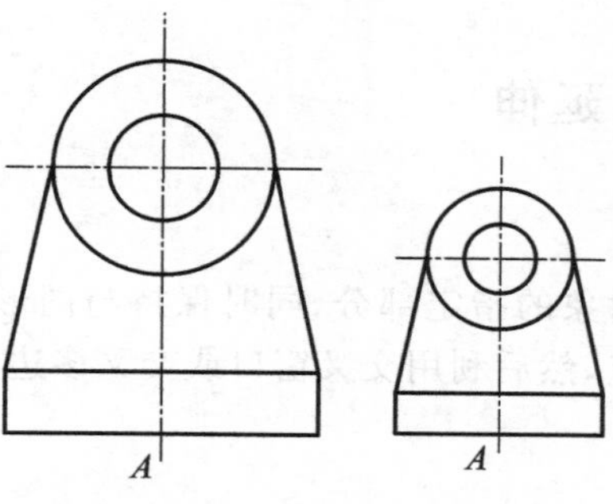

图 6-9　缩放示例

执行命令后 AutoCAD 提示：

```
命令：_scale
选择对象：指定对角点：找到 11 个                    //选择要缩放的对象
选择对象：                                          //回车结束选择
指定基点：                                          //选择圆心
指定比例因子或[复制(C)/参照(R)]：0.5↙
```

1. 复制缩放

复制缩放示例如图 6-10 所示。

执行命令后 AutoCAD 提示：

```
命令：_scale
选择对象：指定对角点：找到 9 个
选择对象：
指定基点：
指定比例因子或[复制(C)/参照(R)]：C↙
缩放一组选定对象。
指定比例因子或[复制(C)/参照(R)]：1.5↙
```

2. 参照缩放

参照缩放示例如图 6-11 所示。

执行命令后 AutoCAD 提示：

```
命令：_scale
选择对象：指定对角点：找到 7 个
选择对象：
指定基点：
指定比例因子或[复制(C)/参照(R)]：R↙
指定参照长度<20>：指定第二点：
指定新的长度或[点(P)]<25>：25↙
```

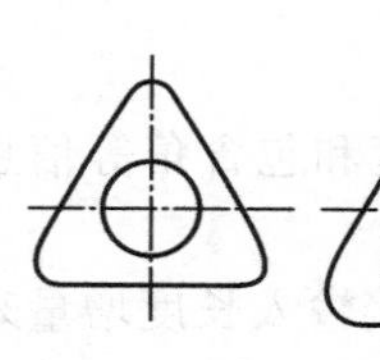
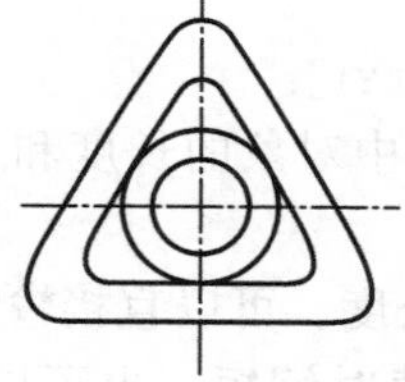

图 6-10　复制缩放示例

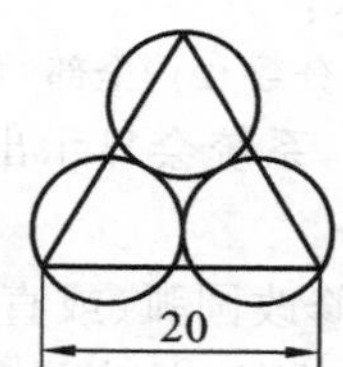

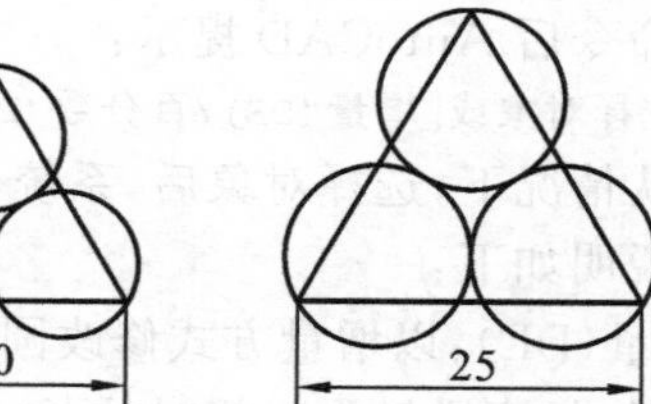

图 6-11　参照缩放示例

6.9 拉伸、拉长、延伸

1. 拉伸

拉伸命令用于移动图形对象的指定部分，同时保持与图形对象未移动部分相连接。在拉伸过程中需要指定一个基点，然后利用交叉窗口或交叉多边形选择要拉伸的对象。

命令的输入：

(1) 命令行：STRETCH。

(2) 菜单："修改"|"拉伸"。

(3) 工具栏：。

执行命令后 AutoCAD 提示：

命令：_stretch

以交叉窗口或交叉多边形选择要拉伸的对象

选择对象：//用交叉窗口法选择矩形，如图 6-12 所示。注意，选择框不要包含所有对象，如果包含了，就会变成移动操作

选择对象：↙

指定基点或位移：　　//捕捉 A 点作为拉伸的基点

指定位移的第二个点或<用第一个点作位移>：@100,0 ↙ //指定位移的第二个点，决定拉伸多少

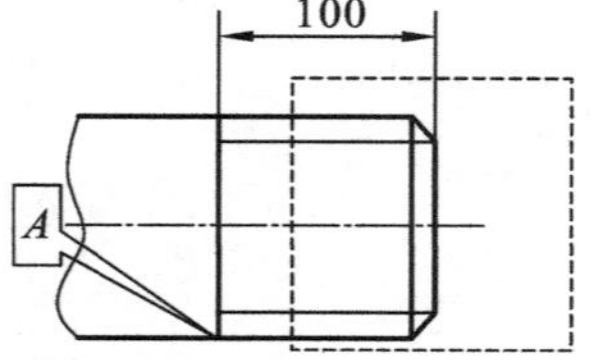

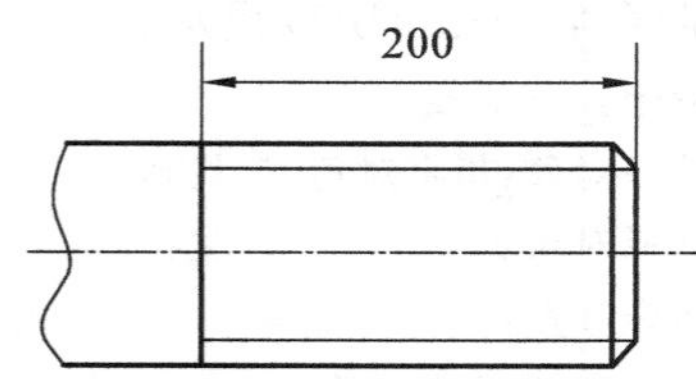

图 6-12　图形拉伸

说明：该命令可以通过单击菜单"修改"|"拉伸"命令来执行。选择实体时，必须以交叉窗口或交叉多边形选择要拉伸的对象。只有选择框内的端点位置会被改变，框外端点位置保持不变。当实体的端点全被框选在内时，该命令等同于移动命令。

2. 拉长

使用拉长命令，可以修改直线或圆弧的长度。

命令的输入：

(1) 命令行：LENGTHEN。

(2) 菜单："修改"|"拉长"。

(3) 工具栏：。

执行命令后 AutoCAD 提示：

选择对象或[增量(DE)/百分数(P)/全部(T)/动态(DY)]：

在默认情况下，选择对象后，系统会显示出当前选中对象的长度和包含角等信息。各选项的功能说明如下：

① 增量(DE)：以增量方式修改圆弧(或直线)的长度。可以直接输入长度增量来拉长直线或者圆弧，长度增量为正值时拉长，长度增量为负值时缩短。也可以输入"A"切换到"角度"选项，通过指定圆弧的包含角增量来修改圆弧的长度。

② 百分数(P):以相对于原长度的百分比来修改直线或者圆弧的长度。

③ 全部(T):以给定直线新的总长度或圆弧的新包含角来改变长度。

④ 动态(DY):允许动态地改变圆弧或直线的长度。

3. 延伸

延伸命令可以延长指定的对象与另一个对象(延伸边界)相交。执行延伸命令时,需要确定延伸边界,然后指定对象延长与边界相交。

6.10 修剪、打断和合并对象

6.10.1 修剪

修剪命令用于选中对象的某些不需要的部分并剪掉。

命令的输入:

(1) 命令行:TRIM。

(2) 菜单:“修改”|“修剪”。

(3) 工具栏:“修改”中的-/--。

执行命令后 AutoCAD 提示:

```
命令:_trim
当前设置:投影=UCS,边=无
选择剪切边……
选择对象:找到 1 个                                      //选择修剪边界圆
选择对象:                                               //选择第二个修剪边界或结束选择
选择要修剪的对象,或按住 Shift 键选择要延伸的对象,或[投影(P)/边(E)/放
弃(U)]:选择被修剪的对象
选择要修剪的对象,或按住 Shift 键选择要延伸的对象,或[投影(P)/边(E)/放
弃(U)]:继续选择修剪对象或结束修剪命令。
```

图 6-13 所示为执行上述修剪程序后的图形变化。

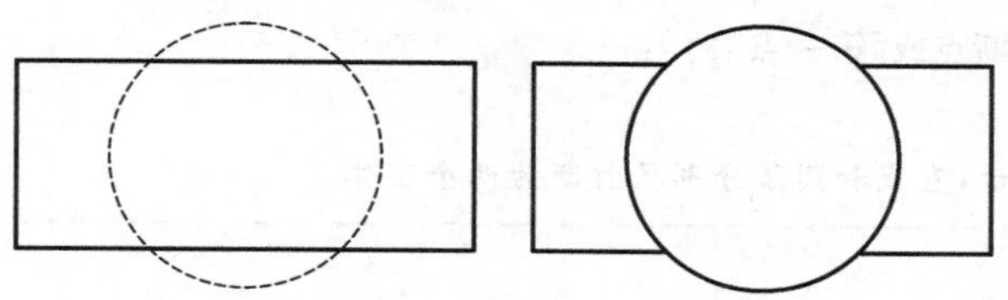

图 6-13　修剪示例

说明:在选择完修剪边界后,可以单击选取每一个被修剪的对象,也可用一个窗口来选择被修剪的多个对象。

6.10.2 打断和合并命令

1. 打断于点

打断于点命令用于在一点处打断选定的对象。

命令的输入：

(1) 命令行：BREAK。

(2) 菜单："修改"|"打断"。

(3) 工具栏："修改"中的⊏。

执行命令后 AutoCAD 提示：

```
命令：_break
选择对象：
指定第二个打断点或[第一点(F)]：_f↙
指定第一个打断点：
指定第二个打断点：@↙
```

说明：如图 6-14 所示，直线和圆弧分别被打断为两个实体。"@"表示第二个打断点默认与第一个打断点重合为一点。

图 6-14　打断于点示例

2. 打断

打断命令用于在两点打断选定的对象。

命令的输入：

(1) 命令行：BREAK。

(2) 菜单："修改"|"打断"。

(3) 工具栏："修改"中的⌐⌐。

执行命令后 AutoCAD 提示：

```
命令：_break
选择对象：
指定第二个打断点或[第一点(F)]：
```

说明：如图 6-15 所示，直线和圆弧分别被打断为两个实体。

图 6-15　打断示例

3. 合并

合并命令用于合并相似对象以形成一个完整的对象。

命令的输入：

(1) 命令行：JOIN。

(2) 菜单："修改"|"合并"。

(3) 工具栏:“修改”中的→←。

执行命令后 AutoCAD 提示:

```
命令:_join
选择源对象或要一次合并的多个对象:指定对角点:找到 1 个
选择要合并的对象:指定对角点:找到 1 个,总计 2 个
选择要合并的对象:
```

图 6-16 所示为执行上述合并程序后的图形变化。

合并前　　　　合并后

图 6-16　合并示例

6.11 倒角和圆角

6.11.1 倒角

倒角命令用于给对象加倒角。按选择对象的次序应用指定的距离和角度。

命令的输入:

(1) 命令行:CHAMFER。

(2) 菜单:“修改”|“倒角”。

(3) 工具栏:“修改”中的▢。

执行命令后 AutoCAD 提示:

```
命令:_chamfer
(“修剪”模式) 当前倒角距离 1=0.0000 距离 2=0.0000
选择第一条直线或[放弃(U)/多段线(P)/距离(D)/角度(A)/修剪(T)/方式(E)/多个(M)]:D↙
指定第一个倒角距离<0.0000>:2↙
指定第二个倒角距离<5.0000>:5↙
选择第一条直线或[放弃(U)/多段线(P)/距离(D)/角度(A)/修剪(T)/方式(E)/多个(M)]:
选择第二条直线,或按住 Shift 键选择直线以应用角点或[距离(D)/角度(A)/方法(M)]:
```

图 6-17 所示为执行倒角命令后的图形变化。

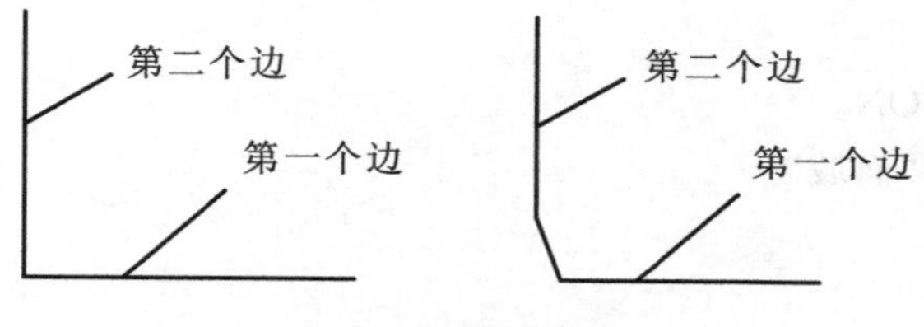

图 6-17　倒角示例

6.11.2 圆角

圆角命令用于给对象加圆角。

命令的输入:

(1) 命令行:FILLET。

(2) 菜单:“修改”|“圆角”。

(3) 工具栏:“修改”中的▢。

执行命令后 AutoCAD 提示：

```
命令:_fillet
当前设置:模式=修剪,半径=2.0000
选择第一个对象或[放弃(U)/多段线(P)/半径(R)/修剪(T)/多个(M)]:R↙
指定圆角半径<2.0000>:8↙
选择第一个对象或[放弃(U)/多段线(P)/半径(R)/修剪(T)/多个(M)]:
选择第二个对象,或按住 Shift 键选择对象以应用角点或[半径(R)]:
```

对两正交直线进行圆角处理的示例如图 6-18 所示。

图 6-18　圆角示例

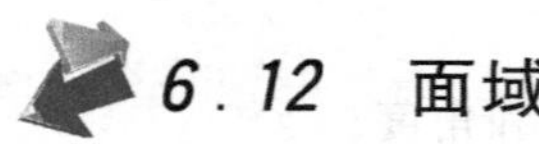

6.12　面域

面域是封闭区所形成的一个二维实体对象。从外观看，面域和一般的封闭线框没有区别，但实际上面域是一个平面实体，就像一张没有厚度的纸。

6.12.1　创建面域

面域是平面实体区域，具有物理性质（如面积、质心、惯性矩等），用户可以利用这些信息计算工程属性，并可以对面域进行诸如复制、移动等编辑操作。

说明：可以将由某些对象围成的封闭区域转换为面域，这些封闭区域可以是单个圆、椭圆、封闭的二维多段线和封闭的样条曲线等对象，也可以是由圆弧、直线、二维多段线、椭圆弧、样条曲线等多个对象构成的封闭区域。

1. 使用 REGION 命令创建面域

命令的输入：

(1) 命令行：REGION。

(2) 菜单："绘图"|"面域"。

(3) 工具栏：。

说明：使用 REGION 命令创建面域时要求构成面域边界的线条必须首尾相连，不能相交。

2. 使用 BOUNDARY 命令创建面域

命令的输入：

(1) 命令行：BOUNDARY。

(2) 菜单："绘图"|"边界"。

执行命令后弹出"边界创建"对话框，如图 6-19 所示。

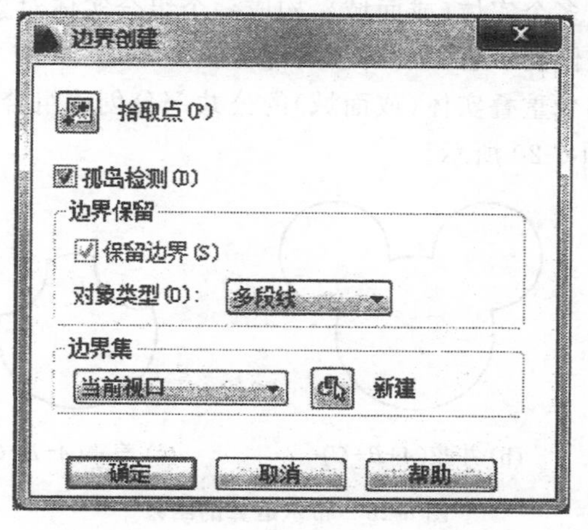

图 6-19 “边界创建”对话框

在“对象类型”下拉列表框中选择“面域”。单击“拾取点”按钮，然后在需创建面域的区域内部拾取点，最后按 Enter 键或单击鼠标右键确认。

说明：使用 BOUNDARY 命令创建面域时允许构成封闭边界的线条相交。创建面域时，系统变量 DELOBJ 值为 1，AutoCAD 在定义了面域后将删除原始对象；系统变量 DELOBJ 值为 0，则不删除原始对象。使用 BOUNDARY 命令不仅可以创建面域，还可以创建边界，此时在“对象类型”下拉列表框中选择“多段线”。

6.12.2 从面域中提取数据

面域是实体对象，因此除了具有一般图形对象的属性外，还有作为实体对象所具备的一个重要属性——质量特性。

命令的输入：

(1) 命令行：MASSPROP。

(2) 菜单：“工具”|“查询”|“面域/质量特性”。

(3) 工具栏：。

执行命令后系统将自动切换到“AutoCAD 文本窗口”，显示选择的面域对象的质量特性。

6.12.3 面域间的布尔运算

布尔运算是一种数学逻辑运算，特别是在绘制复杂图形时对提高绘图效率具有很大作用。布尔运算的对象只是实体或共面的面域，而普通的线条图形对象不能进行布尔运算。通常的布尔运算包括并集、交集和差集 3 种。

命令的输入：

(1) 命令行：UNION(并集)/INTERSECT(交集)/SUBTRACT(差集)。

(2) 菜单：“修改”|“实体编辑”|“并集”/“交集”/“差集”。

(3) 工具栏：。

① 并集：合并两个或多个实体（或面域），构成一个组合实体对象。

② 差集：删除两个实体间（或面域）的公共部分。

③ 交集：用两个或多个重叠实体（或面域）的公共部分创建组合实体。

布尔运算的结果如图 6-20 所示。

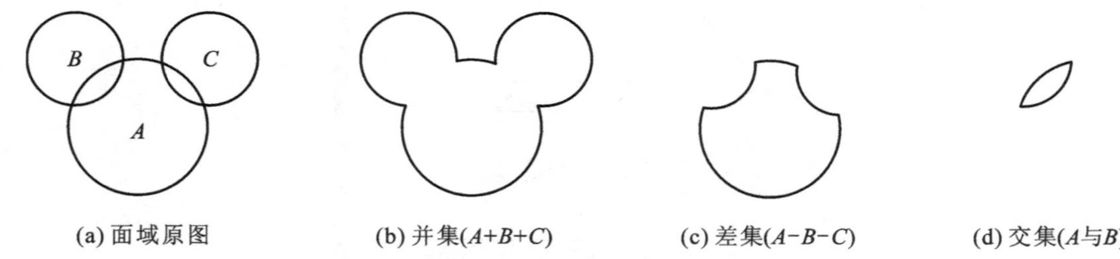

(a) 面域原图　(b) 并集($A+B+C$)　(c) 差集($A-B-C$)　(d) 交集(A与B)

图 6-20　布尔运算的结果

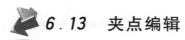

 6.13　夹点编辑

如果在未启动命令的情况下，单击选中某图形对象，那么被选中的图形对象就会以虚线显示，而且被选中图形的特征点（如端点、圆心、象限点等）将显示为蓝色的小方框，如图 6-21 所示。这样的小方框被称为夹点。

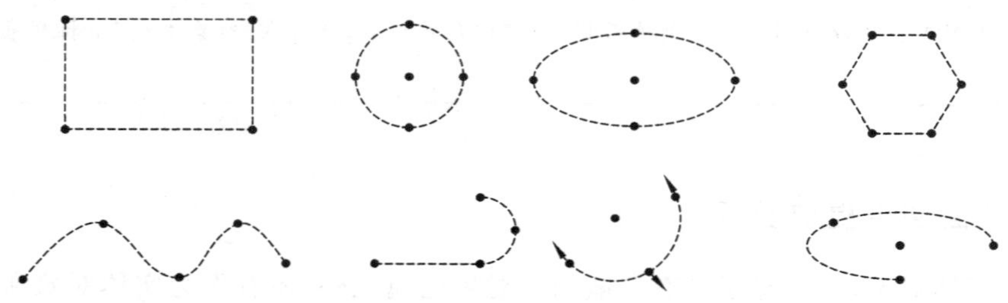

图 6-21　夹点的显示状态

夹点有两种状态：未激活状态和被激活状态。选择某图形对象后出现的蓝色小方框，就是未激活状态的夹点。如果单击某个未激活夹点，该夹点就被激活，以红色小方框显示。这种处于被激活状态的夹点又称为热夹点，以被激活的夹点为基点，可以对图形对象执行拉伸、移动、旋转、比例缩放和镜像等基本修改操作。

使用夹点编辑功能，可以对图形对象进行各种不同类型的修改操作。其基本操作步骤是“先选择，后操作”，分为以下 3 步：

（1）在不同输入命令的情况下，单击选择对象，使其出现夹点。

（2）单击某个夹点，使其被激活，成为热夹点。

（3）根据需要在命令行输入拉伸（ST）、移动（MO）、旋转（RO）、比例缩放（SC）、镜像（MI）等基本操作命令的缩写，执行相应的操作。

 6.14　图案填充

命令的输入：

（1）命令行：BHATCH。

(2) 菜单:“绘图”|“图集填充”。

(3) 工具栏:▦。

执行命令后,系统打开“图案填充和渐变色”对话框,在“图案填充”选项卡中的“类型和图案”栏中进行选择;在“角度和比例”栏中选择所需角度和比例;在“边界”栏中单击“添加:拾取点”或“添加:选择对象”来选择边界;然后单击“确定”按钮即可完成填充,如图 6-22 所示。

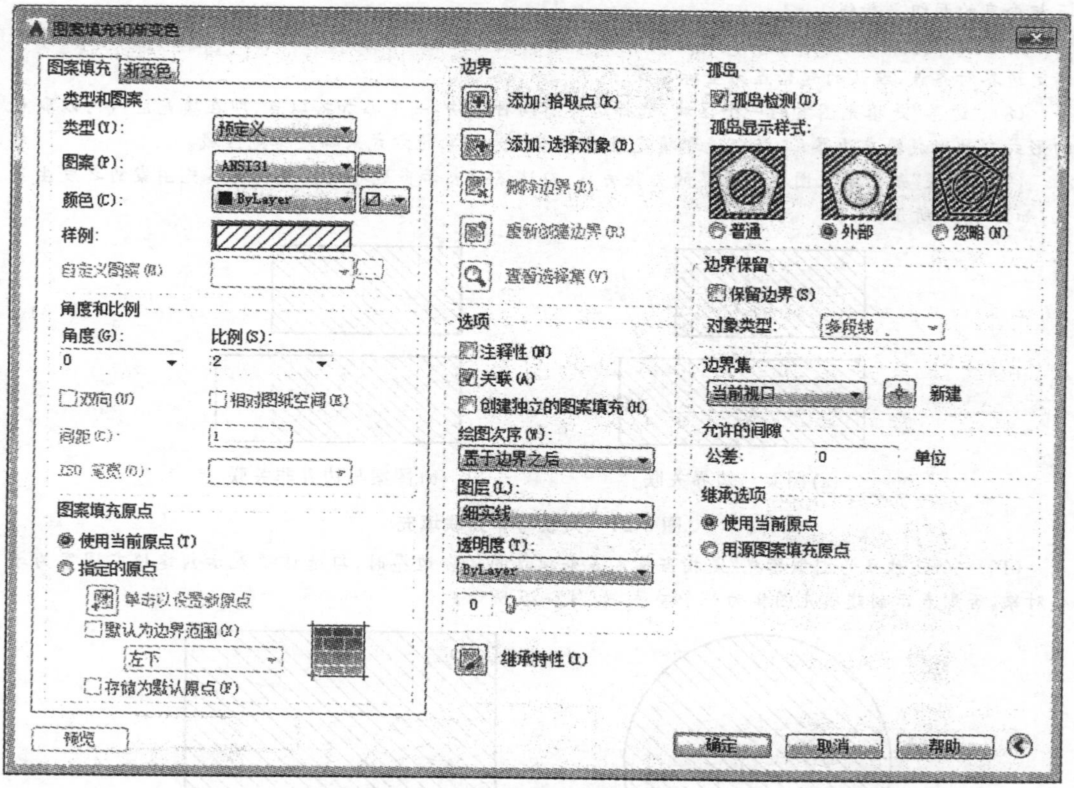

图 6-22 “图案填充和渐变色”对话框

```
命令:_bhatch
拾取内部点或[选择对象(S)/删除边界(B)]:正在选择所有对象……
正在选择所有可见对象……
正在分析所选数据……
正在分析内部孤岛……
拾取内部点或[选择对象(S)/删除边界(B)]:
```

执行结果如图 6-23 所示。

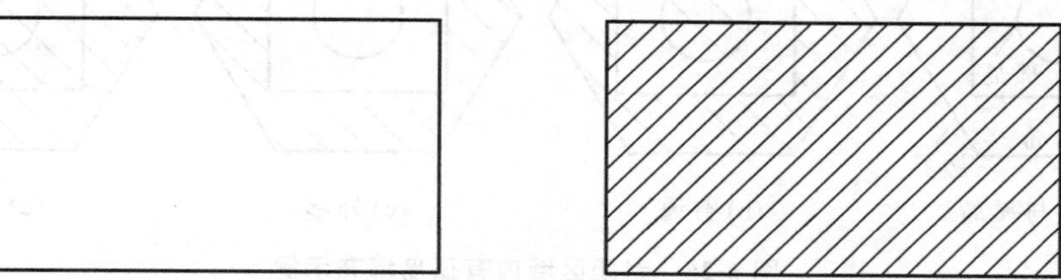

图 6-23 图案填充示例

说明：(1) 填充图案类型有“预定义”和“自定义”两种。

(2) 在弹出的下拉列表中选择图案进行填充。

(3) “样例”用于显示一个样例的图案，用户可以通过单击该图案样式查看或选取要填充的图案。

(4) “角度”用于设置填充图案时需要旋转的角度，每种图案定义时的角度为0°。

(5) 通过设置“比例”，可根据需要放大或缩小填充图案，每种图案的初始比例值为1。

(6) “双向”和“间距”只有在“类型”下拉列表中选择“自定义”选项时可用，用于定义一种平行线或是互相垂直的两组平行线。

(7) “图案填充原点”用于控制填充图案形成的起始点，例如，当某些图案需要与边界一点对齐时，可指定边界对齐点，默认的起始点为坐标原点。

(8) “边界”是填充图案的一个区域，选择边界有两种方法：一是添加拾取点，即在填充区域内以取点的形式自动形成填充边界；二是以选取填充区域的边界为对象的方式来确定填充区域。

(9) “关联”是指填充图案与边界的关联关系，勾选该项表示当边界发生变化时填充图案随之发生变化，如图6-24所示。

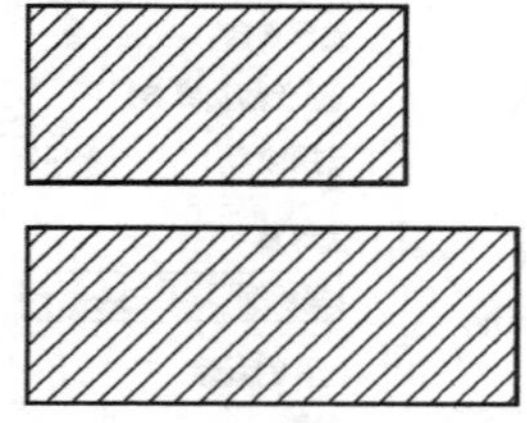

(a) 图案与边界关联

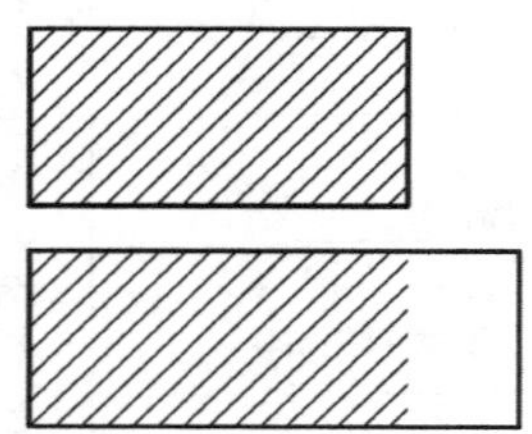

(b) 图案与边界非关联

图 6-24　关联与非关联填充

(10) “创建独立的图案填充”是指当指定多个独立的闭合边界时，勾选该项表示创建填充图案为单个对象，否则表示创建填充图案为一个整体，如图6-25所示。

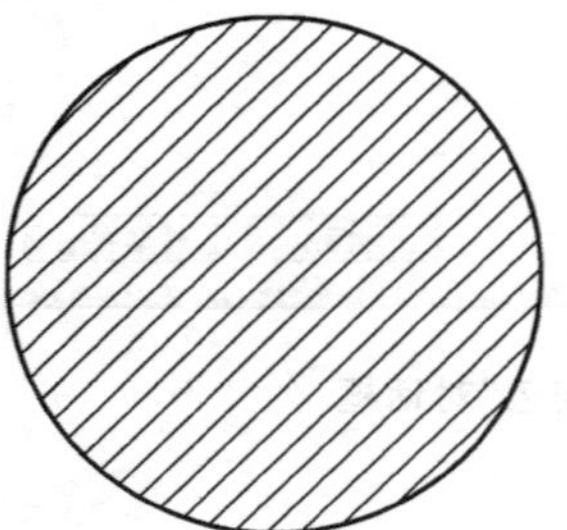

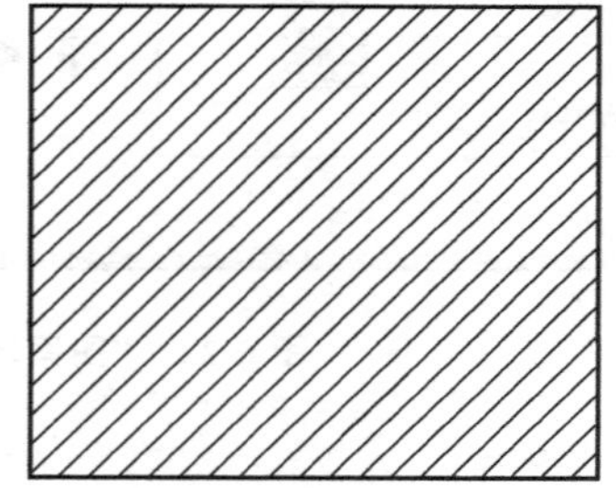

图 6-25　不独立时创建填充图案

(11) “孤岛”是指填充区域内的封闭区域，如图6-26(a)所示。在“孤岛显示样式”栏中可选择的填充方式有“普通”“外部”“忽略”3种，填充后效果如图6-26(b)～(d)所示。

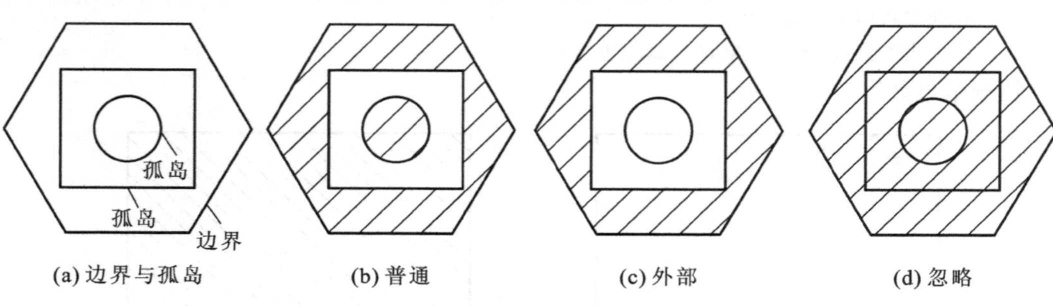

(a) 边界与孤岛　(b) 普通　(c) 外部　(d) 忽略

图 6-26　封闭区域内有孤岛填充示例

6.15 渐变色填充

渐变色填充也是一种填充的模式。

命令的输入：

(1) 命令行：GRADIENT。

(2) 菜单："绘图"|"渐变色"。

(3) 工具栏：▣。

调用"渐变色"命令后，会弹出图 6-27 所示的"图案填充创建"面板组，其中包括"边界"面板、"图案"面板、"特性"面板、"原点"面板、"选项"面板和"关闭"面板。和"图案填充"类似，用户可以在面板组设置渐变色填充，也可以根据命令行的提示进行操作。

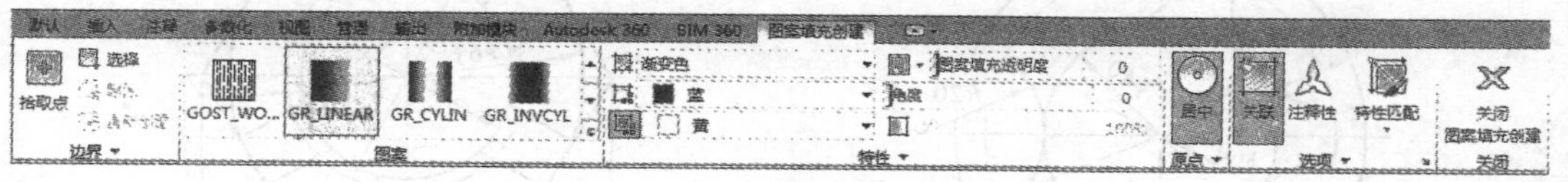

图 6-27 "图案填充创建"面板组

在"图案"面板可以选择合适的渐变色图案。

在"特性"面板的"渐变色 1"列表▣■蓝▾中可以选择渐变色 1 的颜色，在"特性"面板的"渐变色 2"列表▣□黄▾中可以选择渐变色 2 的颜色；如果两个渐变色颜色相同，则使用单色填充。

思考与练习

1. 如何进行图案填充？
2. 面域命令创建的对象有什么特点？
3. 怎样将一个倾斜的实体旋转为水平或垂直？
4. 按给定尺寸绘制图 6-28 至图 6-32。

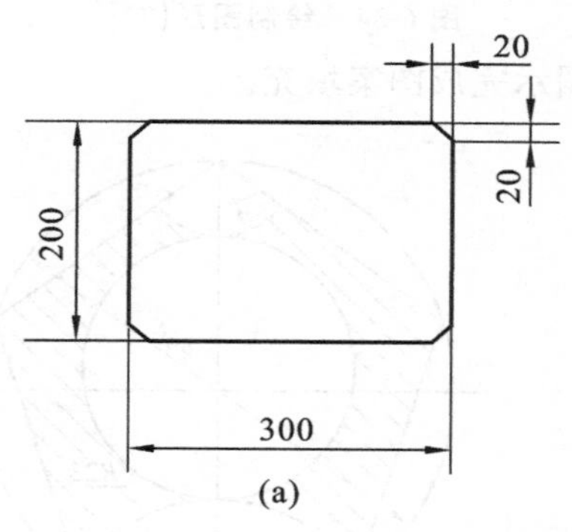

(a)

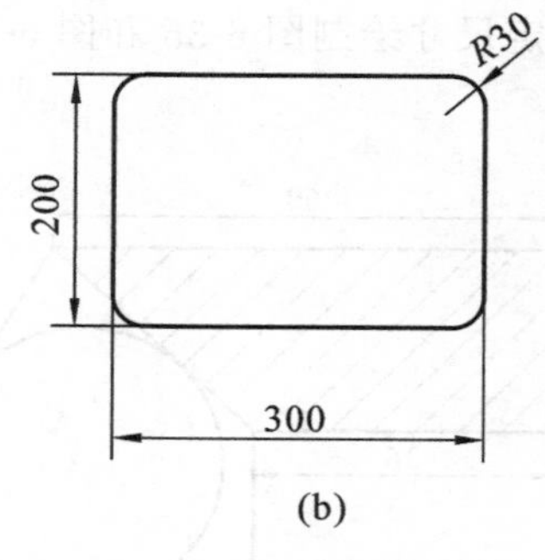

(b)

图 6-28 绘制图形(1)

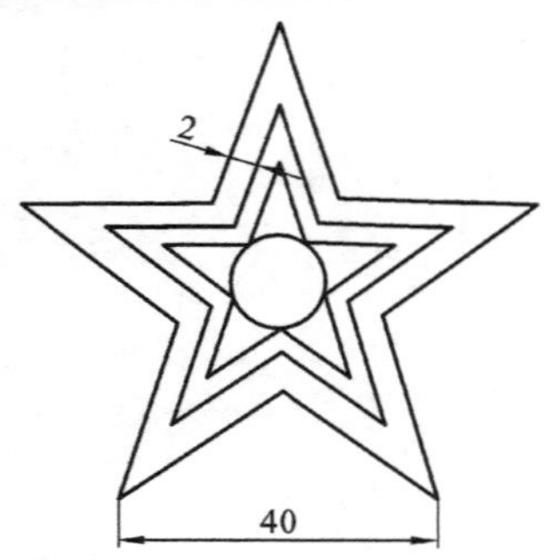

图 6-29　绘制图形(2)

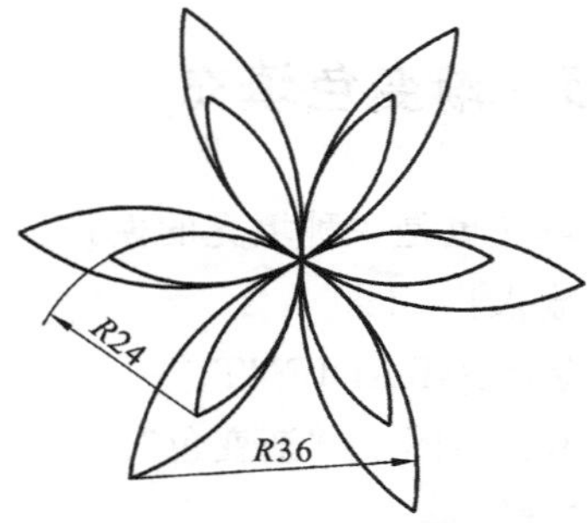

图 6-30　绘制图形(3)

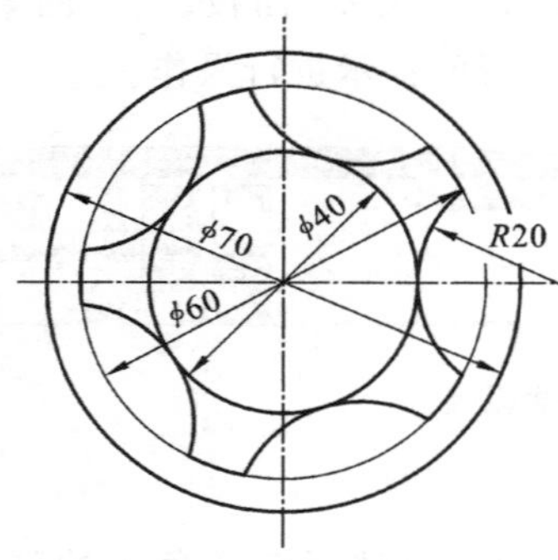

图 6-31　绘制图形(4)

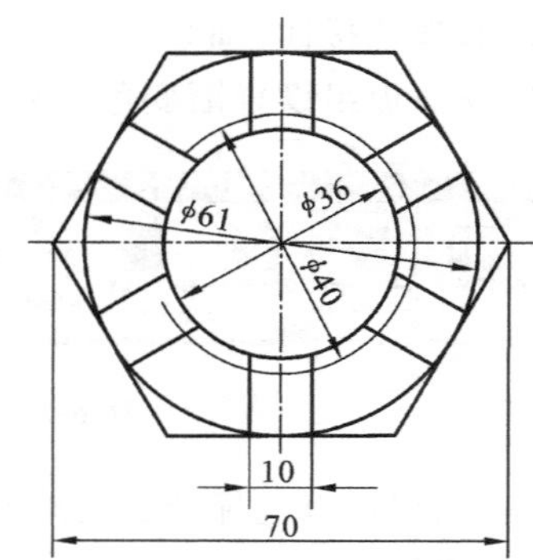

图 6-32　绘制图形(5)

5. 目测绘制图 6-33 和图 6-34,并填充适当的渐变色。

图 6-33　绘制图形(6)

图 6-34　绘制图形(7)

6. 按给定尺寸绘制图 6-35 和图 6-36,并按图示完成图案填充。

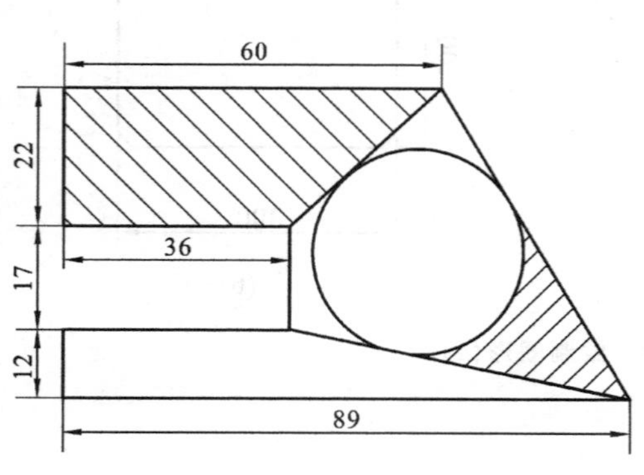

图 6-35　绘制图形(8)

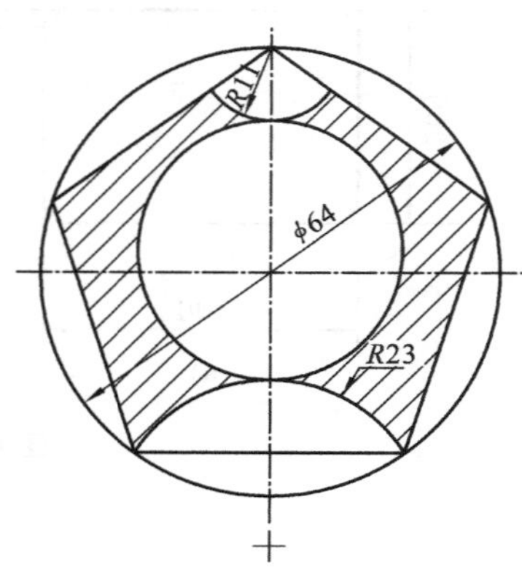

图 6-36　绘制图形(9)

第7章 文字与表格

 7.1 文字样式的设置

经常要对图样进行文字注释说明，如技术要求、注释说明等，因此必须在图样上加注一些文字。AutoCAD使用“文字样式”命令来控制文本类型，主要书写命令有单行(TEXT)或多行(MTEXT)两种形式，同时通过文字编辑命令可以对文本进行修改。“文字样式”命令用于设置文字的样式，具体包括字体、字号、倾斜角度、方向、效果和注释等。

命令的输入：

(1) 命令行：STYLE。

(2) 菜单：“格式”|“文字样式”。

(3) 工具栏：“样式”中的A。

执行命令“STYLE”后弹出图7-1所示的对话框，单击“新建”按钮，弹出“新建文字样式”对话框，对新建文字样式命名，如“HZ”，如图7-2所示，单击“确定”按钮后，可对新命名的“HZ”文字样式进行如下设置：

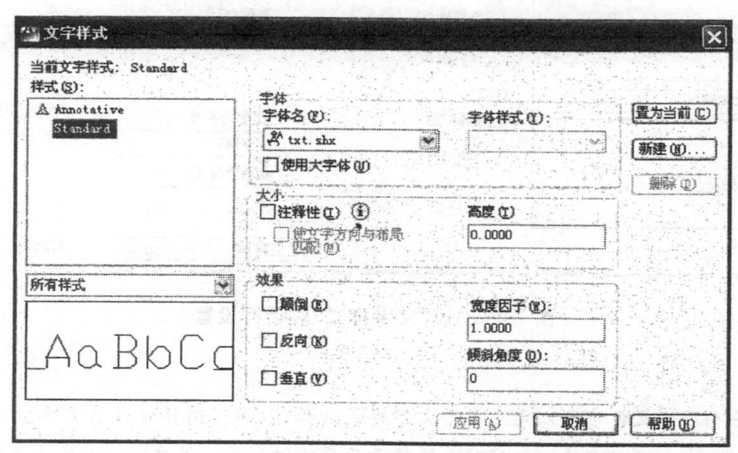

图7-1 “文字样式”对话框

① “字体名”选择“仿宋”，“使用大字体”不勾选。

② “大小”高度设置为0，“注释性”不选。

③ “效果”宽度因子设置为0.7，倾斜角度为0，其他不选。

④ 单击“应用”按钮，如图7-3所示。

图7-2 “新建文字样式”对话框

用同样的步骤可以创建“GB”样式：字体为“gbeitc.shx”，选中大字体为“gbcbig.shx”，高度为0，宽度因子为1，如图7-4所示，设置完成后单击“关闭”按钮。

图 7-3　HZ“文字样式”对话框设置

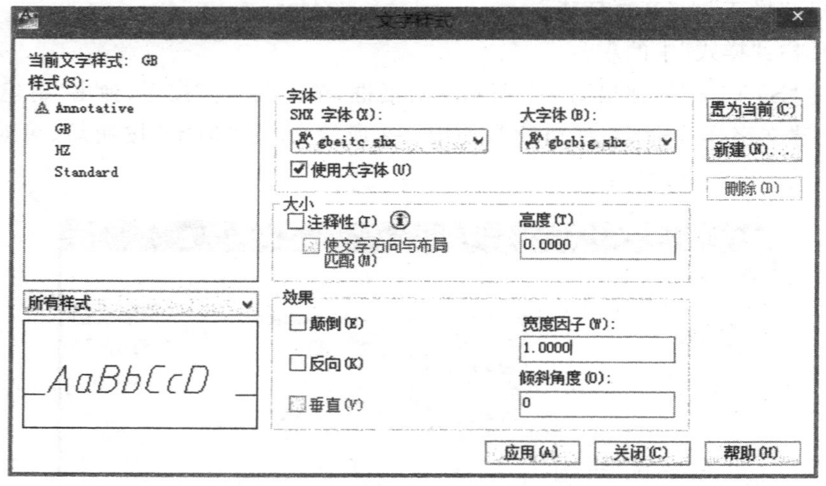

图 7-4　GB“文字样式”对话框设置

说明：在同一个图形文件中可以定义多个文字样式名称，以满足图样注释的需要。其中文字的高度和宽度可以预先设置，也可以在输入文字时系统提示后再临时定义。用户可一次定义多种文字样式。

7.2　文字输入

1. 单行文字

单行文字命令用于将若干文字段创建成单行文字。

命令的输入：

(1) 命令行：TEXT。

(2) 菜单：“绘图”|“文字”|“单行文字”。

执行命令后 AutoCAD 提示：

```
命令:_test
当前文字样式:"HZ"  文字高度:2.5000  注释性:否
指定文字的起点或[对正(J)/样式(S)]:
指定高度<2.5000>:14↙                  //确定文字高度,样式中设置此处不再提示
指定文字的旋转角度<0>:                  //输入文字倾斜角度
输入文字:计算机绘图 2012↙               //输入注释的文字
```

绘制示例如图 7-5 所示。

计算机绘图2012

图 7-5 "仿宋"字体

```
命令:_text
当前文字样式:"HZ"  文字高度:2.5000  注释性:否
指定文字的起点或[对正(J)/样式(S)]:S↙
输入样式名或[?]<HZ>:GB↙
当前文字样式: "HZ"  文字高度:2.5000  注释性:否
指定文字的起点或[对正(J)/样式(S)]:
指定高度<2.5000>:14↙
指定文字的旋转角度<0>:
输入文字:科技大学机械类 2012-1班↙
```

绘制示例如图 7-6 所示。

科技大学机械类2012-1班

图 7-6 "gbeitc. shx"字体

说明:(1) 用户每输入完一行文字,可以单击 Enter 键后继续输入,直至将全部文字输入完毕。每一行文字都是一个独立的图形实体,可以进行修改或编辑。

(2) 在文字书写过程中,不允许执行其他绘图或操作命令。否则,必须退出该命令。

(3) 同一字号的数字与汉字书写,要求高度相同时,用字体"gbeitc. shx",选中大字体为"gbcbig. shx",如图 7-4 所示。

(4) AutoCAD 提供了常用特殊字符的输入形式,主要形式为:

```
%%%百分号"%"       例:50%,输入文字50%%%
%%C直径符号"ϕ"     例:ϕ30,输入文字%%C30
%%P公差符号"±"     例:60±0.001,输入文字 60%%P0.001
%%D角度符号"°"     例:75°,输入文字75%%D
注意:输入字母时大、小写均可。
```

2. 多行文字

多行文字命令用于将若干文字段创建成单个多行文字。使用内置编辑器可以编辑文字的外观等。

命令的输入：

(1) 命令行：MTEXT。

(2) 菜单："绘图"|"文字"|"多行文字"。

(3) 工具栏："样式"中的 **A**。

执行命令后 AutoCAD 提示：

命令：_mtext

当前文字样式："HZ"　当前文字高度：2

指定第一角点：　　　　　　　　　　　//确定文字框左下角点位置

指定对角点或[高度(H)/对正(J)/行距(L)/旋转(R)/样式(S)/宽度(W)]：　　//选择其中的项目或直接确定文字框右上角点的位置

执行上述程序后，AutoCAD 弹出多行文字输入窗口，如图 7-7 所示。

图 7-7　多行文字输入窗口

在输入多行文字时还应注意以下几个方面：

(1) 指定矩形区域后，便确定了段落的宽度，其高度可以任意扩大。

(2) 若指定宽度为 0，文字换行功能将关闭。

(3) 可以单击按钮，在下拉的快捷菜单中选择各种操作，如图 7-8 所示。

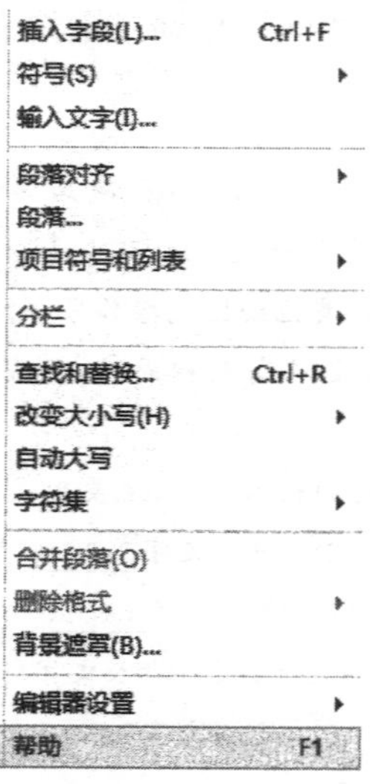

图 7-8　文字快捷菜单

(4) 单击按钮@▾,在弹出的下拉菜单中选择需要的符号,如图 7-9 所示。

度数(D)	%%d
正/负(P)	%%p
直径(I)	%%c
几乎相等	\U+2248
角度	\U+2220
边界线	\U+E100
中心线	\U+2104
差值	\U+0394
电相角	\U+0278
流线	\U+E101
恒等于	\U+2261
初始长度	\U+E200
界碑线	\U+E102
不相等	\U+2260
欧姆	\U+2126
欧米加	\U+03A9
地界线	\U+214A
下标 2	\U+2082
平方	\U+00B2
立方	\U+00B3
不间断空格(S)	Ctrl+Shift+Space
其他(O)...	

图 7-9 符号快捷菜单

(5) 单击堆叠文字符号按钮,可以输入分数和公差。

堆叠符号有斜杠“/”、插入符“～”或“^”、井号“#”。其中:斜杠“/”表示以垂直方式堆叠,例如,在文字格式对话框中输入“2/3”,拖动光标选中“2/3”,单击堆叠符号后变为$\frac{2}{3}$;插入符“～”或“^”表示公差堆叠,例如,在“文字格式”对话框中输入“%%C50+0.007^-0.018”,拖动光标选中“+0.007～-0.018”,单击堆叠符号后变为$\phi 50^{+0.007}_{-0.018}$,为了使上、下偏差对齐,应在插入符号前或后加空格。

7.3 文字编辑

若要编辑修改文字,直接双击需要修改的文字对象即可进行编辑修改,也可以通过“特性”对话框进行修改。

例 7-1 绘制图 7-10 所示的标题栏。

支架			比例	1:1	zj-01
			件数	1	
制图	(签名)	14-02-19	材料		共 张第 张
检查			科学大学制图教学部		
审核					

图 7-10 “HZ”文字样式的标题栏

作图步骤：

(1) 按图 7-10 规定的尺寸，利用绘图与编辑命令绘制出标题栏图框，如图 7-11 所示。

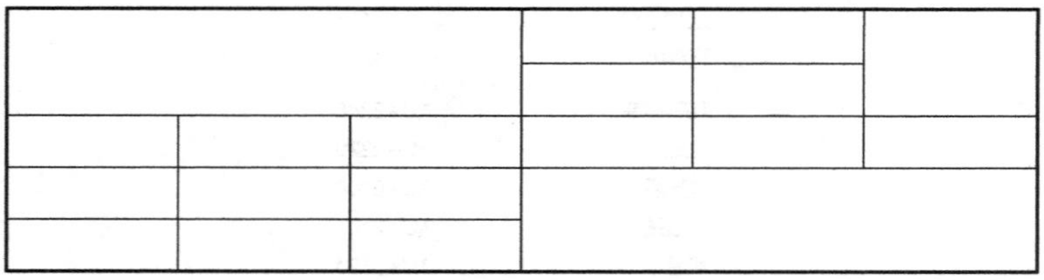

图 7-11 标题栏的图框

(2) 选择“格式”|“文字样式”或“样式”工具栏中的A，在打开的“文字样式”对话框中创建如下文字样式：

HZ 样式：字体名“仿宋”，字体高 0，宽度因子 0.7；

GB 样式：字体名“gbeitc. shx”，启用大字体“gbcbig. shx”，字体高 0，宽度因子 1。

(3) 书写标题栏中的文字，文字样式为“HZ”，高度为 3.5，操作如下：

```
命令：_text
当前文字样式： "HZ"  文字高度：2.5  注释性：否
指定文字的起点或[对正(J)/样式(S)]：                    //指定文字的起点
指定高度<2.5>：3.5↙
指定文字的旋转角度<0>：
```

在屏幕绘图区域的适当位置输入“制图”。

再用移动命令(MOVE)，将文字“制图”移动到框格的中间位置。

```
命令：_move
选择对象：找到 1 个                                    //单击文字“制图”
选择对象：
指定基点或[位移(D)]<位移>：
指定第二个点或<使用第一个点作为位移>：
```

绘制效果如图 7-12 所示。

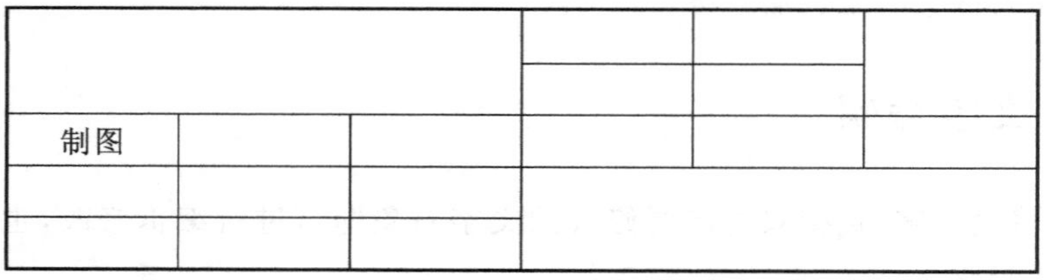

制图

图 7-12 标题栏内的文字

(4) 复制与修改文字的操作，AutoCAD 提示：

```
命令：_copy
选择对象：找到 1 个
选择对象：
当前设置：复制模式=多个
指定基点或[位移(D)/模式(O)]<位移>：
指定第二个点或[阵列(A)]<使用第一个点作为位移>：
指定第二个点或[阵列(A)/退出(E)/放弃(U)]<退出>：
```

绘制效果如图 7-13 所示。

<table>
<tr><td colspan="3" rowspan="2">制图</td><td>制图</td><td>制图</td><td rowspan="2">制图</td></tr>
<tr><td>制图</td><td>制图</td></tr>
<tr><td>制图</td><td>制图</td><td>制图</td><td>制图</td><td>制图</td><td>制图</td></tr>
<tr><td>制图</td><td>制图</td><td>制图</td><td colspan="3" rowspan="2">制图</td></tr>
<tr><td>制图</td><td>制图</td><td>制图</td></tr>
</table>

图 7-13　标题栏内文字的复制

分别双击需要修改的文字，使其发亮显示后，即可进行修改，如图 7-14 所示。

<table>
<tr><td colspan="3" rowspan="2">支架</td><td>比例</td><td>1:1</td><td rowspan="2">zj-01</td></tr>
<tr><td>件数</td><td>1</td></tr>
<tr><td>制图</td><td>(签名)</td><td>14-02-19</td><td>材料</td><td></td><td>共 张第 张</td></tr>
<tr><td>检查</td><td></td><td></td><td colspan="3" rowspan="2">科学大学制图教学部</td></tr>
<tr><td>审核</td><td></td><td></td></tr>
</table>

图 7-14　标题栏内文字的修改

```
命令：._ddedit
选择注释对象或[放弃(U)]:
```

(5) 利用特性选项板来修改文字的高度和样式。

单击“标准”工具栏中特性按钮，打开“特性”对话框后，进行如下操作：

① 单击文字“支架”后，在“特性”对话框中将文字高度改为 7，在绘图区域任意位置单击退出；

② 单击文字“14-02-19”“1:1”“1”后，在“特性”对话框中将文字样式改为“GB”，在绘图区域任意位置单击退出；

③ 单击文字“zj-01”后，在“特性”对话框中将文字样式改为“GB”，文字高度改为 5，在绘图区域任意位置单击退出；

④ 单击文字“科技大学制图教学部”后，在“特性”对话框中将文字高度改为 5，在绘图区域任意位置单击退出；最终完成标题栏，如图 7-10 所示。

读者可将标题栏内的汉字字体也用“GB”样式书写，如图 7-15 所示。

<table>
<tr><td colspan="3" rowspan="2">支架</td><td>比例</td><td>1:1</td><td rowspan="2">zj-01</td></tr>
<tr><td>件数</td><td>1</td></tr>
<tr><td>制图</td><td>(签名)</td><td>14-02-19</td><td>材料</td><td></td><td>共 张第 张</td></tr>
<tr><td>检查</td><td></td><td></td><td colspan="3" rowspan="2">科学大学制图教学部</td></tr>
<tr><td>审核</td><td></td><td></td></tr>
</table>

图 7-15　“GB”文字样式的标题栏

7.4　表格

表格是在行和列中包含数据的组合对象。使用 AutoCAD 提供的表格功能，可以快捷方便地创建表格。

用户通过插入表格(TABLE)、编辑表格文字(TABLEDIT)和表格样式(TABLESTYLE)等命令来创建和编辑表格，不需要用单独图线绘制。以创建图 7-16 所示的表格为例来说明。

4	螺杆	1	45	
3	螺母	1	35	
2	螺钉	1	35	
1	底座	1	HT200	
序号	名称	数量	材料	备注

（尺寸：总宽 120；列宽 15、45、15、25；行高 10）

图 7-16　表格示例

7.4.1　设置表格样式

与文字样式类似，AutoCAD 中的表格都有与之相对应的表格样式。

表格样式命令是用于控制表格基本形状和间距的一组组合设置。

命令的输入：

(1) 命令行：TABLESTYLE。

(2) 菜单："格式"|"表格样式"。

(3) 工具栏："样式"中的▦。

执行命令后，打开"表格样式"对话框，如图 7-17 所示。单击"新建"按钮，弹出"创建新的表格样式"对话框，新样式名为"bg1"，如图 7-18 所示，单击"继续"按钮，系统弹出"新建表格样式：bg1"对话框，表格方向选为"向上"，"常规"选项卡中的对齐选为"正中"，如图 7-19 所示；文字样式选为"GB"样式，高度为"5"，其他默认，单击"确定"按钮后关闭对话框，设置完成。

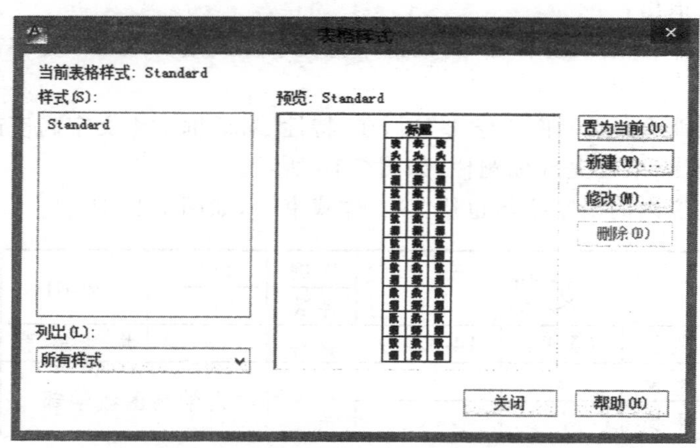

图 7-17　"表格样式"对话框

图 7-18　"创建新的表格样式"对话框

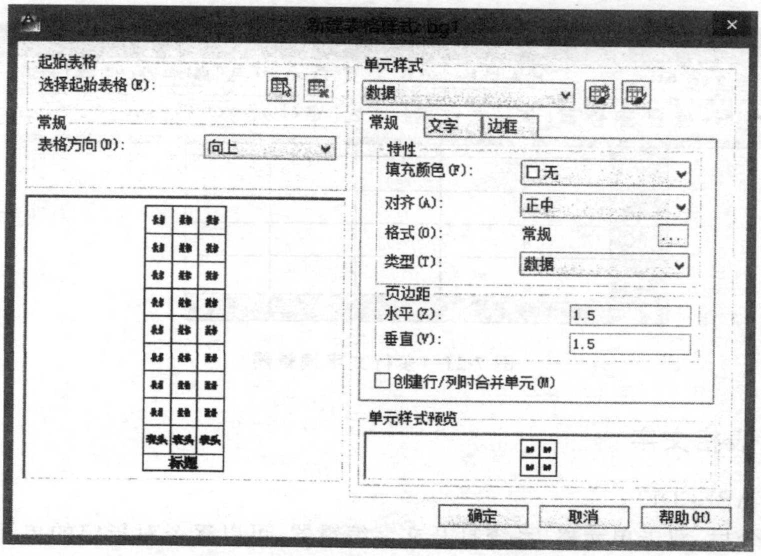

图 7-19 “新建表格样式:bg1”对话框

7.4.2 创建表格

将设置好的表格“bg1”样式置为当前,用“TABLE”命令创建表格。

创建表格命令用于创建空的表格对象。

命令的输入:

(1) 命令行:TABLE。

(2) 菜单:“绘图”|“表格”。

(3) 工具栏:“绘图”中的▦。

执行命令后,系统打开“插入表格”对话框,如图 7-20 所示。插入方式选择“指定插入点”,设置列数 5、列宽 24 和数据行数 3,单击“确定”按钮后,在选定插入点处插入一个空白表格,并打开多行文字编辑器,用户可以输入相应的数据和文字,如图 7-21 所示。

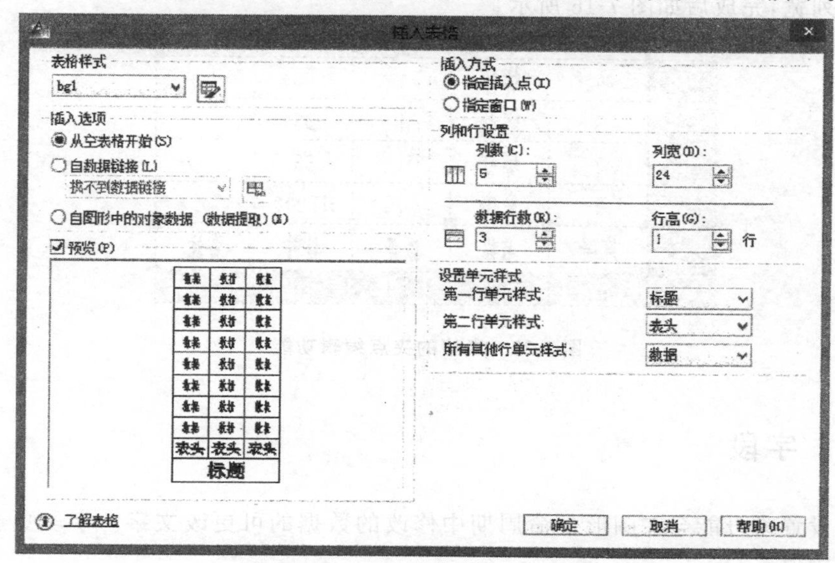

图 7-20 “插入表格”对话框

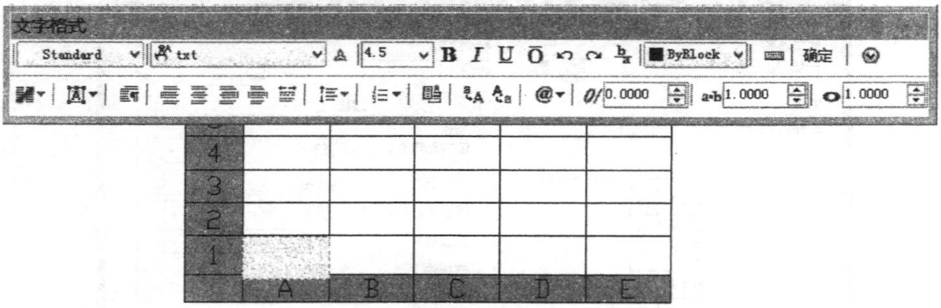

图 7-21　多行文字编辑器

7.4.3　编辑表格文字

命令行：TABLEDIT。

执行该命令后，双击单元格，系统打开文字编辑器，可以逐个对指定的单元格进行编辑，如图 7-22 所示。

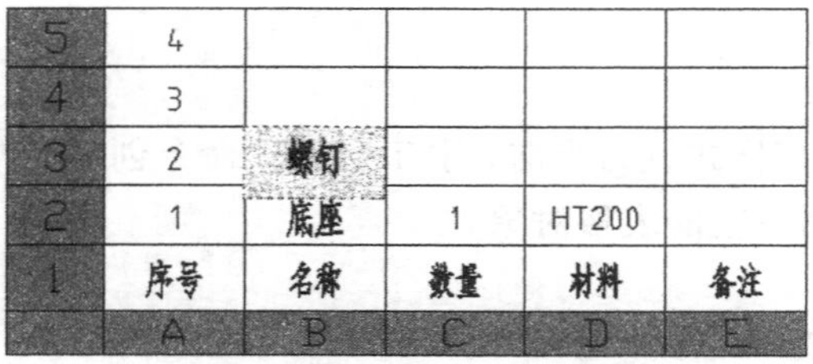

	A	B	C	D	E
5	4				
4	3				
3	2	螺钉			
2	1	底座	1	HT200	
1	序号	名称	数量	材料	备注

图 7-22　在单元格内编辑文字

7.4.4　利用夹点调整列宽

单击表格会显示出表格的夹点，如图 7-23 所示，可对照图 7-16 所示的列宽，利用夹点编辑功能调整列宽，完成后如图 7-16 所示。

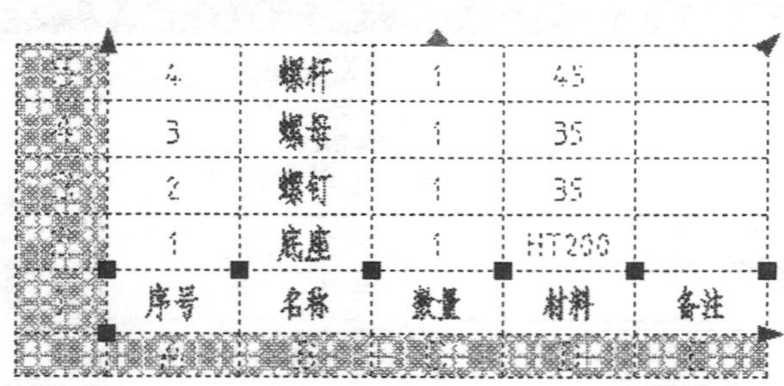

4	螺杆	1	45	
3	螺母	1	35	
2	螺钉	1	35	
1	底座	1	HT200	
序号	名称	数量	材料	备注

图 7-23　表格的夹点编辑功能

7.5　字段

字段是设置为可能会在图形生命周期中修改的数据的可更改文字。字段更新时，将显示最新的字段值。

7.5.1 插入字段

字段可以在图形、多行文字、表格等中使用。下面以图 7-24 为例讲述字段的使用方法。图 7-24 中有 3 个图形(矩形、圆、多边形)和一个表格,用表格记录 3 个图形的面积。这时如果使用字段,当图形面积变化时,表格中的数字会同步发生变化。

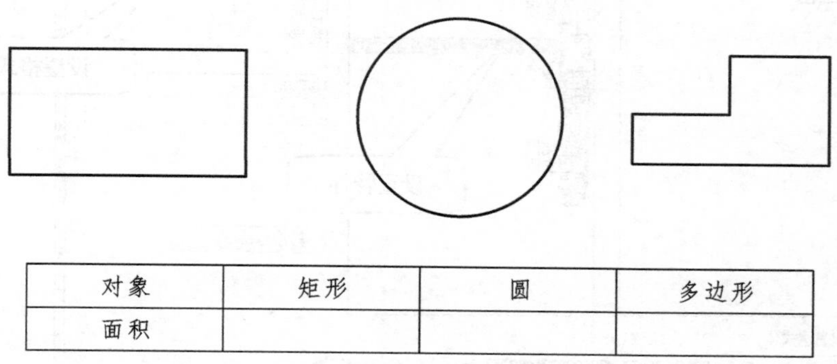

对象	矩形	圆	多边形
面积			

图 7-24 字段例图

例 7-2 在表格中使用字段。

(1) 在图 7-24 所示表格的"矩形"下面的单元格中双击鼠标,单元格变为输入状态。

单击鼠标右键,在弹出的快捷菜单中选择"插入字段"选项(或单击"插入"面板上的"字段"按钮),出现图 7-25 所示的"字段"对话框。

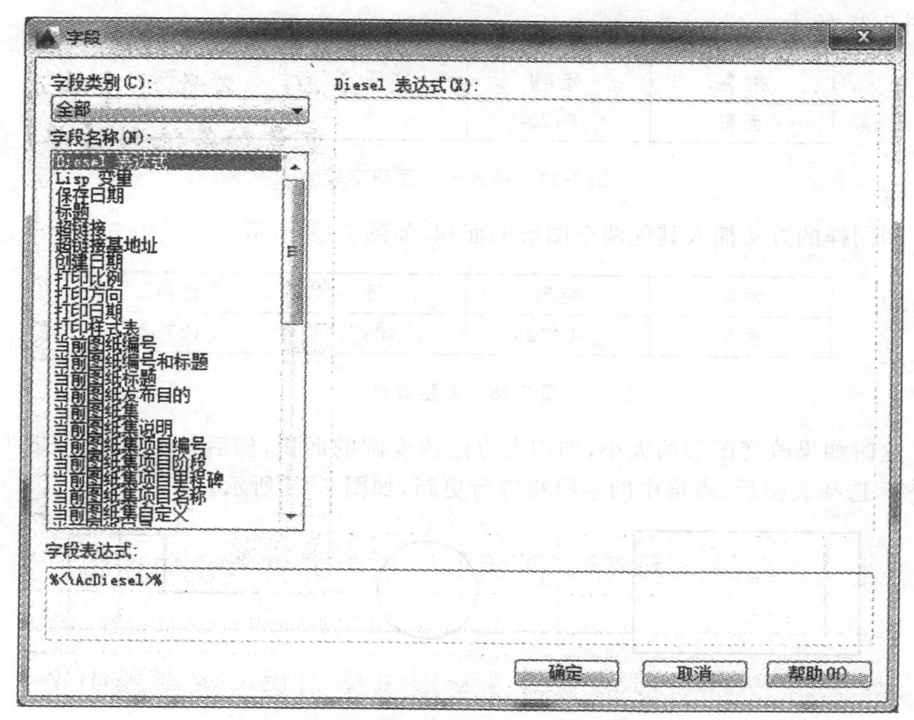

图 7-25 "字段"对话框

(2) 这里要插入面积字段,在"字段类别"下拉列表中选择"对象",这时对话框随之发生变化,单击"选择对象"按钮,并选择图 7-24 所示的矩形,这时对话框如图 7-26 所示。

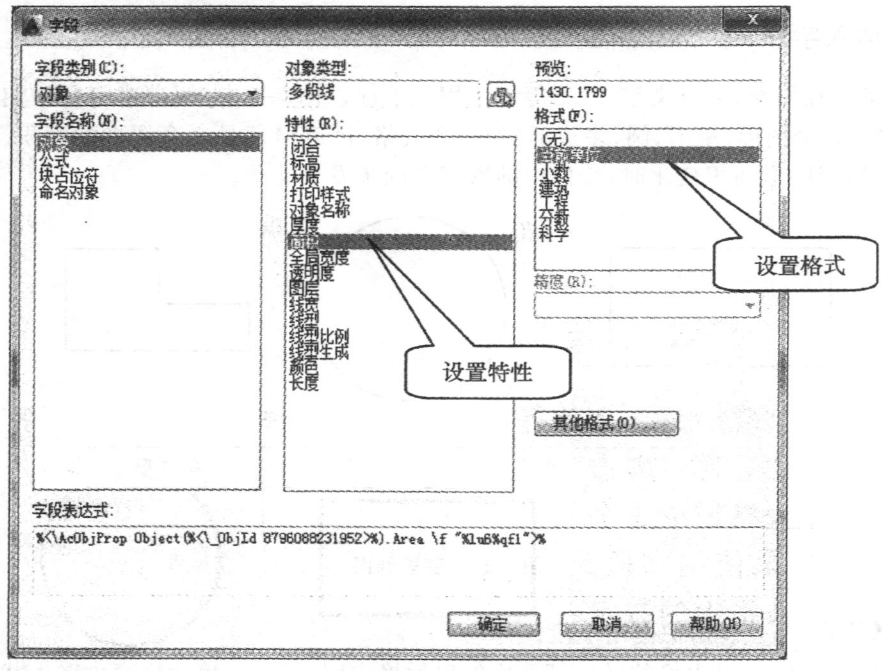

图 7-26　选择“对象”

(3) 在“特性”列表中选择“面积”，在“格式”列表中选择“当前单位”，单击“确定”按钮，表格如图 7-27 所示。

对象	矩形	圆	多边形
面积	10172		

图 7-27　输入一个面积字段

(4) 用同样的方法插入其他两个图形的面积，如图 7-28 所示。

对象	矩形	圆	多边形
面积	10172	10372	5127

图 7-28　完整表格

(5) 这时如果改变图形的大小，如用夹点法改变圆的面积，然后单击菜单“工具”|“更新字段”命令，选择表格后，表格中的字段将进行更新，如图 7-29 所示。

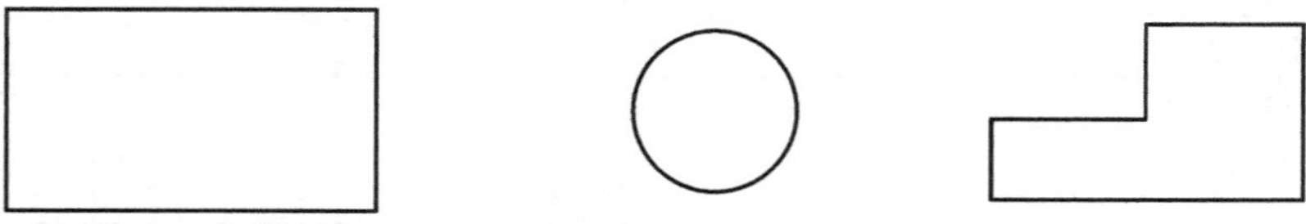

对象	矩形	圆	多边形
面积	10172	2822	5127

图 7-29　更新字段

7.5.2 修改字段外观

字段文字所使用的文字样式与其插入的文字对象所使用的样式相同。在默认情况下，字段用不会打印的浅灰色背景显示(FIELDDIS PLAY 系统变量控制是否有浅灰色背景显示)。

“字段”对话框中的“格式”列表用来控制所显示文字的外观。可用的选项取决于字段的类型。例如，日期字段的格式中包含一些用来显示星期几和时间的选项。

7.5.3 编辑字段

因为字段是文字对象的一部分，所以不能直接进行选择，必须选择该文字对象并激活编辑命令(多行文字编辑器)方可选择。选择某个字段后，使用快捷菜单上的“编辑字段”选项或双击该字段，将显示“字段”对话框。所做的任何修改都将应用到字段中的所有文字。

如果不再希望更新字段，则可以将字段转换为文字来保留当前显示的值(选择一个字段，在快捷菜单上选择“将字段转化为文字”即可)。

思考与习题

1. 怎样设置文本形式？
2. 单行文字和多行文字的区别主要体现在哪里？
3. 怎样设置表格样式和编辑表格？
4. 定义两种文字样式，书写下列内容。

中华人民共和国　(长仿宋体，字高 7)

底层平面图　(长仿宋体，字高 10)

设计人：签自己名 (隶书，字高14)

5. 根据图例字体书写下列文字(见图 7-30)：
字体为“gbeitc. shx”，大字体为“gbcbig. shx”，字高为“7”。

技术要求：

1.尺寸$\phi 60H7(^{+0.030}_{0})$的孔表面硬度HRC30-35

2.未注倒角1X45°

图 7-30　书写多行文字

6. 创建图示的表格(见图 7-31 和图 7-32)。

(1) 齿轮参数表：

齿数	Z	19
模数	m	2
压力角	α	20°

图 7-31　创建齿轮参数表格

（2）装配图中的明细栏：

	10	50	30	10	20
9	7	油杯B12		1	GB/T 1154
	6	下轴瓦	ZQSn 6-6-3	1	
	5	上轴瓦	ZQSn 6-6-3	1	
	4	螺栓M8×90	Q235	2	GB/T 8
	3	螺母M8	Q235	4	GB/T 41
	2	轴承盖	HT150	1	
	1	轴承座	HT150	1	
	序号	名称	材料	数量	备注

图 7-32　创建明细栏表格

第8章 尺寸标注

8.1 尺寸标注规定

图形只能表达零件的形状，零件的大小则通过标注尺寸来确定。国家标准规定了标注尺寸的一系列规则和方法，绘图时必须遵守。

1. 基本规定

(1) 图样中的尺寸以毫米(mm)为单位时，不需注明计量单位代号或名称。若采用其他单位，则必须标注相应的计量单位或名称。

(2) 图样中所注的尺寸数值是零件的真实大小，与图形大小及绘图的准确度无关。

(3) 零件的每一尺寸，在图样中一般只标注一次。

(4) 图样中所注尺寸是该零件最后完工时的尺寸，否则应另加说明。

2. 尺寸要素

一个完整的尺寸包含以下4个尺寸要素。

(1) 尺寸界线：用细实线绘制。尺寸界线一般是图形轮廓线、轴线或对称中心线的延长线，超出尺寸线终端2～3 mm。也可直接用轮廓线、轴线或对称中心线做尺寸界线。

(2) 尺寸线：用细实线绘制，尺寸线必须单独画出，不能与图线重合或在其延长线上，并应尽量避免尺寸线之间及尺寸线与尺寸界线之间相交。标注线性尺寸时，尺寸线必须与所标注的线段平行，相同方向的各尺寸线的间距要均匀，间隔应大于5 mm，以便注写尺寸数字和有关符号。

(3) 尺寸线终端：有箭头和细斜线两种形式。在机械制图中使用箭头，箭头尖端与尺寸界线接触，不得超出，也不得离开。

(4) 尺寸数字：线性尺寸的数字一般注写在尺寸线上方或尺寸线中断处。同一图样内字号大小应一致，位置不够可引出标注。尺寸数字前的符号区分不同类型的尺寸：ϕ表示直径，R表示半径，s表示球面，t表示板状零件厚度，□表示正方形，▷或◁表示锥度，±表示正负偏差，×表示参数分隔符(如槽宽×槽深等)，∠或∠表示斜度，∨表示埋头孔，EQS表示均布。

与文字输入需要设置样式一样，在对图形进行尺寸标注前，最好先建立自己的尺寸样式。因为在标注一张图时，必须考虑打印出图时的字体大小、箭头等样式应符合国家标准，做到布局合理美观，不要出现标注的字体、箭头等过大或者过小的情况。同时，建立自己的尺寸标注样式也是为了确保标注在图形实体上的每种尺寸形式相同，风格统一。

在建立尺寸标注样式之前，先来认识一下尺寸标注的各组成部分。一个完整的尺寸标注一般是由尺寸线(标注角度时的标注弧线)、尺寸界线、尺寸终端(机械制图为箭头)、尺寸数字这几部分组成的。标注以后这4部分作为一个实体来处理。这几部分的位置关系，如图8-1所示。

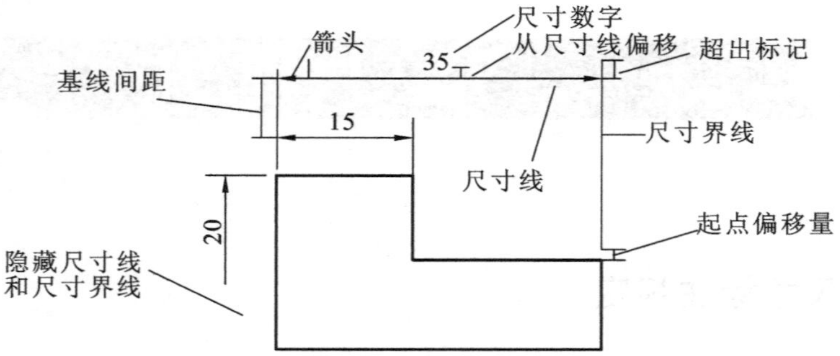

图 8-1　标注样式中部分选项的含义

8.2　创建尺寸样式

1. 创建新的标注样式

命令的输入：

（1）命令行：DIMSTYLE。

（2）菜单："格式"|"标注样式"。

（3）工具栏："绘图"中的 。

在标注尺寸前，必须对有关尺寸的一系列参数进行设置。执行"标注样式"命令后，AutoCAD 弹出"标注样式管理器"对话框，如图 8-2 所示。

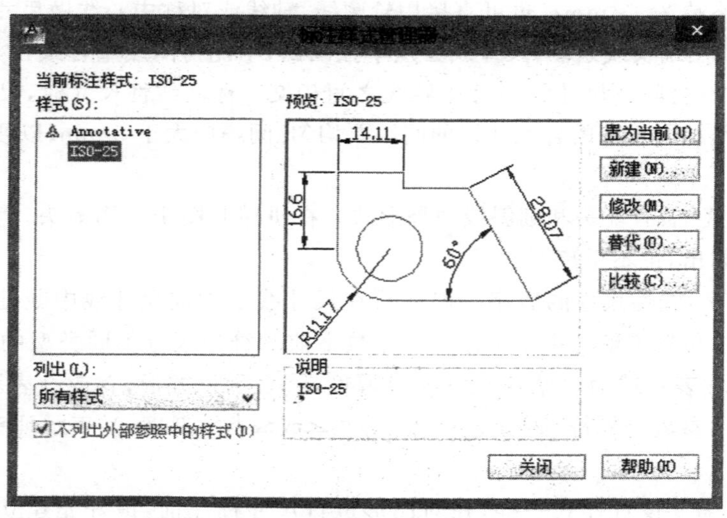

图 8-2　"标注样式管理器"对话框

"标注样式管理器"对话框中的"新建""修改"按钮用于设置、修改标注样式。尺寸标注样式有父本和子本，其中父本是针对全体尺寸类型的设置，子本是针对具体某一种尺寸类型的设置，子本是由父本派生出来的。

单击"标注样式管理器"对话框的"新建"按钮，系统将打开图 8-3 所示的"创建新标注样式"对话框。用户在"新样式名"栏内输入确定的名称"ZX"。基础样式中必须有一种样式，一般为 ISO 标准的"IS0-25"默认样式。新样式的使用对象可以在"用于"栏中确定。单击

“继续”按钮，进行各种参数操作。

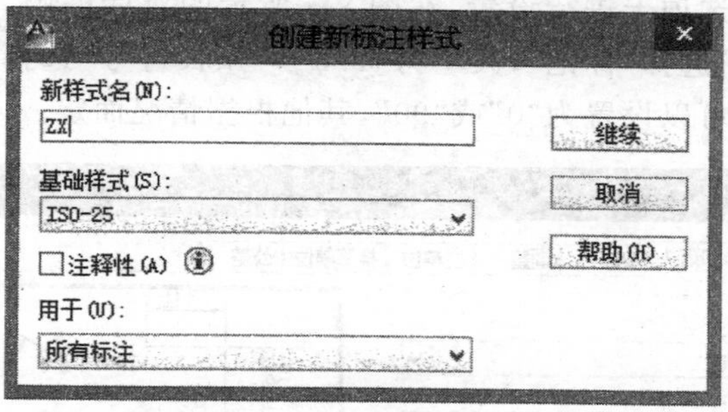

图 8-3 “创建新标注样式”对话框

2. 新标注样式的设置

命名“ZX”新样式后，单击“继续”按钮，AutoCAD 弹出“新建标注样式：ZX”对话框，如图 8-4 所示。

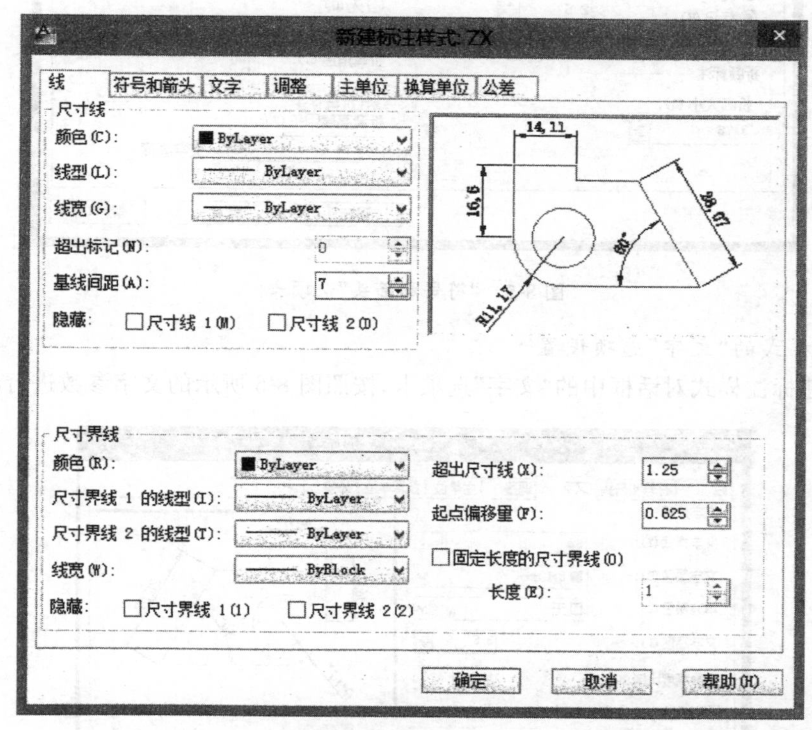

图 8-4 “新建标注样式：ZX”对话框

1）标注样式的“线”选项设置

“尺寸线”：“颜色”“线型”和“线宽”设置为“随层”（ByLayer）即可，“基线间距”设置为“7”，控制平行尺寸线间的距离，应符合制图要求。

“尺寸界线”：“颜色”“线型”和“线宽”设置为“随层”（ByLayer），超出尺寸线设置为“1.25”，但相对图形轮廓线的“起点偏移量”应设置为“0.625”。建筑样图应按国家标准规定设置为“2”。

注意：尺寸线和尺寸界线是否应隐藏，应视标注尺寸而定，通常在对称图形画一半或半剖视图中使用。

2）标注样式的“符号和箭头”选项设置

单击“符号和箭头”选项卡进行设置，在图 8-5 所示的对话框中，选择实心箭头，大小设置为“3.5”。“圆心标记”选择“标记”，大小为“2.5”，“弧长符号”选择“标注文字的前缀”，而“半径弯折标注”的角度可以设置为“0”或“90”，其他根据情况而定。

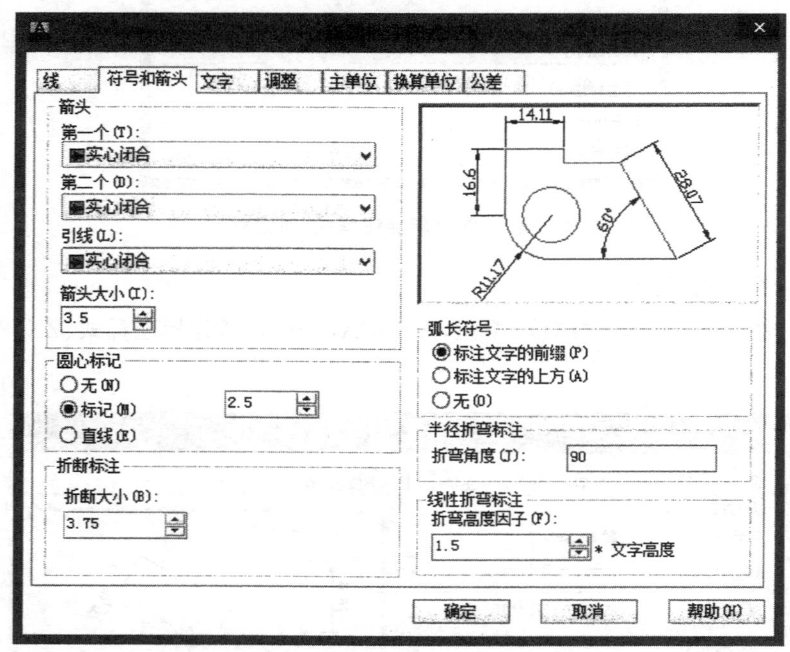

图 8-5 “符号和箭头”选项卡

3）标注样式的“文字”选项设置

单击新建标注样式对话框中的“文字”选项卡，按照图 8-6 所示的文字参数进行设置。

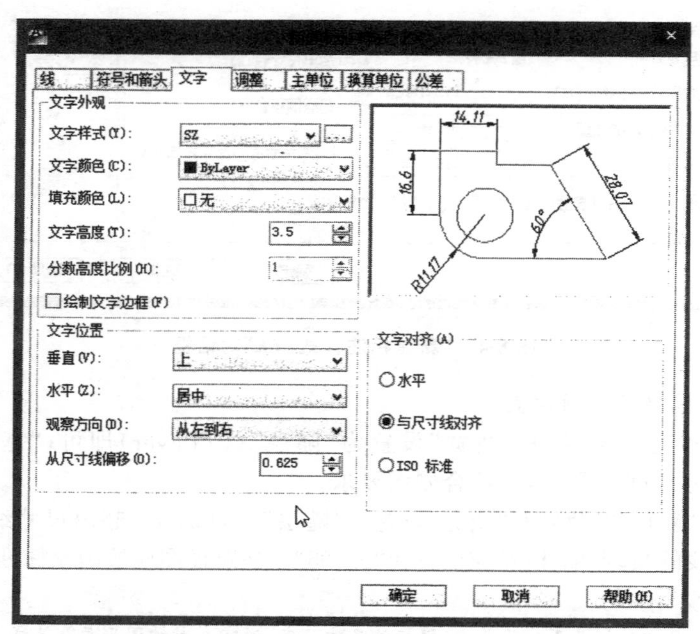

图 8-6 “文字”选项卡

“文字外观”:可以在建立的样式中选择,“文字颜色”设置为随层即可;“文字高度”可以设置为“3.5”,也可以在标注尺寸时确定;“分数高度比例”是指在绘图时,用于设置分数相对于标注文字的比例,该值乘以文字高度得到分数文字的高度。

“文字位置”:一般选择垂直“上”方,“水平”选择“居中”,“观察方向”为“从左到右”,所标注的文字距离尺寸线的距离可以默认为“0.625”。

“文字对齐”:一般选择“与尺寸线对齐”。标注角度尺寸时选择“水平”。

4）标注样式的“调整”选项设置

单击新建标注样式对话框中的“调整”选项卡,在“调整”选项卡中,每一种选择对应一种尺寸布局方式,用户可以测试选择。对于“文字位置”“标注特征比例”和“优化”栏中的选项,可以先按图 8-7 所示进行设置,然后再视具体需要进行调整。读者应通过大量的练习来掌握尺寸布局的各种方式。

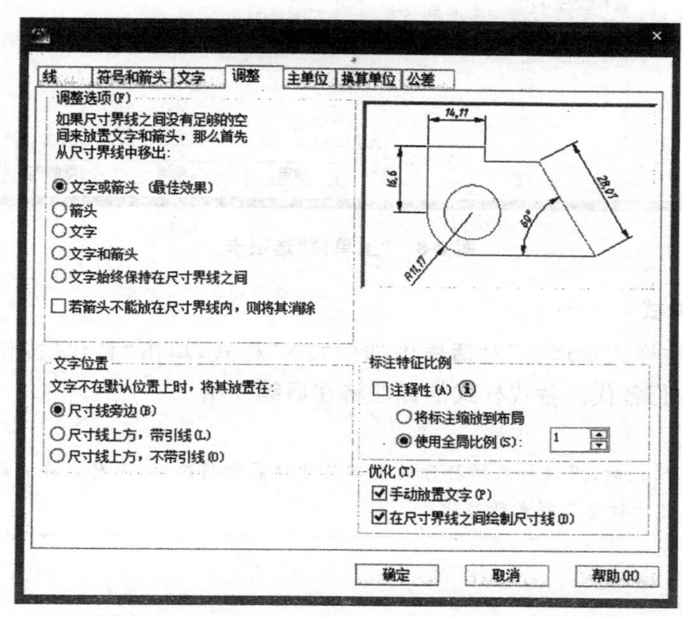

图 8-7 “调整”选项卡

5）标注样式的“主单位”选项设置

单击新建标注样式对话框中的“主单位”选项卡,可以对尺寸单位及精度参数进行设置,如图 8-8 所示。

“线性标注”一般选择“单位格式”为“小数”计数法,“精度”虽然设置为“0”,但并不影响带小数尺寸的标注。“小数分隔符”必须选择句点“.”。“前缀”和“后缀”暂不设置,将在后续说明。

“角度标注”中“单位格式”应选择“十进制度数”,其他项可以选择默认设置,如图 8-8 所示。“比例因子”与打印输出图形时的比例大小有关。

以上各选项中的参数设置完毕后,单击“确定”按钮返回到新建标注样式对话框的首页,单击“置为当前”并“关闭”,即可对所绘制的图形进行尺寸标注。

3. 修改标注样式

在打开的“标注样式管理器”对话框中选中“ZX”样式,单击“修改”按钮,在弹出的对话框中可对该样式的各选项进行修改。

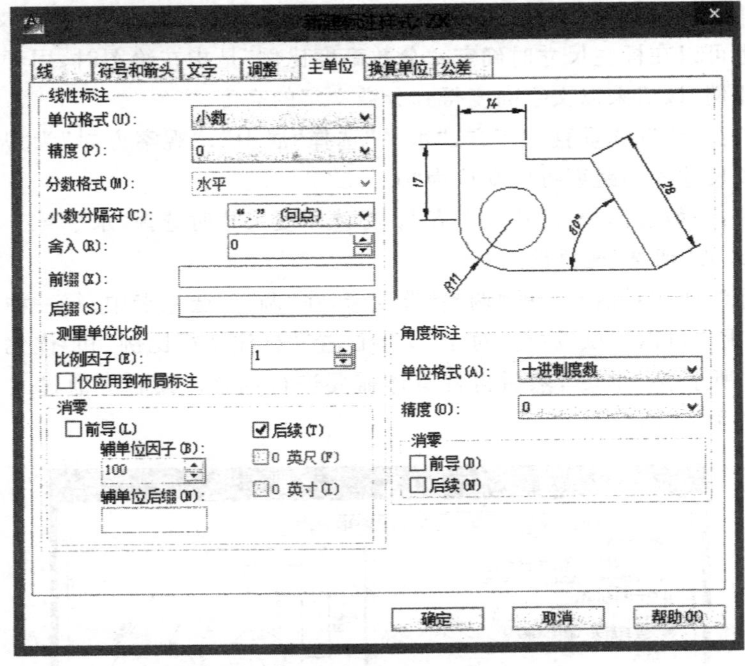

图 8-8 “主单位”选项卡

4. 替代标注样式

在打开的“标注样式管理器”对话框中选中“ZX”样式，单击“替代”按钮，在弹出的对话框中可对该样式进行替代。替代样式的标注将在后续介绍。

注意：修改标注样式后，用该样式所标注的全部尺寸样式都将改变，而替代样式则是当替代样式设置修改后，再标注的尺寸被替代样式所替代。

8.3 各种具体尺寸的标注方法

尺寸标注的类型包括线性、对齐、弧长、坐标、半径、折弯、直径、角度、基线、连续、多重引线、公差、圆心标记。“标注”工具栏如图 8-9 所示。

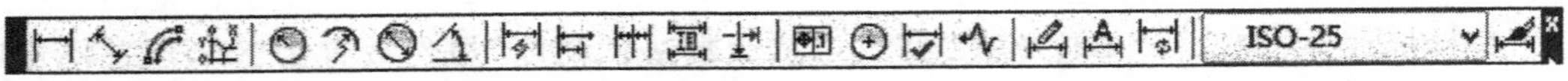

图 8-9 “标注”工具栏

1. 线性标注和对齐标注

1）线性标注

线性标注用于标注线性尺寸。

命令的输入：

① 命令行：DIMLINEAR。

② 菜单：“标注”|“线性”。

③ 工具栏：⊢⊣。

执行该命令后，AutoCAD 提示：

```
命令：_DIMLINEAR
指定第一个尺寸界线原点或<选择对象>：
指定第二条尺寸界线原点：
指定尺寸线位置或[多行文字(M)/文字(T)/角度(A)/水平(H)/垂直(V)/旋转(R)]：
标注文字=100
```

标注结果如图 8-10 所示。

2）对齐标注

对齐标注用于斜线或斜面的尺寸标注。

命令的输入：

① 命令行：DIMALIGNED。

② 菜单："标注"|"对齐"。

③ 工具栏：。

执行该命令后，AutoCAD 提示：

```
命令：_DIMALIGNED
指定第一个尺寸界线原点或<选择对象>：
指定第二条尺寸界线原点：
指定尺寸线位置或[多行文字(M)/文字(T)/角度(A)]：
标注文字=141.58
```

标注结果如图 8-10 所示。

2. 角度标注和弧长标注

1）角度标注

命令的输入：

① 命令行：DIMANGULAR。

② 菜单："标注"|"角度"。

③ 工具栏：。

执行该命令后，AutoCAD 提示：

```
命令：_DIMANGULAR
选择圆弧、圆、直线或<指定顶点>：
指定标注弧线位置或[多行文字(M)/文字(T)/角度(A)/象限点(Q)]：
标注文字=180
```

标注结果如图 8-11 所示。

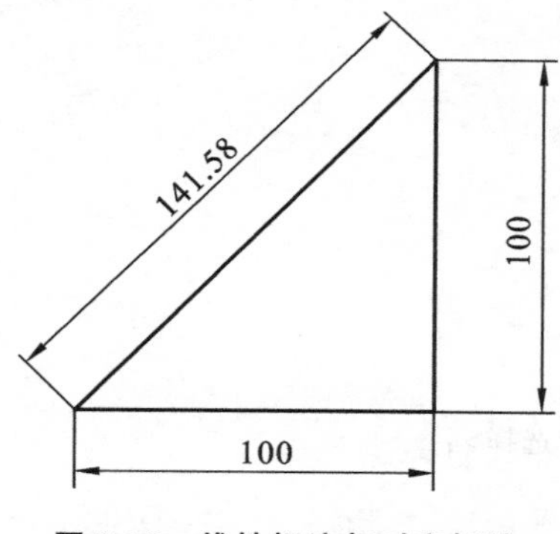

图 8-10　线性标注与对齐标注

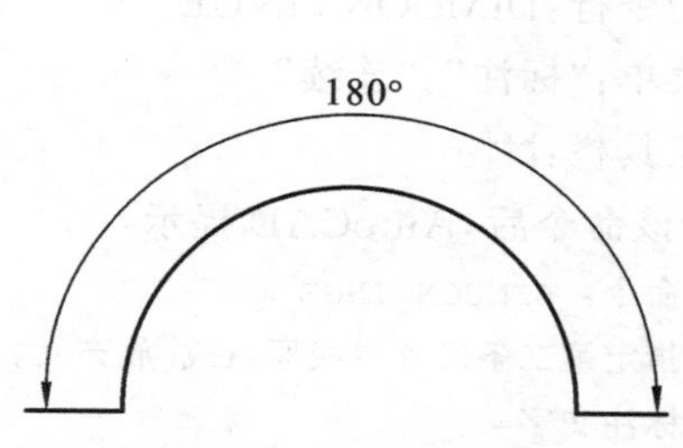

图 8-11　角度标注

2）弧长标注

命令的输入：

① 命令行：DIMARC。

② 菜单："标注"|"弧长"。

③ 工具栏：。

执行该命令后，AutoCAD 提示：

```
命令：_DIMARC
选择弧线段或多段线圆弧段：
指定弧长标注位置或[多行文字(M)/文字(T)/角度(A)/部分(P)/引线(L)]：
标注文字=314.16
```

标注结果如图 8-12 所示。

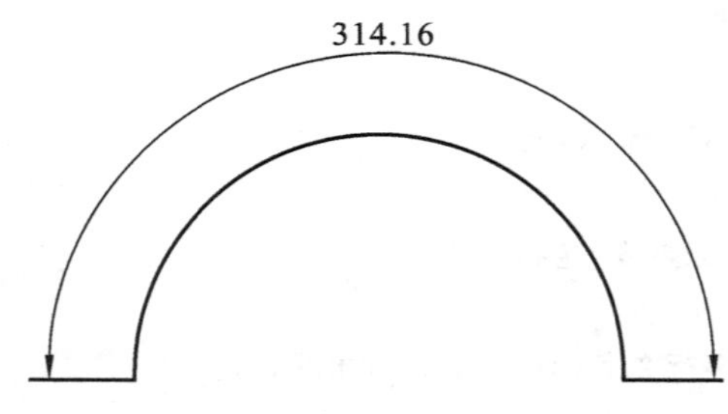

图 8-12　弧长标注

3. 基线标注和连续标注

1）基线标注

命令的输入：

① 命令行：DIMBASELINE。

② 菜单："标注"|"基线"。

③ 工具栏：。

执行该命令后，AutoCAD 提示：

```
命令：_DIMBASELINE
指定第二条尺寸界线原点或[放弃(U)/选择(S)]<选择>：
标注文字=
```

标注结果如图 8-13 所示。

2）连续标注

连续标注是指首尾相连的尺寸标注。

命令的输入：

① 命令行：DIMCONTINUE。

② 菜单："标注"|"连续"。

③ 工具栏：。

执行该命令后，AutoCAD 提示：

```
命令：_DIMCONTINUE
指定第二条尺寸界线原点或[放弃(U)/选择(S)]<选择>：
标注文字=
指定第二条尺寸界线原点或[放弃(U)/选择(S)]<选择>：
```

标注结果如图 8-14 所示。

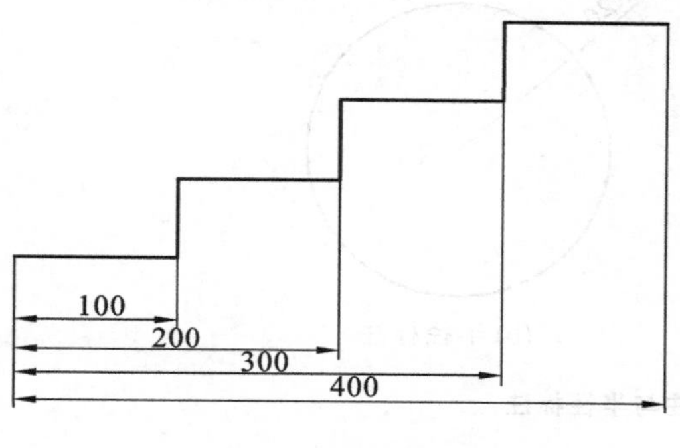

图 8-13　基线标注

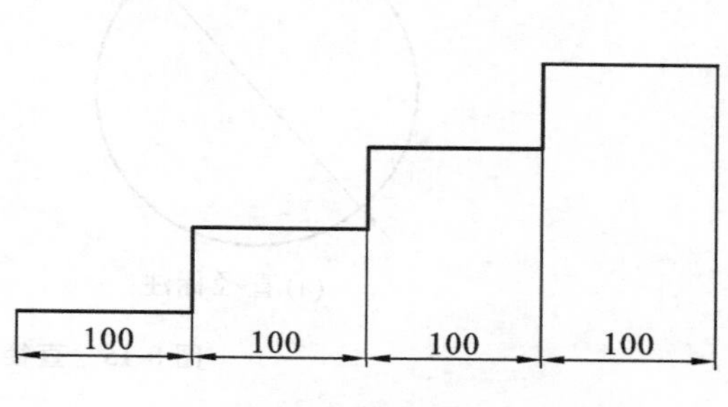

图 8-14　连续标注

说明：在进行基线标注与连续标注时，一定要先进行线性标注。

4. 直径标注和半径标注

1）直径标注

命令的输入：

① 命令行：DIMDIAMETER。

② 菜单："标注"|"直径"。

③ 工具栏：⊘。

执行该命令后，AutoCAD 提示：

```
命令：_DIMDIAMETER
选择圆弧或圆：
标注文字=
指定尺寸线位置或[多行文字(M)/文字(T)/角度(A)]：
```

标注结果如图 8-15(a)所示。

2）半径标注

命令的输入：

① 命令行：DIMRADIUS。

② 菜单："标注"|"半径"。

③ 工具栏：◷。

执行该命令后，AutoCAD 提示：

```
命令：_DIMRADIUS
选择圆弧或圆：
标注文字=
指定尺寸线位置或[多行文字(M)/文字(T)/角度(A)]：
```

标注结果如图 8-15(b)所示。

5. 多重引线标注

多重引线标注就是画出一条引线，在引线末端添加多行旁注或说明来标注对象。

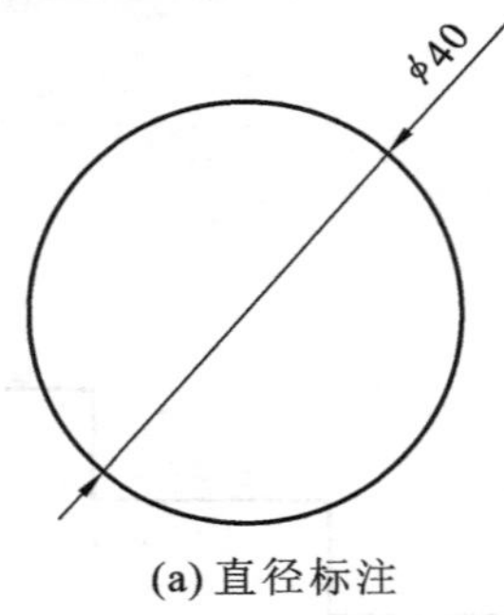

(a) 直径标注

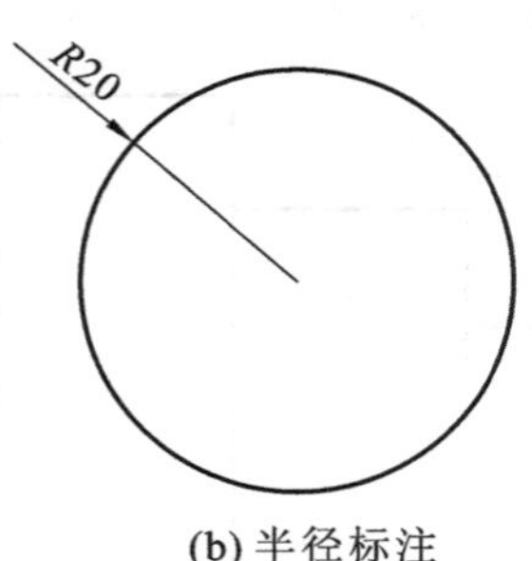

(b) 半径标注

图 8-15　直径标注与半径标注

命令的输入：

(1) 命令行：MLEADER。

(2) 菜单："标注"|"多重引线"。

(3) 工具栏：。

执行该命令后，AutoCAD 提示：

```
命令：_MLEADER
指定文字的第一个角点或[引线箭头优先(H)/引线基线优先(L)/选项(O)]<选项>：
指定对角点：
指定引线箭头的位置：
```

标注结果如图 8-16 所示。

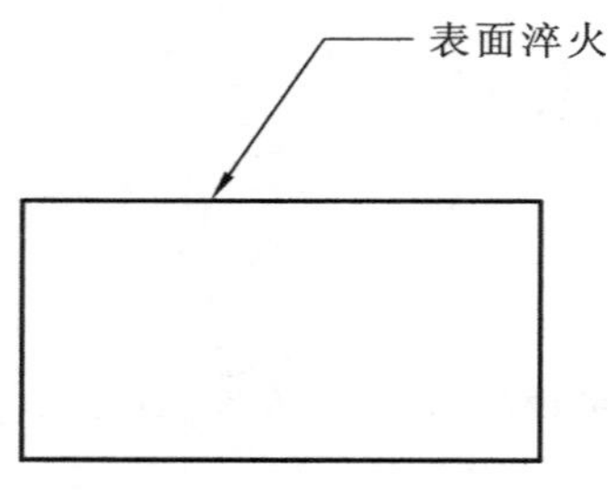

图 8-16　多重引线标注

6. 公差标注

命令的输入：

(1) 命令行：TOLERANCE。

(2) 菜单："标注"|"公差"。

(3) 工具栏：。

执行该命令后，将弹出图 8-17 所示的"形位公差"对话框。

说明：按照国家标准，形位公差应改为几何公差。由于本书所用软件中使用了形位公差，为保证正文与图统一，本书仍使用形位公差一词。

单击"形位公差"对话框中的"符号"选项中的黑框，将弹出图 8-18 所示的"特征符号"对话框。可在该对话框中设置特征符号。

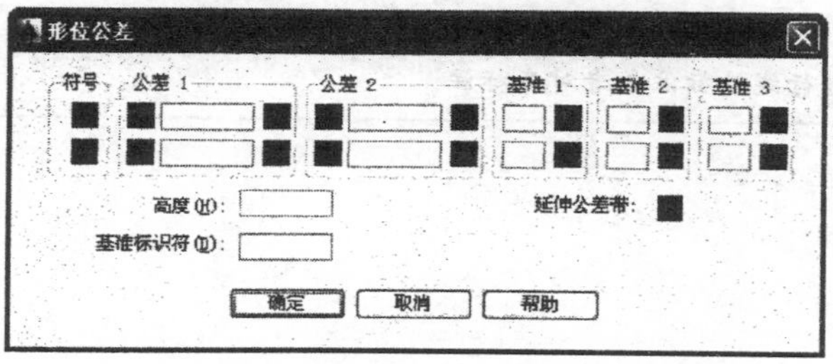

图 8-17 “形位公差”对话框

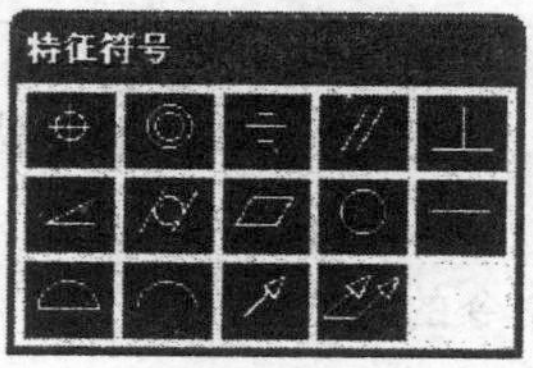

图 8-18 “特征符号”对话框

说明：单击“特征符号”对话框中的白色方框，将退出“特征符号”对话框。

7. 折弯标注和折弯线性标注

1）折弯标注

命令的输入：

① 命令行：DIMJOGGED。

② 菜单：“标注”|“折弯”。

③ 工具栏：。

执行该命令后，AutoCAD 提示：

```
命令：_DIMJOGGED
选择圆弧或圆：
指定图示中心位置：
标注文字=
指定尺寸线位置或[多行文字(M)/文字(T)/角度(A)]：
指定折弯位置：
```

标注结果如图 8-19 所示。

2）折弯线性标注

命令的输入：

① 命令行：DIMJOGLINE。

② 菜单：“标注”|“折弯线性”。

③ 工具栏：。

执行该命令后，AutoCAD 提示：

```
命令：_DIMJOGLINE
选择要添加折弯的标注或[删除(R)]：
指定折弯位置(或按 Enter 键)：
```

标注结果如图 8-20 所示。

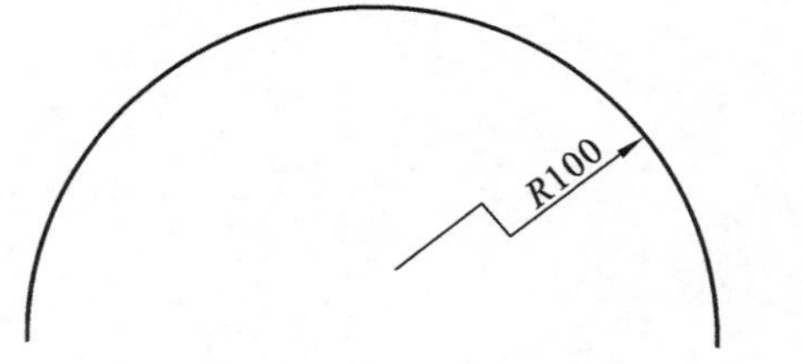

图 8-19 折弯标注

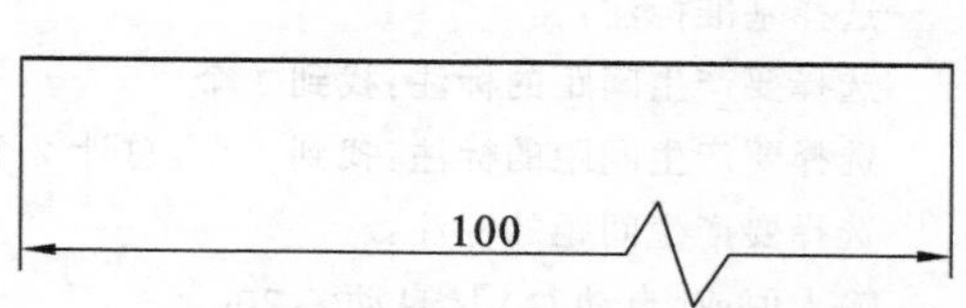

图 8-20 折弯线性标注

说明:使用折弯线性标注前一定要先进行线性标注或者对齐标注。

8. 快速标注与其他类型标注

1)快速标注

命令的输入:

① 命令行:QDIM。

② 菜单:“标注”|“快速标注”。

③ 工具栏:。

执行该命令后,AutoCAD 提示:

```
命令:_QDIM
关联标注优先级=端点
选择要标注的几何图形:找到 1 个
选择要标注的几何图形:找到 1 个,总计 2 个
选择要标注的几何图形:找到 1 个,总计 3 个
选择要标注的几何图形:
指定尺寸线位置或[连续(C)/并列(S)/基线(B)/坐标(O)/半径(R)/直径(D)/基准点(P)/编辑(E)/设置(T)]<连续>:
```

标注结果如图 8-21 所示。

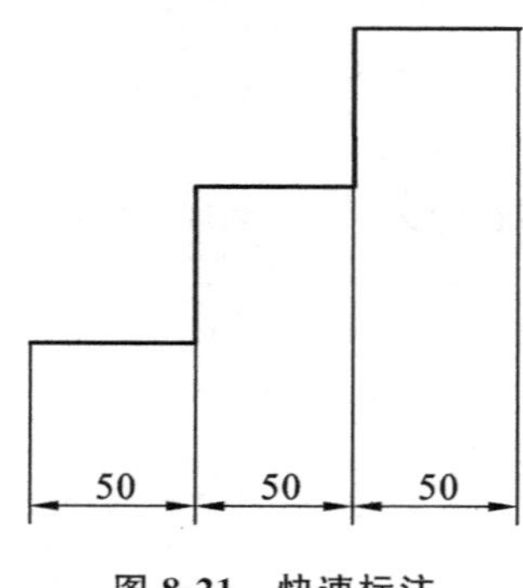

图 8-21 快速标注

2)标注间距

命令的输入:

① 命令行:DIMSPACE。

② 菜单:“标注”|“标注间距”。

③ 工具栏:。

执行该命令后,AutoCAD 提示:

```
命令:_DIMSPACE
选择基准标注:
选择要产生间距的标注:找到 1 个
选择要产生间距的标注:找到 1 个,总计 2 个
选择要产生间距的标注:
输入值或[自动(A)]<自动>:20↙
```

标注结果如图 8-22 所示。

说明：在图 8-22 中，图 8-22(b)使用了标注间距，间距值为 20。

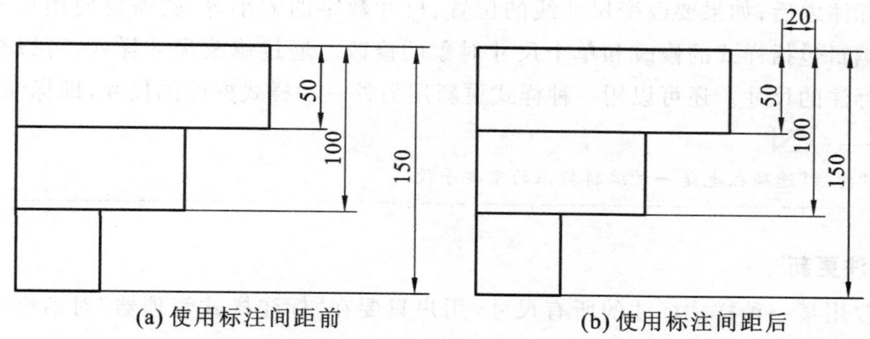

(a) 使用标注间距前　(b) 使用标注间距后

图 8-22　标注间距

3）标注打断

命令的输入：

① 命令行：DIMBREAK。

② 菜单："标注"|"标注打断"。

③ 工具栏：。

执行该命令后，AutoCAD 提示：

```
命令：_DIMBREAK
选择要添加/删除折断的标注或[多个(M)]：
选择要折断标注的对象或[自动(A)/手动(M)/删除(R)]<自动>：M↙
指定第一个打断点：<对象捕捉关>
指定第二个打断点：
1 个对象已修改
```

标注结果如图 8-23 所示。

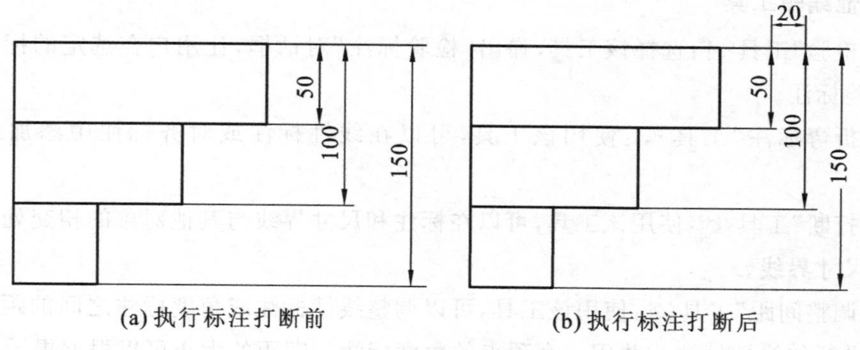

(a) 执行标注打断前　(b) 执行标注打断后

图 8-23　标注打断

说明：进行标注打断时一定要先有标注。当命令行中出现"选择要折断标注的对象或[自动(A)/手动(M)/删除(R)]<自动>："时，选择要打断的尺寸，本例中尺寸 150 执行标注打断。

8.4 尺寸标注的编辑修改

尺寸标注之后，如果要改变尺寸线的位置、尺寸数字的大小等，就需要使用尺寸编辑命令。尺寸编辑包括样式的修改和单个尺寸对象的修改。通过修改尺寸样式，可以全部修改用该样式标注的尺寸。还可以用一种样式更新用另外一种样式标注的尺寸，即标注更新。

说明："特性"选项板也是一种编辑标注的重要手段。

1. 标注更新

要修改用某一种样式标注的所有尺寸，用户只要在"标注样式管理器"对话框中修改这个标注样式即可。用这个标注样式的尺寸可以进行统一的修改。

如果要使用当前样式更新所选尺寸，就可以用标注更新命令。尺寸标注样式要改为"GB-35"，如图 8-24 所示。

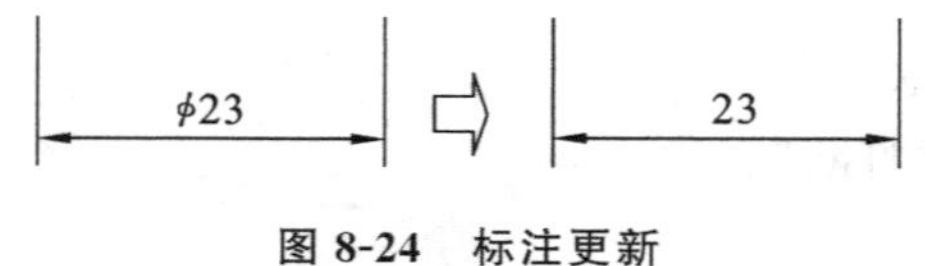

图 8-24　标注更新

首先选择"GB-35"为当前标注样式，然后单击"标注更新"按钮，AutoCAD 提示：

```
命令：_dimstyle
当前标注样式：GB-35 注释性：否          //当前标注样式是"GB-35"
输入标注样式选项
[注释性(AN)/保存(S)/恢复(R)/状态(ST)/变量(V)/应用(A)/?]<恢复>：_apply
选择对象：                              //选择尺寸对象(可以选择多个对象同时更新)
选择对象：↙
```

2. 其他编辑工具

(1) "检验"工具：选择该工具，弹出"检验标注"对话框，让用户在选定的标注中添加或删除检验标注。

(2) "折弯标注"工具：使用该工具，可以在线性标注或对齐标注中添加或删除折弯线。

(3) "打断"工具：使用该工具，可以在标注和尺寸界线与其他对象的相交处打断或恢复标注和尺寸界线。

(4) "调整间距"工具：使用该工具，可以调整线性标注或角度标注之间的距离。间距仅适用于平行的线性标注或共用一个顶点的角度标注。间距的大小可以根据提示设置。

(5) "重新关联"工具：使用该工具，可以将选定的标注关联或重新关联至某个对象或该对象上的点。

(6) "倾斜"工具：使用该工具，可以编辑标注文字和尺寸界线。

(7) "文字角度"工具：使用该工具，可以移动和旋转标注文字并重新定位尺寸线。

(8) "左对正"工具：使用该工具，可以使标注文字与左侧尺寸界线对齐。

(9)"居中对正"工具![icon]:使用该工具,可以使标注文字标注于尺寸线的中间位置。

(10)"右对正"工具![icon]:使用该工具,可以使标注文字与右侧尺寸界线对齐。

(11)"替代工具"![icon]:使用该工具,可以控制选定标注中使用的系统变量的替代值。

3. 尺寸关联

单击菜单"工具"|"选项"命令,出现"选项"对话框,打开"用户系统设置"选项卡,在"关联标注"选项区选择"使新标注可关联",标注的尺寸就会与标注的对象尺寸关联。系统默认尺寸关联。当与其关联的几何对象被修改时,关联标注将自动调整其位置、方向和测量值。布局中的标注可以与模型空间中的对象相关联。

利用这个特点,在修改标注对象后不必重新标注尺寸,非常方便。移动矩形的右上角点,尺寸标注的变化如图 8-25 所示。在图 8-26 中移动圆的位置,圆心与矩形右上角点的水平和竖直距离尺寸也随着更新。

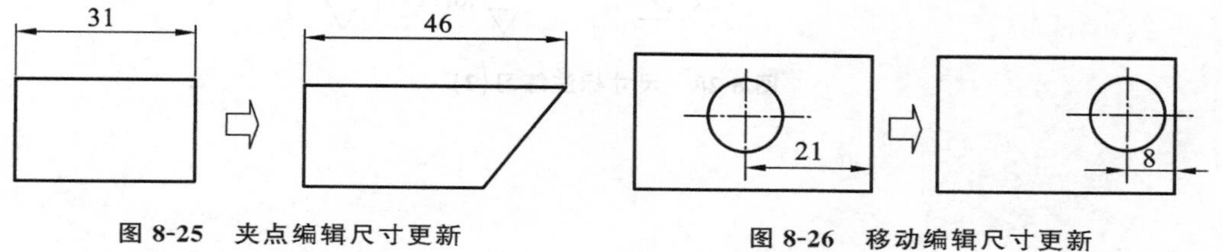

图 8-25　夹点编辑尺寸更新　　**图 8-26　移动编辑尺寸更新**

思考与习题

1. 尺寸标注的基本步骤是什么?

2. "基线间距"的含义是什么?

3. 怎样标注公差?

4. 怎样标注形位公差?

5. 将第 4 章思考与习题中的第 6 题的图 4-43～图 4-50,按图示的尺寸样式标注出尺寸。

6. 绘制图 8-27 和图 8-28 并标注尺寸。

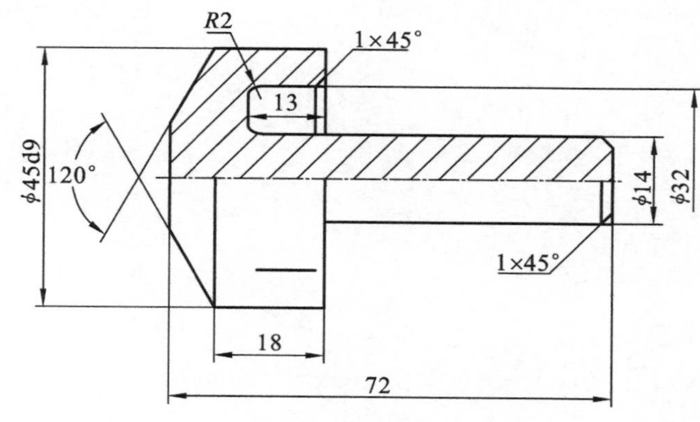

图 8-27　尺寸标注练习(1)

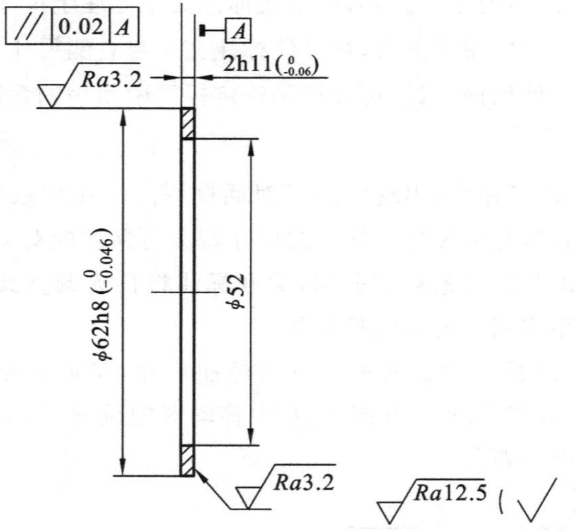

图 8-28　尺寸标注练习(2)

第9章 图块与外部参照

9.1 在图形中使用块

组成块的各个对象可以有自己的图层、线型和颜色，但 AutoCAD 把块当作单一的对象处理。除此之外，块还具有如下特点。

(1) 提高了绘图速度。将图形创建成块，可避免大量重复性工作。

(2) 节省存储空间。将一些对象定义成块，数据库中只保存一次块的定义数据。插入该块时不再重复保存块的数据，只保存块名和插入参数，因此可以缩小文件大小。

(3) 便于修改图形。如果修改了块的定义，用该块复制出的图形都会自动更新，具有关联性。

(4) 加入属性。AutoCAD 允许为块创建文字属性，可在插入的块中显示或不显示这些属性，也可以从图中提取这些信息并将它们传送到数据库中。

9.2 创建块

9.2.1 创建内部块

命令的输入：

(1) 命令行：BLOCK。

(2) 菜单："绘图"|"块"|"创建"。

(3) 工具栏："绘图"中▢。

执行 BLOCK 命令，AutoCAD 弹出"块定义"对话框，如图 9-1 所示。

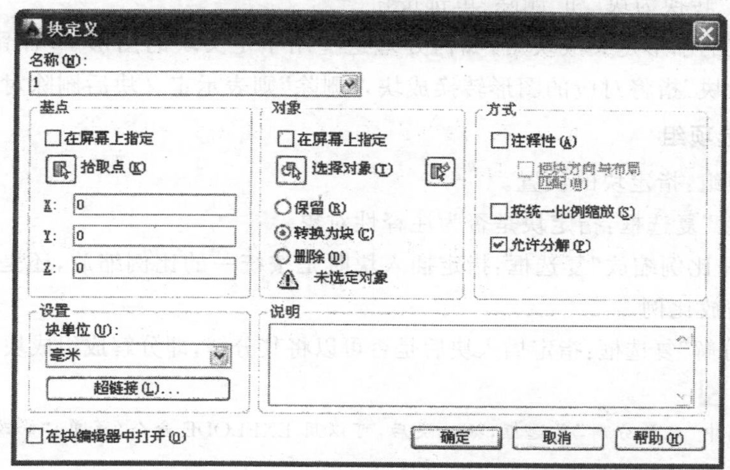

图 9-1 "块定义"对话框

下面介绍"块定义"对话框中主要选项的功能。

1. "名称"文本框

"名称"文本框:用于指定块的名称,在文本框中输入即可。

2. "基点"选项组

"基点"选项组:确定块的插入基点位置。可以直接在"X""Y"和"Z"文本框中输入对应的坐标值;也可以单击"拾取点"按钮 拾取点(K),切换到绘图屏幕指定基点;还可以选中"在屏幕上指定"复选框,等关闭对话框后再根据提示指定基点。

说明:从理论上讲,可以选择块上或块外的任意一点作为插入基点,但为了以后使块的插入更方便、更准确,一般应根据图形的结构来选择基点。通常将基点选在块的中心点、对称线上某一点或其他有特征的点。

3. "对象"选项组

"对象"选项组:确定组成块的对象。

(1)"在屏幕上指定"复选框。

如果选中此复选框,通过对话框完成其他设置后,单击"确定"按钮关闭对话框时,AutoCAD 会提示用户选择组成块的对象。

(2)"选择对象"按钮。

选择组成块的对象。单击此按钮,AutoCAD 临时切换到绘图屏幕,并提示:

选择对象:

在此提示下选择组成块的各对象后按 Enter 键,AutoCAD 返回图 9-1 所示的"块定义"对话框,同时在"名称"文本框的右侧显示出由所选对象构成块的预览图标,并在"对象"选项组中的最后一行将"未选定对象"替换为"已选择 n 个对象"。

(3)快速选择按钮。

该按钮用于快速选择满足指定条件的对象。单击此按钮,AutoCAD 弹出"快速选择"对话框,用户可通过此对话框确定选择对象的过滤条件,快速选择满足指定条件的对象。

(4)"保留""转换为块"和"删除"单选按钮。

确定将指定的图形定义成块后,如何处理这些用于定义块的图形。"保留"指保留选中的图形,"转换为块"指将对应的图形转换成块,"删除"则表示定义块后删除对应的图形。

4. "方式"选项组

"方式"选项组:指定块的设置。

(1)"注释性"复选框:指定块是否为注释性对象。

(2)"按统一比例缩放"复选框:指定插入块时是按统一的比例缩放,还是沿各坐标轴方向采用不同的缩放比例。

(3)"允许分解"复选框:指定插入块后是否可以将其分解,即分解成组成块的各基本对象。

说明:如果选中"允许分解"复选框,插入块后,可以用 EXPLODE 命令(菜单:"修改"|"分解")分解块。

5. “设置”选项组

“设置”选项组：指定块的插入单位和超链接。

(1)“块单位”下拉列表框：指定插入块时的插入单位，通过对应的下拉列表选择即可。

(2)“超链接”按钮：通过“插入超链接”对话框使超链接与块定义相关联。

6. “说明”框

“说明”框：指定块的文字说明部分(如果有的话)，在其中输入即可。

7. “在块编辑器中打开”复选框

“在块编辑器中打开”复选框：确定当单击对话框中的“确定”按钮创建出块后，是否立即在块编辑器中打开当前的块定义。如果打开了块定义，可以对块定义进行编辑。

通过“块定义”对话框完成各项设置后，单击“确定”按钮，即可创建出对应的块。

说明：如果在“块定义”对话框中选中了“在屏幕上指定”复选框，单击“确定”按钮后，AutoCAD 会给出对应的提示，用户响应即可。

例 9-1 创建图 9-2 所示的粗糙度符号块，块名为“粗糙度”。

① 绘制图形。

首先，绘制图 9-2 所示的粗糙度符号，具体尺寸如图 9-3 所示(过程略)。

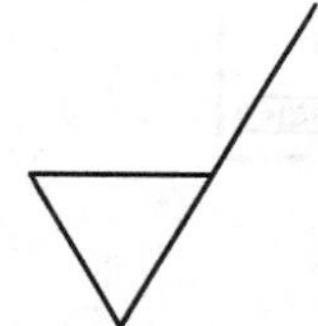

图 9-2 粗糙度符号

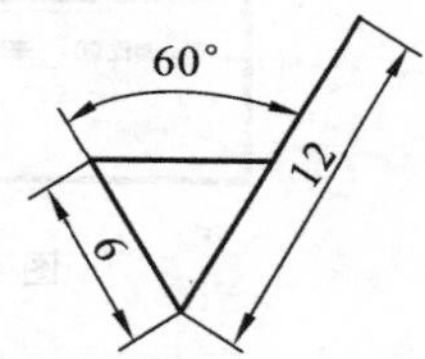

图 9-3 粗糙度符号尺寸

② 创建块。

执行 BLOCK 命令，AutoCAD 弹出“块定义”对话框，从中进行对应的设置，如图 9-4 所示。

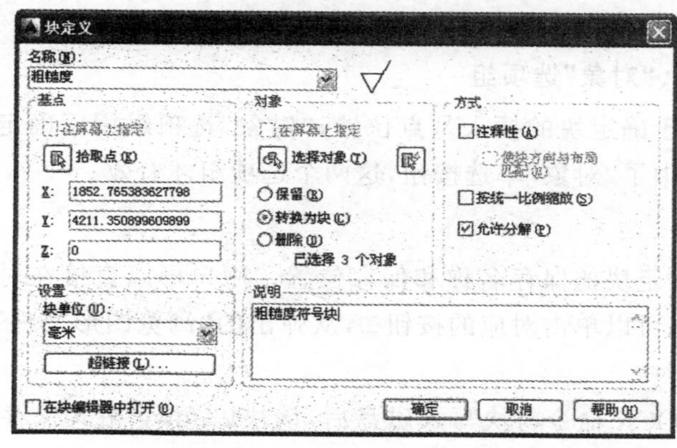

图 9-4 “块定义”对话框

可以看出，已将块名称设为“粗糙度”，捕捉图 9-2 中位于最下方的角点为块的基点，并通过“选择对象”按钮选择了组成粗糙度符号的 3 条直线(通过位于“名称”文本框右侧的图标可以看到这一点),在“说明”框中输入了“粗糙度符号块”。

单击“确定”按钮,完成块的定义,并且 AutoCAD 将当前图形转换为块(因为在“对象”选项组中选择了“转换为块”单选按钮)。

9.2.2 创建外部块

命令的输入:

命令行:WBLOCK。

用 BLOCK 命令定义的块是内部块,它从属于定义块时所在的图形。AutoCAD 2014 还提供了定义外部块的功能,即将块以单独的文件保存。

执行 WBLOCK 命令,AutoCAD 弹出“写块”对话框,如图 9-5 所示。

图 9-5 “写块”对话框

下面介绍“写块”对话框中主要选项的功能。

1. “源”选项组

“源”选项组:确定组成块的对象来源。其中,“块”单选按钮表示将把已用 BLOCK 命令创建的块创建成外部块(即写入磁盘);“整个图形”单选按钮表示将把当前图形创建成外部块;“对象”单选按钮则表示要将指定的对象创建成外部块。

2. “基点”选项组、“对象”选项组

“基点”选项组用于确定块的插入基点位置,“对象”选项组用于确定组成块的对象。只有在“源”选项组中选中了“对象”单选按钮,这两个选项组才有效。

3. “目标”选项组

“目标”选项组:确定块的保存名称和保存位置。用户可以直接在对应的文本框中输入文件名(包括路径),也可以单击对应的按钮▭,从弹出的“浏览图形文件”对话框中指定保存位置与文件名。

实际上,用 WBLOCK 命令将块写入磁盘后,该块以.dwg 格式保存,即以 AutoCAD 图形文件格式保存。

说明:用户可以将任一 AutoCAD 图形文件(即.dwg 文件)中的图形插入当前图形。

9.2.3　插入块

命令的输入：

（1）命令行：INSERT。

（2）菜单："插入"|"块"。

（3）工具栏："绘图"中的。

插入块用于将块或已有图形插入当前图形中。

执行 INSERT 命令，AutoCAD 弹出"插入"对话框，如图 9-6 所示。

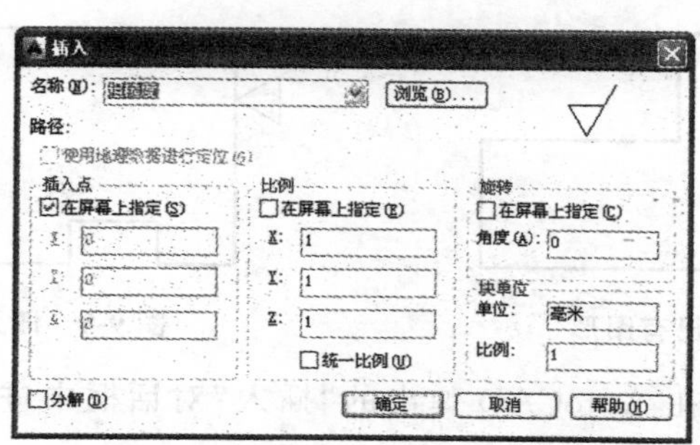

图 9-6　"插入"对话框

下面介绍"插入"对话框中主要选项的功能。

1. "名称"下拉列表框

"名称"下拉列表框：指定所插入块或图形的名称，可以直接输入名称，或通过下拉列表框选择块，也可以单击"浏览"按钮，从弹出的"选择图形文件"对话框中选择图形文件。

2. "插入点"选项组

"插入点"选项组：确定块在图形中的插入位置，可以直接在"X""Y"和"Z"文本框中输入点的坐标，也可以选中"在屏幕上指定"复选框，当单击对话框中的"确定"按钮关闭对话框后，在绘图窗口中指定插入点。

3. "比例"选项组

"比例"选项组：确定块的插入比例，可以直接在"X""Y"和"Z"文本框中输入块沿 3 个坐标轴方向的比例，也可以选中"在屏幕上指定"复选框，当单击对话框中的"确定"按钮关闭对话框后再指定插入比例。需要说明的是，如果在定义块时选择了按统一比例缩放（通过"按统一比例缩放"复选框设置），那么只需要指定沿 X 轴方向的缩放比例。

4. "旋转"选项组

"旋转"选项组：确定块插入时的旋转角度，可以直接在"角度"文本框中输入角度值，也可以选中"在屏幕上指定"复选框，当单击对话框中的"确定"按钮关闭对话框后，再指定旋转角度。

5. "块单位"选项组

"块单位"选项组：显示有关块单位的信息。

6. "分解"复选框

利用"分解"复选框，可以将插入的块分解成组成块的各个基本对象。此外，插入块后，也可以用 EXPLODE 命令（菜单："修改"｜"分解"）将其分解。

通过“插入”对话框设置了要插入的块以及插入参数后，单击对话框中的“确定”按钮，即可将块插入当前图形。

说明：根据在“插入”对话框中的不同设置，单击“插入”对话框中的“确定”按钮后，可能还需要指定块的插入点、插入比例和旋转角度等。

例 9-2 设有图 9-7 所示的图形，且当前图形中定义了在例 9-1 中所定义的“粗糙度”块，试在图形中插入该块，结果如图 9-8 所示。

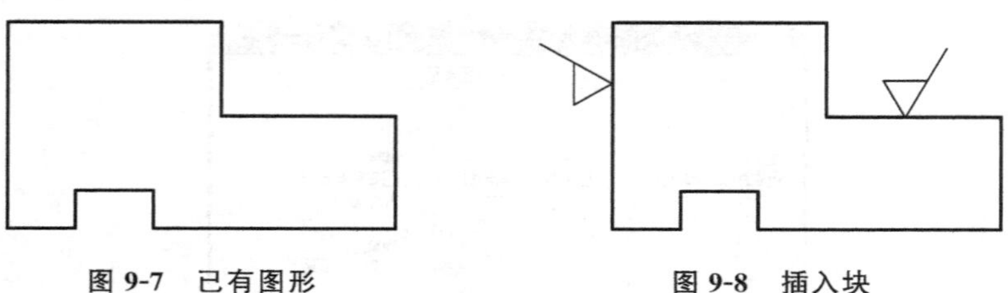

图 9-7 已有图形　　图 9-8 插入块

执行 INSERT 命令，在 AutoCAD 弹出的“插入”对话框中进行对应的设置，如图 9-9 所示。

单击“确定”按钮，AutoCAD 提示：

指定插入点或[基点(B)/比例(S)/旋转(R)]: //参照图 9-8 中的水平粗糙度符号，在对应位置指定插入点。可以通过捕捉最近点的方式确定该点

执行结果如图 9-10 所示。

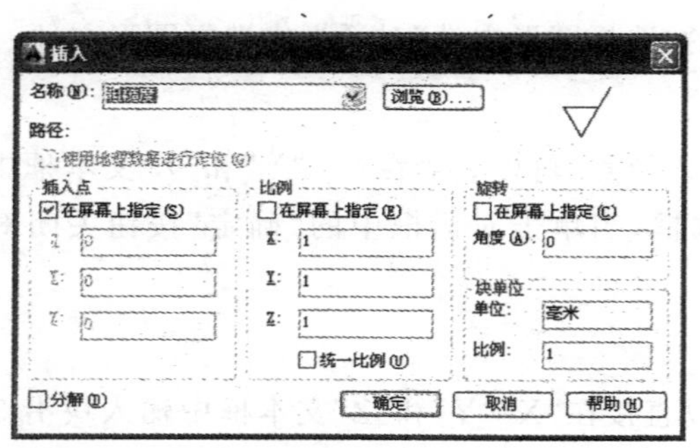

图 9-9 “插入”对话框

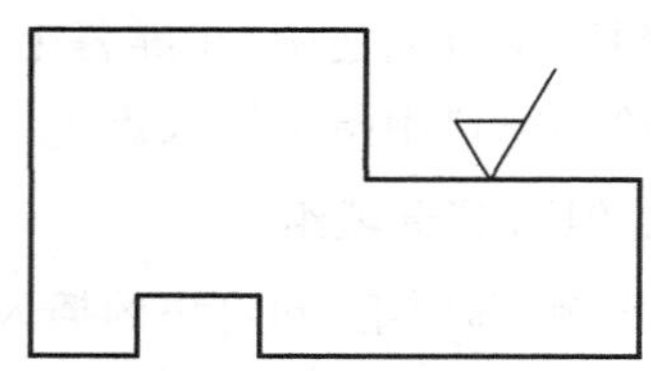

图 9-10 插入粗糙度块

在另一位置再插入同样的块，即可得到图 9-8 所示结果(插入此块时的块旋转角度应为 90°)。

可以看出，虽然已经插入了粗糙度符号，但还没有粗糙度值，需要用标注文字的方式标注出值。但利用 AutoCAD 提供的属性功能，在插入块的同时就可以直接输入相关文字(即属性值)，从而能够标注出粗糙度值。

9.3 带属性的块

块的属性是块的组成部分，是附着在块上的文本信息，它与块相关联。

命令的输入：

(1) 命令行：ATTDEF。

(2) 菜单:“绘图”|“块”|“定义属性”。

执行该命令,会弹出图 9-11 所示的“属性定义”对话框。

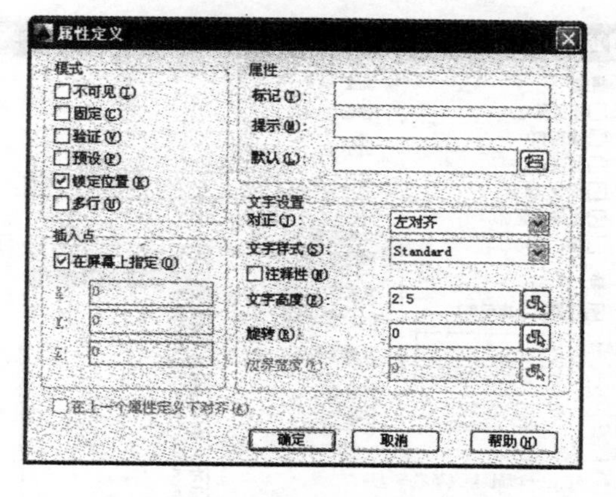

图 9-11 “属性定义”对话框

该对话框中各主要选项的含义如下。

1. “模式”选项组

“模式”选项组用于设置属性的模式。

① “不可见”复选框:控制属性值是否可见。

② “固定”复选框:选中该复选框表示属性为固定值,即为常量。如果不将属性设为固定值,插入块时则可以输入任意值。

③ “验证”复选框:确定对属性值校验与否。选中该复选框,插入块时,对已输入的属性值再给出一次提示,校验所输入的属性值是否正确,否则不要求用户校验。

④ “预设”复选框:确定是否将属性值直接预设成它的默认值。选中该复选框,插入块时,AutoCAD 把在“属性定义”对话框的“默认”文本框中输入的默认值自动设置成实际属性值,不再要求用户输入新值。反之,用户可以输入新属性值。

⑤ “锁定位置”复选框:确定属性是否可以相对于块的其余部分进行移动。

⑥“多行”复选框:确定属性是单行属性还是多行属性。

2. “属性”选项组

“属性”选项组用于确定属性的标记以及提示属性的默认值。“标记”文本框中的内容用于标识属性,可使用除“!”和空格外的任何字符,为必填项。“提示”文本框中的内容为在屏幕中显示的提示。“默认”文本框中的内容为输入属性的默认值。

3. “插入点”选项组

“插入点”选项组用于确定属性值的插入点。确定该插入点后,将以该点为参考点,按照在“文字设置”选项组中的“对正”下拉列表框中确定的文字排列方式放置属性值。用户可直接在“X”“Y”“Z”文本框中输入点的坐标,也可以选中“在屏幕上指定”复选框,在屏幕上拾取一点作为插入点。

4. “文字设置”选项组

“文字设置”选项组用于设置属性文字的格式。

① “对正”下拉列表框:用于设置属性文字相对于参照点的排列形式,如图 9-12 所示。

②“文字样式”下拉列表框：确定属性文字的文字样式，从相应的下拉列表框中选择即可。

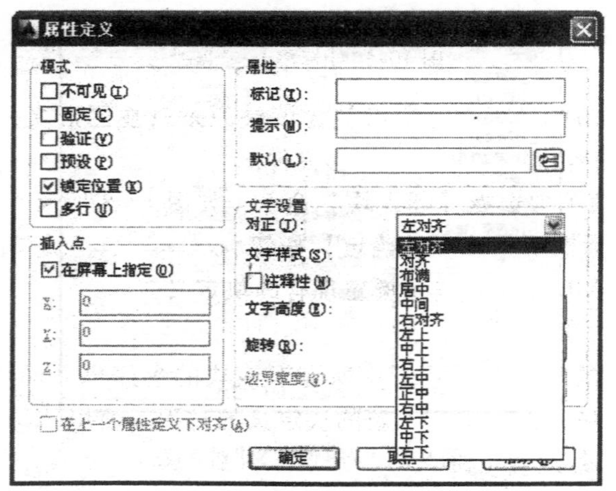

图 9-12 “对正”下拉列表框

③“文字高度”文本框：用于确定属性文字的高度。

④“旋转”文本框：用于确定属性文字行的旋转角度。用户可直接在对应的文本框中输入高度值，也可以单击其后的按钮，在图形屏幕上确定。

 9.4 外部参照技术

外部参照就是把已有的图形文件插入当前图形中，但外部参照不同于块，也不同于插入文件。块与外部参照的主要区别是：一旦插入了某块，该块就成为当前图形的一部分，可在当前图形中进行编辑，而且将原块修改后对当前图形不会产生影响；而以外部参照方式将图形文件插入某一图形文件（该文件称为主图形文件）后，被插入图形文件的信息并不直接加入主图形文件中，主图形文件中只是记录参照的关系，对主图形的操作不会改变外部参照图形文件的内容。当打开有外部参照的图形文件时，系统会自动地把各外部参照图形文件重新调入内存并在当前图形中显示出来，且该文件保持最新的版本。

外部参照功能不但可以使用户利用一组子图形构造复杂的主图形，而且还允许单独对这些子图形做各种修改。作为外部参照的子图形发生变化时，重新打开主图形文件后，主图形内的子图形也会发生相应的变化。

思考与练习

1. 外部块和内部块有何区别？
2. 怎样编辑块的属性？
3. 怎样建立一个外部块？当插入一个文件时，它的插入点是怎样配置的，利用什么命令来定义一个文件的插入点？
4. 创建图 9-13 所示的粗糙度为含有属性的图块。

5. 定义图 9-14 所示的基准符号块，具体要求为：块名为“基准符号”，块的属性标记为 A，属性提示为“输入基准符号”，属性默认值为 A，以圆的圆心作为属性插入点，属性文字对齐方式采用“中间”模式，以两条直线的交点作为块的基点。然后，在当前图形中以不同比例、不同旋转角度插入该块，观察结果。

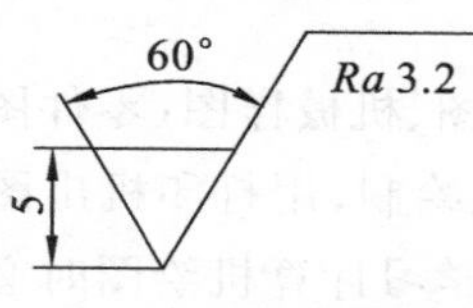

图 9-13　粗糙度

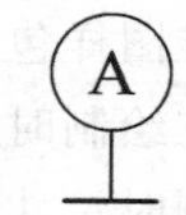

图 9-14　基准符号

第10章 工程图形的绘制

工程图形中的二维图样包括平面图形、三视图、轴测图、机械样图(零件图和装配图)、电气样图等。这些图形在绘制时不论实物的大小,均按 1∶1绘制,用打印机出图时再根据图纸的大小进行缩放。绘制时尺寸由用户自己确定。用户在学习计算机绘图时必须已熟练掌握本专业工程制图的相关知识,同时需要进行大量的上机操作练习,只有在此基础上才能掌握 AutoCAD 绘图技巧,最终达到快速准确绘制各种工程样图的目的。

10.1 平面图形的绘制

用 AutoCAD 绘制平面图形时,要根据图形中的尺寸选择所需要的图形界限,并根据图形中的线型、尺寸、文字和其他内容决定要设置的图层数目和线型种类。与手工绘图一样,首先应对平面图形进行尺寸和线段分析,确定已知线段、中间线段和连接线段,特别是中间线段的确定将直接影响作图的速度和准确性。先绘制定位线,然后依次绘制已知线段、中间线段和连接线段。下面是托架(见图 10-1)的作图步骤。

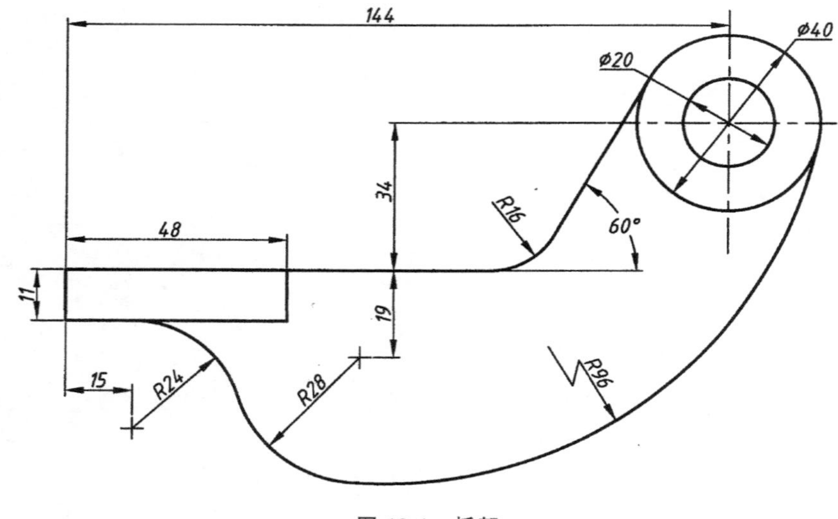

图 10-1 托架

1. 创建文件和绘图环境设置

单击“文件”菜单中的“新建”命令,创建新文件,将其命名为“托架”,并保存在自己的文件夹中。

2. 辅助绘图工具设置

启用极轴、对象捕捉和对象追踪,极轴角设置为 30°。

3. 设置图形界限

单击“格式”菜单中的“图形界限”命令,根据 A4 横装图纸幅面大小,在命令行内输入左下角为(0,0),右上角为(297,210),然后执行“ZOOM”(缩放)命令,选择全部阅览“All”显示。

4. 设置图层及线型、线宽

从“图层”工具条打开“图层特性管理器”对话框,设置以下图层及线型:

粗实线层:设置为黑色、实线(continuous),线宽设置为 0.4 mm;

中心线层:设置为红色、点画线(center),线宽设置为 0.2 mm;

细实线层:设置为品红色、实线(continuous),线宽设置为 0.2 mm;

文字与标注层:设置为蓝色,线型为实线(continuous),宽度设置为 0.2 mm。

5. 分析图形

根据图形中的尺寸分析得知,已知线段有 $\phi 20$、$\phi 40$、11、48、$R24$ 和 60°的切线,中间线段是 $R28$,连接线段是 $R16$ 和 $R96$。

6. 画图

托架的画图步骤如下:

(1) 画定位线、中心线:根据定位尺寸 144、34 画出定位线和中心线,如图 10-2(a)所示。

(2) 画已知线段:已知线段有 $\phi 20$、$\phi 40$、11、48、$R24$ 和 60°的切线,如图 10-2(b)所示。

注意:其中 60 °切线的画法是,利用极轴追踪先由圆心画出与其垂直的半径线,找到切点后,再画出切线。

(3) 画中间线段:先确定中间线段 R28 的圆心,利用偏移命令画出与 48 直线向下距离为 19 的平行线,再以 $R24$ 圆的圆心为圆心、以 $R52(R24+R28)$ 为半径画圆,与平行线的交点为 $R28$ 的圆心,这时可以画出 $R28$ 的中间线段,如图 10-2(c)所示。

(4) 画 $R96$ 连接线段:选中“绘图”中的“圆”|“相切、相切、半径”,注意切点位置应尽量与实际位置最接近,如图 10-2(d)所示。

(5) 画 $R16$ 连接线段:用“圆角”命令画出 $R16$ 圆弧,注意,用“圆角”命令画圆弧连接时只能画外切圆弧,如图 10-2(d)所示。

(6) 修剪整理:用“修剪”命令剪去多余的图线,并整理图形,完成图形绘制,如图 10-1 所示。

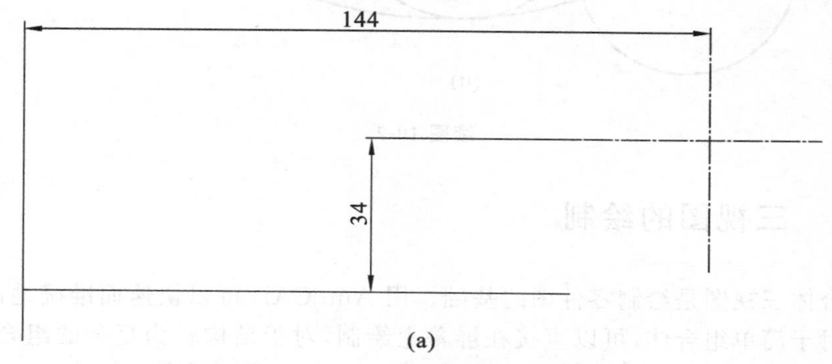

图 10-2 图 10-1 所示托架的作图步骤(1)

(b)

(c)

(d)

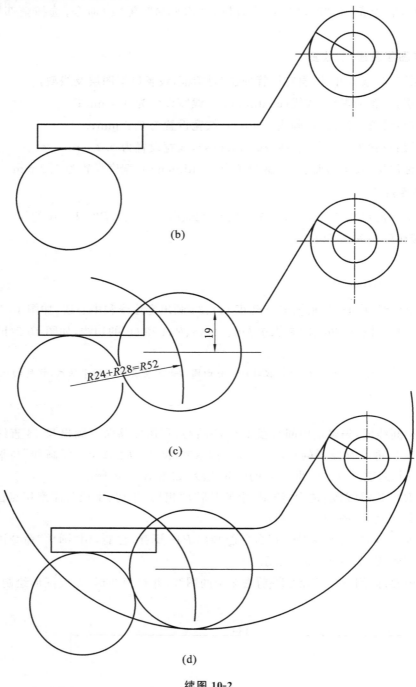

续图 10-2

10.2 三视图的绘制

绘制组合体三视图是绘制零件图的基础。用 AutoCAD 可以快速而准确地画出组合体的三视图。对于简单组合体，可以直接在屏幕上绘制，对于结构较为复杂的组合体，应先画出草图，测绘并标注完尺寸才可以在计算机上绘图，以保证作图效率。

绘制三视图时，应保证“主、俯视图长对正，主、左视图高平齐，俯、左视图宽相等”的投影特性，这需要频繁使用 AutoCAD 状态栏中的极轴、对象捕捉、对象追踪及对象捕捉特殊点的设置等辅助绘图工具。

计算机绘制三视图的方法有多种：可以利用 45°辅助斜线绘制俯、左视图，以保证宽相等；或者利用辅助“圆”的特性来保证度量俯、左视图宽相等。

图 10-3 所示是一组合体的三视图。下面是绘制该三视图的方法和步骤。

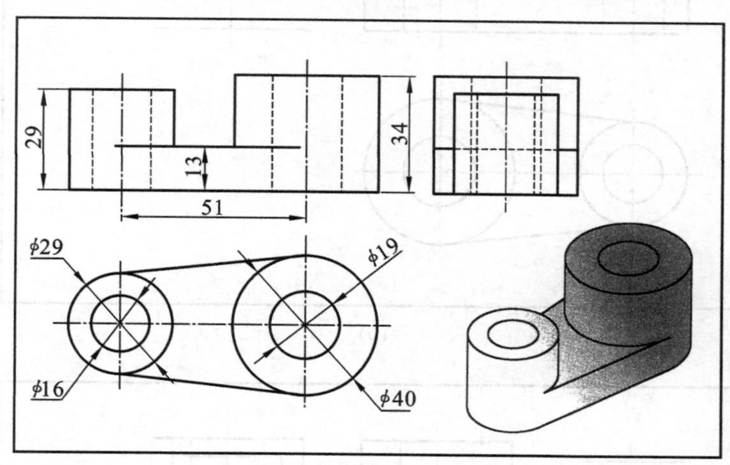

图 10-3　组合体三视图

1. 绘图环境的设置

绘图环境的设置基本与 10.1 节中平面图形的设置相同，不再赘述。也可以调用设置好的样板文件。

2. 视图分析

根据组合体的特征可以看出，主视图、左视图为非圆视图，而俯视图为圆视图；主视图不对称，而左视图、俯视图是对称图形。

3. 画三个视图的定位线

用直线命令分别画出主视图中的底面和圆管的轴线，俯视图中圆的中心线和左视图中的轴线、底面，如图 10-4(a)所示。

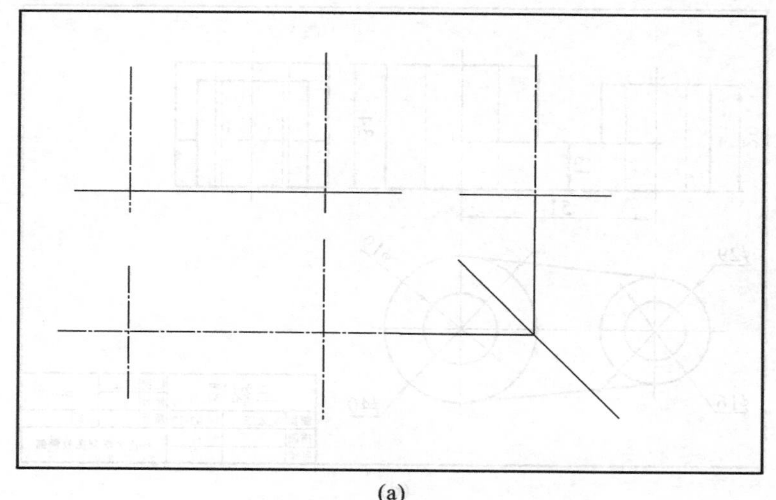

(a)

图 10-4　图 10-3 所示的组合体三视图的作图步骤

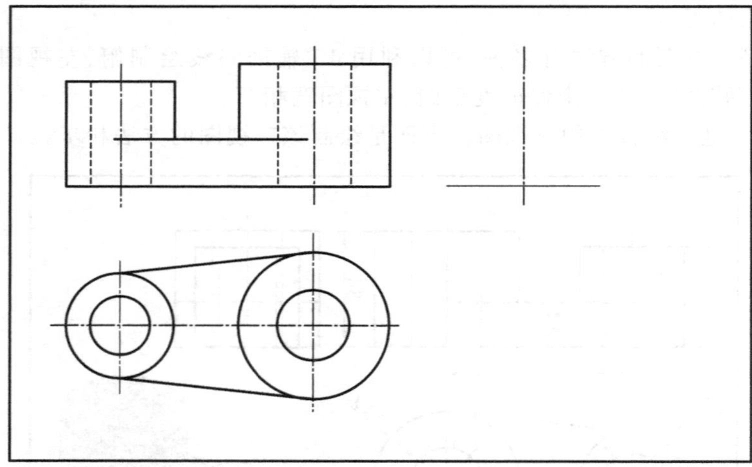

(b)

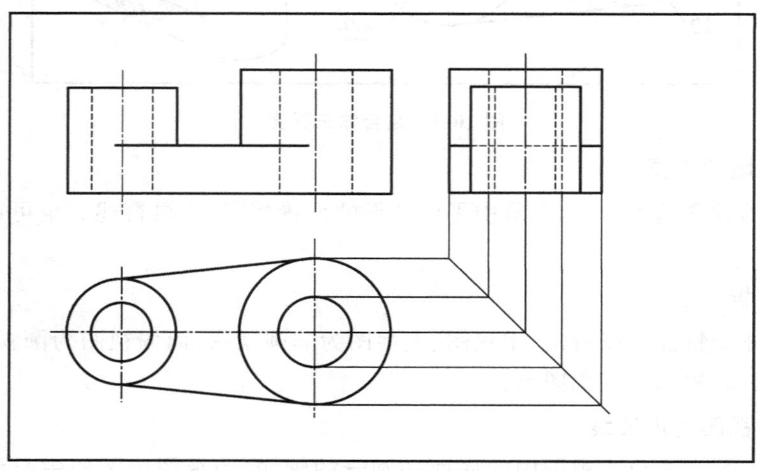

(c)

29
13
34
51
$\phi29$
$\phi19$
$\phi16$
$\phi40$

三视图		比例	1:2	gdm-01	
		件数	1		
制图	张三	14-02-19	质量		材料
描图			科技大学制图教学部		
审核					

(d)

续图 10-4

4. 画主视图和俯视图

先画俯视图中的四个圆 $\phi20$、$\phi36$、$\phi50$、$\phi24$，再利用对象捕捉中的切点，画两条切线，如图 10-4(b)。注意，为避免捕捉切点时其他特殊点的干涉，可以将其他点的对象捕捉清除，只选择切点，切线画好后，再恢复原来设置。

5. 画左视图

利用 45°斜线来保证画左视图时与俯视图的宽相等，如图 10-4(c)所示。

6. 整理

整理多余图线，并用“移动”命令调整视图之间的位置。

7. 标注尺寸并插入标题栏

设置好标注样式，依次标注出尺寸。再用块插入命令，插入已经画好的标题栏，如图 10-4(d)所示

10.3 轴测图的绘制

轴测图是指用平行投影法将立体连同确定其空间位置的直角坐标系沿不平行于任一坐标面的方向投射在单一投影面上所得到的具有立体感的投影图。根据投射方向和轴向伸缩系数的不同，主要有以下两种常用轴测图的表达方法：

(1) 正等轴测投影图，简称正等轴测图；

(2) 斜二轴测投影图，简称斜二轴测图。

10.3.1 斜二轴测图

斜二轴测投影图的 $X1$ 轴与 $Z1$ 轴的轴间角为 90°，$X1$ 轴与 $Y1$ 轴的轴间角为 135°，$Y1$ 轴与 $Z1$ 轴的轴间角为 135°，$X1$ 轴与 $Z1$ 轴的轴向伸缩系数为 $p=r=1$，$Y1$ 轴的轴向伸缩系数为 $q=0.5$，如图 10-5 所示。

说明：$X1$ 轴的轴向伸缩系数为 p，$Y1$ 轴的轴向伸缩系数为 q，$Z1$ 轴的轴向伸缩系数为 r。

例 10-1 根据图 10-6 所给的尺寸，绘出支架的斜二轴测图。

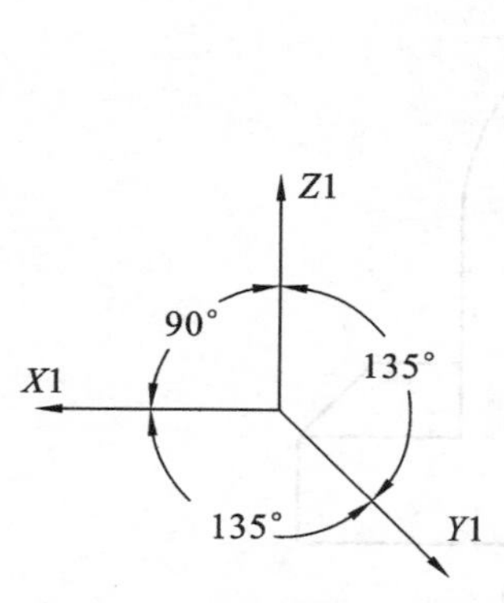

图 10-5 斜二轴测图的轴间角

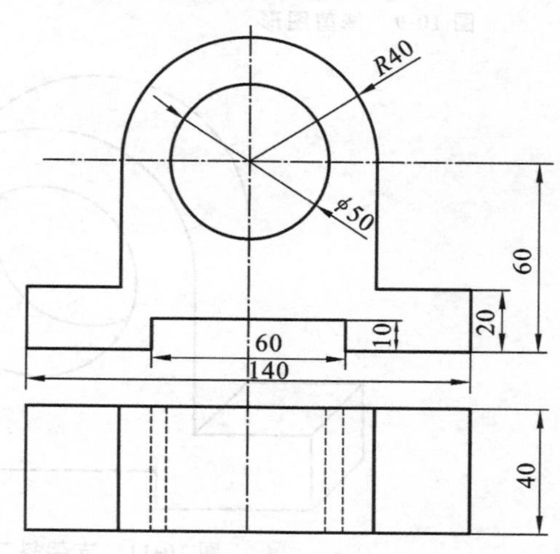

图 10-6 支架

绘图步骤如下：

① 绘制中心线，如图 10-7 所示。

② 单击“绘图”面板上的“圆”按钮，执行绘圆命令，绘出 $\phi50$、$R40$ 的两同心圆，如图 10-8 所示。

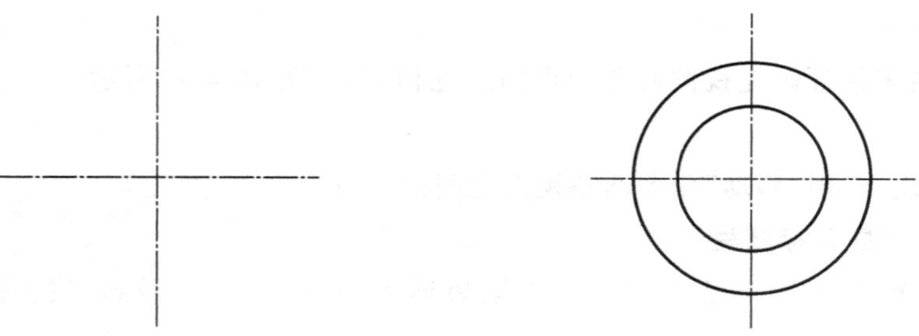

图 10-7　绘制中心线　　图 10-8　绘出 $\phi50$、$R40$ 的两同心圆

③ 使用直线命令和修剪命令，可以得到图 10-9。

④ 单击“修改”面板上的“复制”按钮，执行“复制”命令。AutoCAD 提示：

命令：_copy

选择对象：指定对角点：找到 15 个　//框选全部图形

选择对象：

当前设置：复制模式=多个指定基点或[位移(D)/模式(O)]<位移>：　//捕捉圆心作为基点

指定第二个点或<使用第一个点作为位移>：@40<135↙　//如图 10-10 所示

⑤ 使用直线和修剪命令，完成轴测图，如图 11-11 所示。

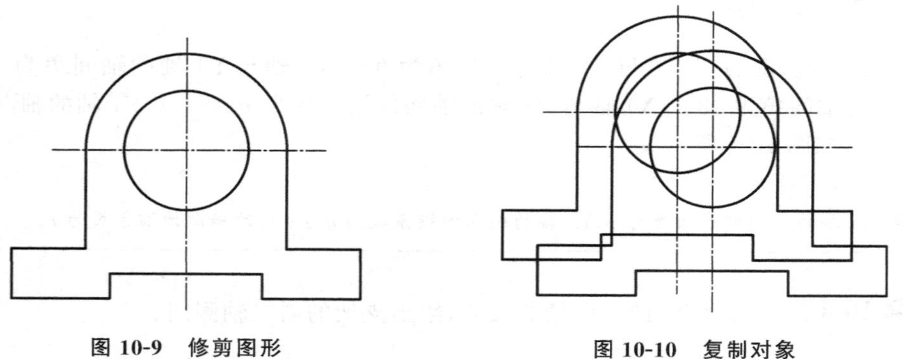

图 10-9　修剪图形　　图 10-10　复制对象

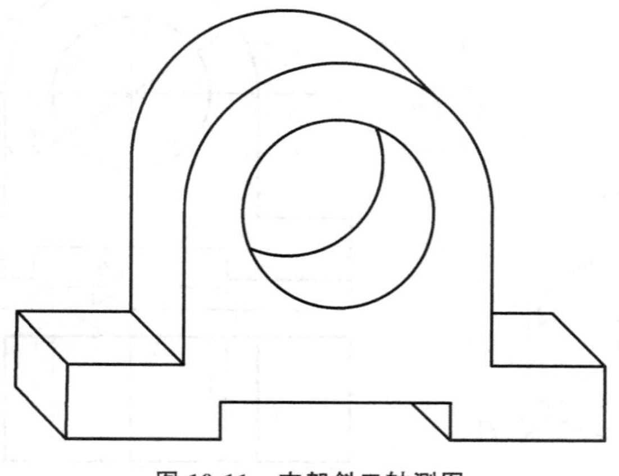

图 10-11　支架斜二轴测图

10.3.2 正等轴测图

正等轴测图的空间直角坐标系的 3 个坐标轴与轴测投影面的倾角都为 35°16′，坐标轴的投影称为轴测轴，3 个坐标轴的投影分别称为 $X1$、$Y1$、$Z1$ 轴，轴测轴之间的夹角称为轴间角。正等轴测图的轴间角同为 120°，3 个轴测轴的轴向伸缩系数为 $p=q=r=1$，如图 10-12 所示。

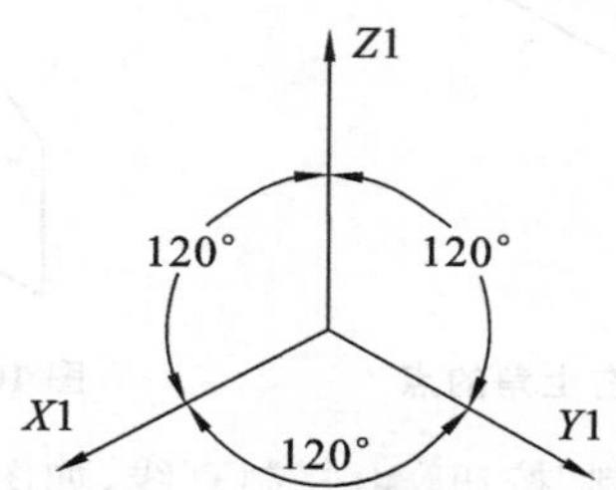

图 10-12 正等轴测图的轴间角和轴向伸缩系数

例 10-2 根据图 10-13 所示的三视图及尺寸，画出正等轴测图。

绘图步骤如下：

① 单击“绘图”面板上的“直线”按钮，执行绘制直线命令，AutoCAD 提示：

```
命令：_line
指定第一点：                    //光标放置在适当位置，单击鼠标左键，确定第一点
指定下一点或[放弃(U)]：@0,-30↙
指定下一点或[放弃(U)]：@100<30↙
指定下一点或[闭合(C)/放弃(U)]：@0,60↙
指定下一点或[闭合(C)/放弃(U)]：@60<210↙
指定下一点或[闭合(C)/放弃(U)]：C↙ //如图 10-14 所示
```

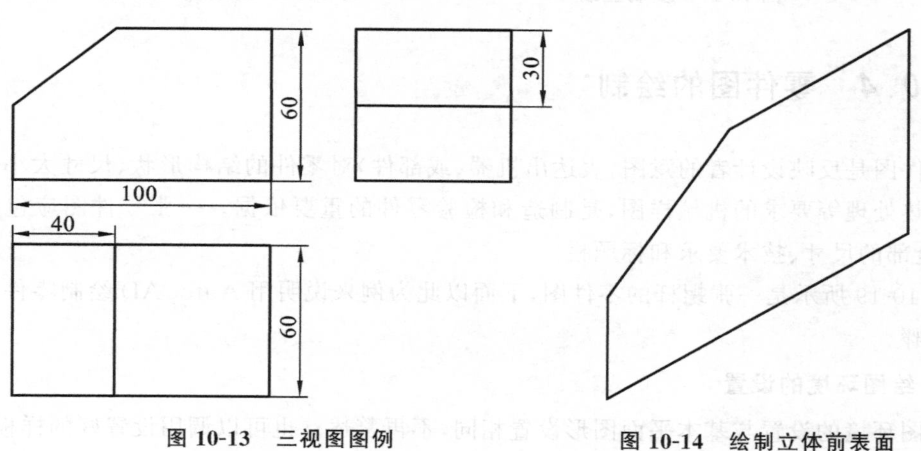

图 10-13 三视图图例　　**图 10-14 绘制立体前表面**

② 按 Enter 键，重复执行“直线”命令，AutoCAD 提示：

```
命令：_line
指定第一点：    //自动捕捉右上的角点，然后单击鼠标左键，确定第一点，如图 10-15 所示
指定下一点或[放弃(U)]：@60<150↙
指定下一点或[放弃(U)]：  ↙//如图 10-16 所示
```

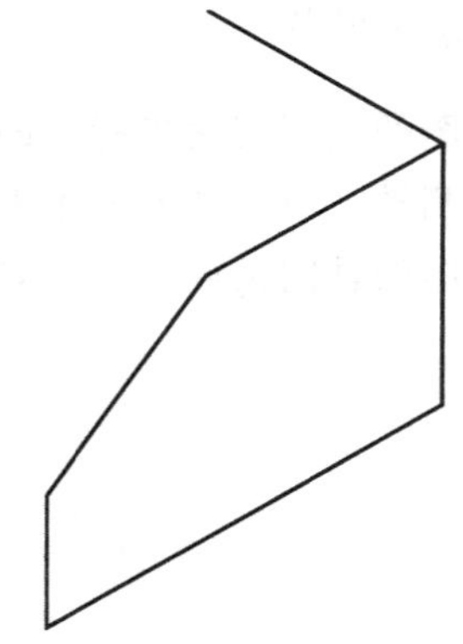

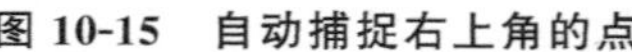

图 10-15　自动捕捉右上角的点　　图 10-16　绘制 Y 方向直线

③ 单击“修改”面板上的“复制”按钮，复制直线，如图 10-17 所示。

④ 使用“直线”命令连接各端点，如图 10-18 所示。

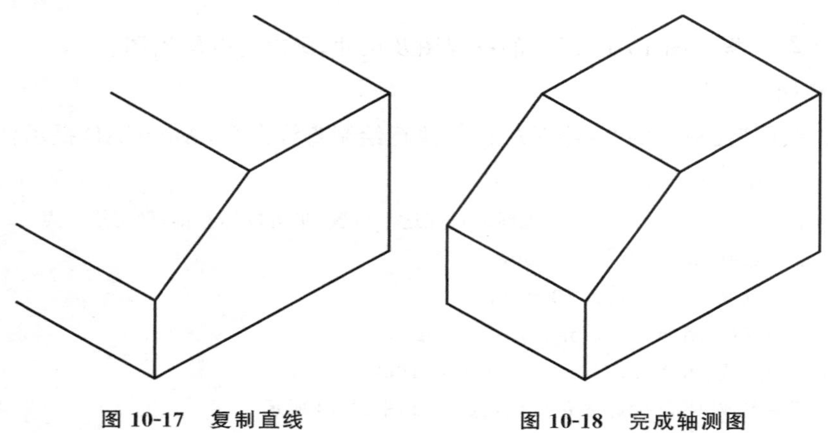

图 10-17　复制直线　　图 10-18　完成轴测图

10.4　零件图的绘制

零件图是反映设计者的意图，表达出机器(或部件)对零件的结构形状、尺寸大小、质量、材料及热处理等要求的机械样图，是制造和检验零件的重要依据。一张零件图应包括一组视图、全部的尺寸、技术要求和标题栏。

图 10-19 所示是一张螺杆的零件图，下面以此为例来说明用 AutoCAD 绘制零件图的方法与步骤。

1. 绘图环境的设置

绘图环境的设置与基本平面图形设置相同，不再赘述。也可以调用设置好的样板文件。

2. 图形分析

螺杆的零件图中有三个图形，即主视图、断面图和局部视图。主视图上、下基本对称，键槽处采用了局部剖方式，断面图和局部视图都对称。

3. 画主视图

(1) 在中心线层上用“直线”命令画出主视图的定位线，如图 10-20(a)所示。

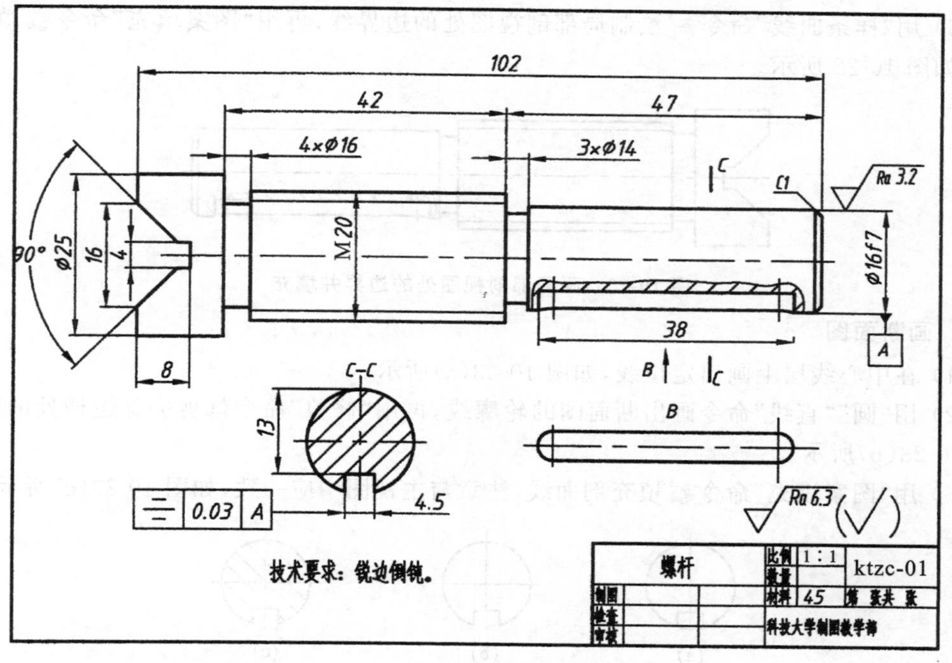

图 10-19　螺杆的零件图

(2) 在粗实线层上用“直线”命令绘制主视图上半部分轮毂，用“倒角”命令画 C1(1×45°)倒角。

(3) 在细实线层上画出 M20 螺纹的小径线，注意，小径按 0.85×20＝17 画出，如图 10-20(b)所示。

(4) 用“镜像”命令镜像出下半部分，如图 10-20(c)所示。

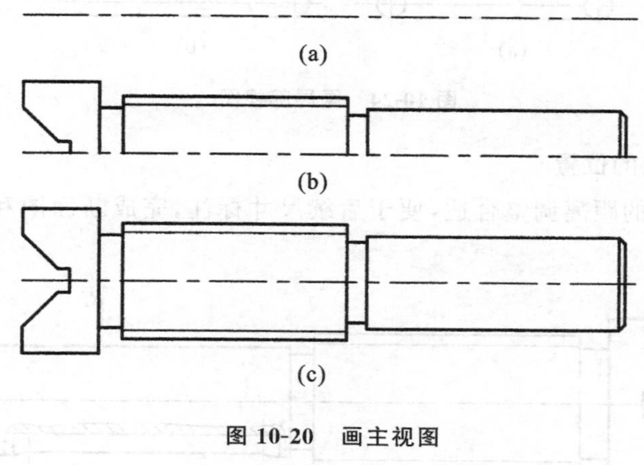

图 10-20　画主视图

(5) 用“直线”“圆弧”命令画出下半部分局部剖视图的截交线和相贯线，如图 10-21 所示。

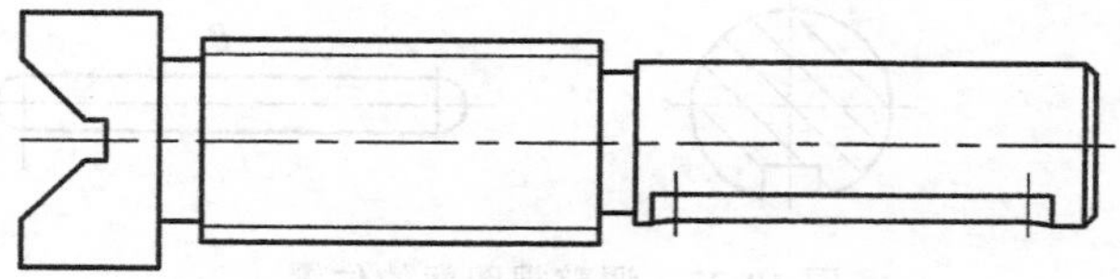

图 10-21　画局部剖视图的轮廓

(6) 用“样条曲线”命令绘制局部剖视图处的边界线，再用“图案填充”命令填充剖面线，如图 10-22 所示。

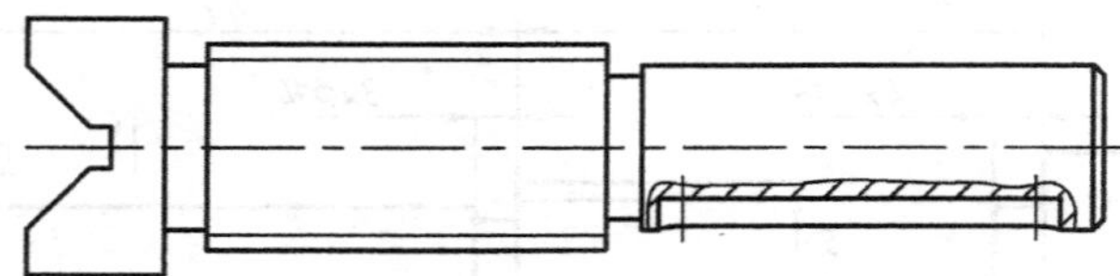

图 10-22　画局部剖视图处的边界并填充

4. 画断面图

(1) 在中心线层上画出定位线，如图 10-23(a)所示。

(2) 用“圆”“直线”命令画出断面图的轮廓线，再用“修剪”命令修剪去除键槽处的圆弧，如图 10-23(b)所示。

(3) 用“图案填充”命令填充剖面线，注意与主视图中应一致，如图 10-23(c)所示。

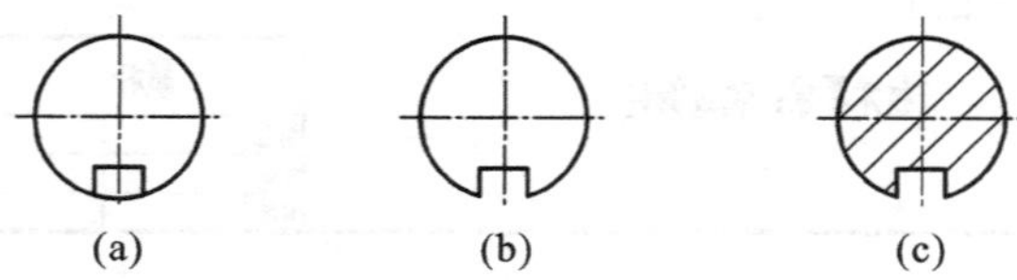

图 10-23　断面图的作图步骤

5. 画局部视图

(1) 在中心线层上画出定位线，注意，定位线位置应与主视图之间保持投影关系，如图 10-24(a)所示。

(2) 用“圆”“直线”命令画出轮廓线，再用“修剪”命令修剪多余的圆弧，如图 10-24(b)所示。

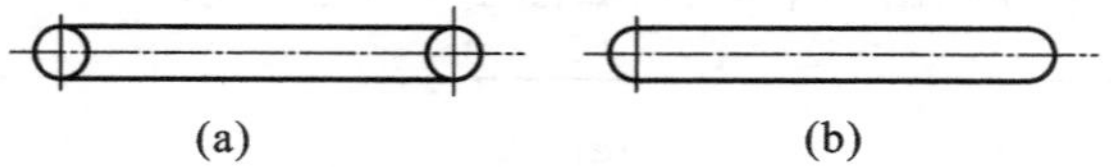

图 10-24　画局部视图

6. 调整视图之间的位置

将三个图形之间的距离调整合适，便于后续尺寸标注，完成断面图和局部视图的标记，如图 10-25 所示。

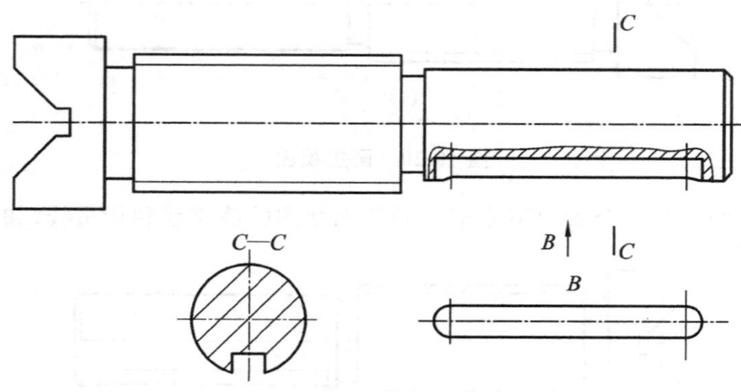

图 10-25　调整视图间的位置

7. 标注尺寸

将设置好的线性尺寸标注样式置为当前。

(1) 标注线性尺寸，用线性尺寸命令分别标注无前后缀的线性尺寸。

(2) 标注倒角 *C*1。将极轴角设置成 45°，用“直线”命令画出引线，再用“单行文字”TEXT 命令书写 *C*1。

(3) 标注有前后缀的尺寸。

ϕ25 尺寸的标注如下：

```
命令：_dimlinear
指定第一个尺寸界线原点或<选择对象>：
指定第二条尺寸界线原点：
指定尺寸线位置或
[多行文字(M)/文字(T)/角度(A)/水平(H)/垂直(V)/旋转(R)]：T↙
输入标注文字<25>：%%C25
指定尺寸线位置或
[多行文字(M)/文字(T)/角度(A)/水平(H)/垂直(V)/旋转(R)]：
标注文字=25
```

ϕ16f7 尺寸的标注如下：

```
命令：_dimlinear
指定第一个尺寸界线原点或<选择对象>：
指定第二条尺寸界线原点：
指定尺寸线位置或
[多行文字(M)/文字(T)/角度(A)/水平(H)/垂直(V)/旋转(R)]：
输入标注文字<16>：%%C16f7
指定尺寸线位置或
[多行文字(M)/文字(T)/角度(A)/水平(H)/垂直(V)/旋转(R)]：
标注文字=16
```

4×ϕ16、4×ϕ14 尺寸的标注方法相同，其中 4×ϕ16 标注过程如下：

```
命令：_dimlinear
指定第一个尺寸界线原点或<选择对象>：
指定第二条尺寸界线原点：
指定尺寸线位置或
[多行文字(M)/文字(T)/角度(A)/水平(H)/垂直(V)/旋转(R)]：T↙
输入标注文字<4>：4*%%C16
指定尺寸线位置或
[多行文字(M)/文字(T)/角度(A)/水平(H)/垂直(V)/旋转(R)]：
标注文字=4
```

绘制结果如图 10-26 所示。

8. 标注几何公差技术要求

(1) 基准符号标注。根据国家标准的要求，在指定位置画出基准符号，如图 10-27 所示；或提前将基准符号画好，并设置成外部块(WBLOCK)，再用块插入到标注的位置，如图10-28 所示。

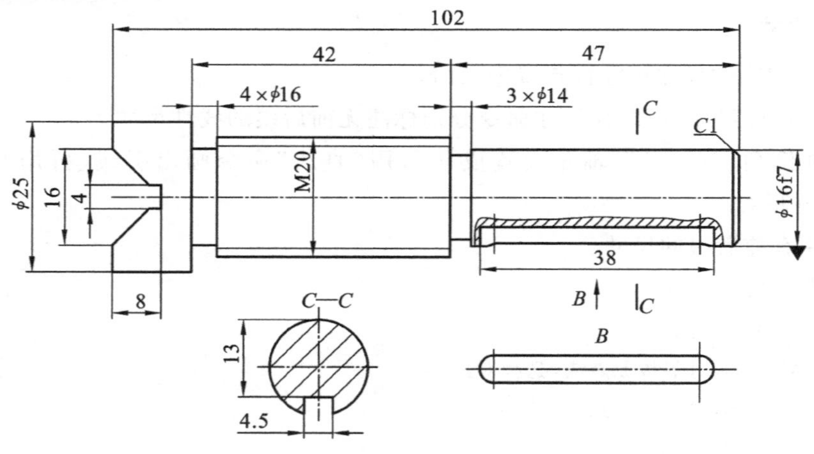

图 10-26　标注尺寸

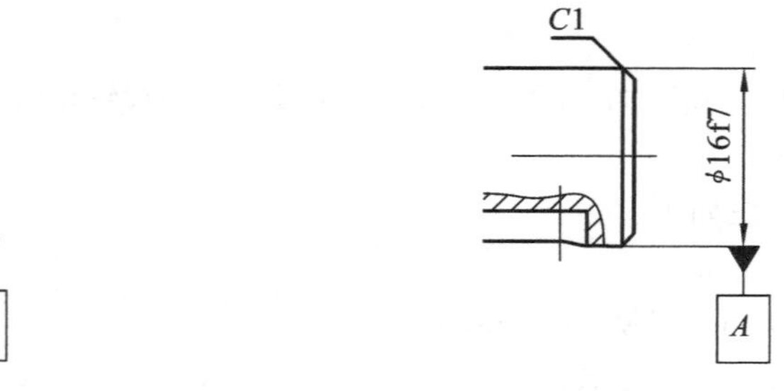

图 10-27　基准符号　　　　图 10-28　基准符号标注

(2) 标注对称度公差要求“⌯ 0.03 A”:单击“标注”工具栏中的“公差”命令，弹出“形位公差”对话框(见图 10-29),单击“符号”,在弹出的“特征符号”对话框中选择“⌯”,如图 10-30 所示,返回“形位公差”对话框,“公差 1”为“0. 03”,“基准 1”为“A”,单击“确定”按钮,光标出现对称度符号,将其放置在合适的标注位置即可,如图 10-31 所示。

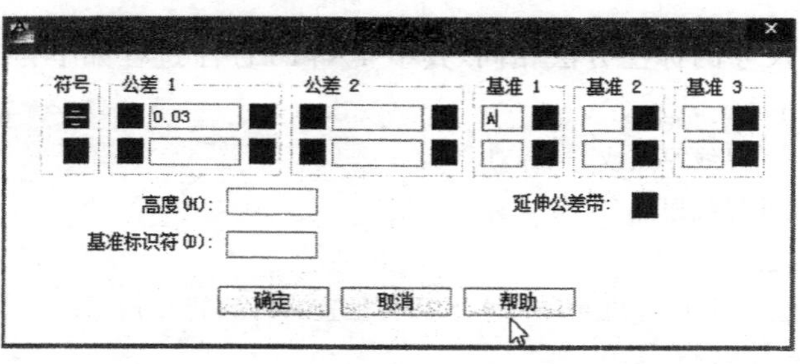

图 10-29　“形位公差”对话框

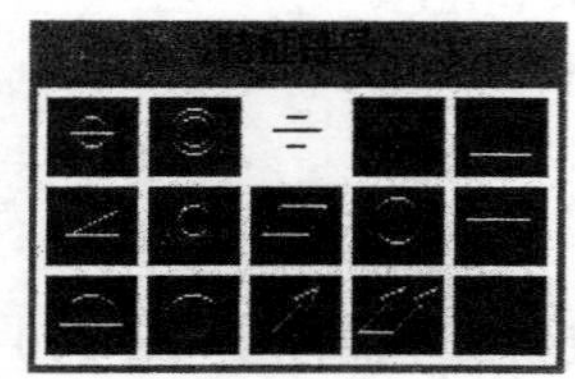

图 10-30　“特征符号”对话框

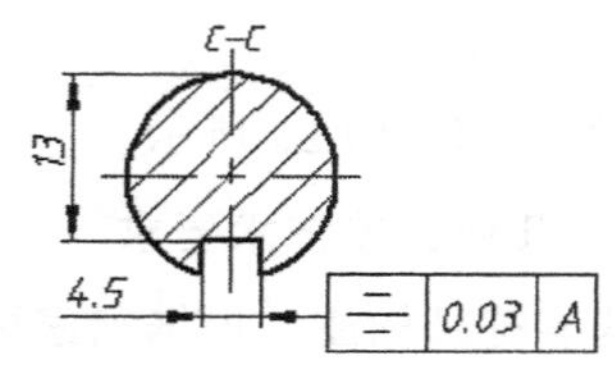

图 10-31　标注对称度公差

9. 标注表面结构技术要求

根据国家标准的要求，由第 9 章中块的内容，将设置成外部块的表面结构代号用块插入即可，如图 10-19 所示。

10. 书写技术要求

用文字命令“单行文字”或“多行文字”，在合适位置书写“技术要求：锐边倒钝。”，如图10-19所示。

11. 画出图框，插入标题栏

在粗实线层上，画出图框；再用块插入，插入设置成外部块的标题栏，最后对图形相对图框的位置进行适当调整，显示“线宽”后，将整个图形全屏显示，如图 10-19 所示，保存后关闭即可。

特别注意，在作图过程中要随时存盘，以免出现意外，造成损失。

10.5 装配图的绘制

装配图是用来表达机器或部件的结构形状、装配关系、工作原理和技术要求的图样，装配图是设计、制造、使用、维修和技术交流的重要技术文件。

工程师在工作中有两种情况需要画装配图：一是在设计产品时，先绘制装配图，然后再根据装配图设计来绘制零件图，此情况初学者可对照装配图，直接进行抄画练习，尺寸按图中 1:1量取；二是在仿制生产过程中，将样机中的零件拆卸，根据每个零件先绘制零件草图，然后再根据装配关系绘制装配图。本节主要介绍第二种情况下装配图的画法。

以可调支承为例，其装配示意图如图 10-32 所示，4 个零件草图如图 10-33 和图 10-34 所示，装配图的绘制步骤如下。

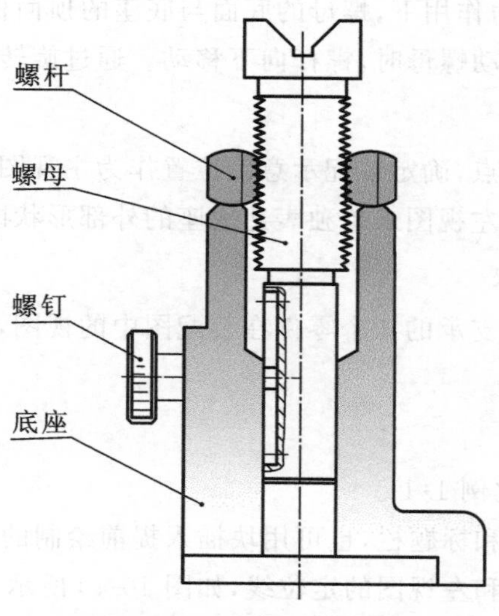

图 10-32 可调支承的装配示意图

1. 了解可调支承的工作原理

螺钉右端的圆柱部分插到螺杆的长槽内，使得螺杆只能沿轴向移动而不能转动。在螺

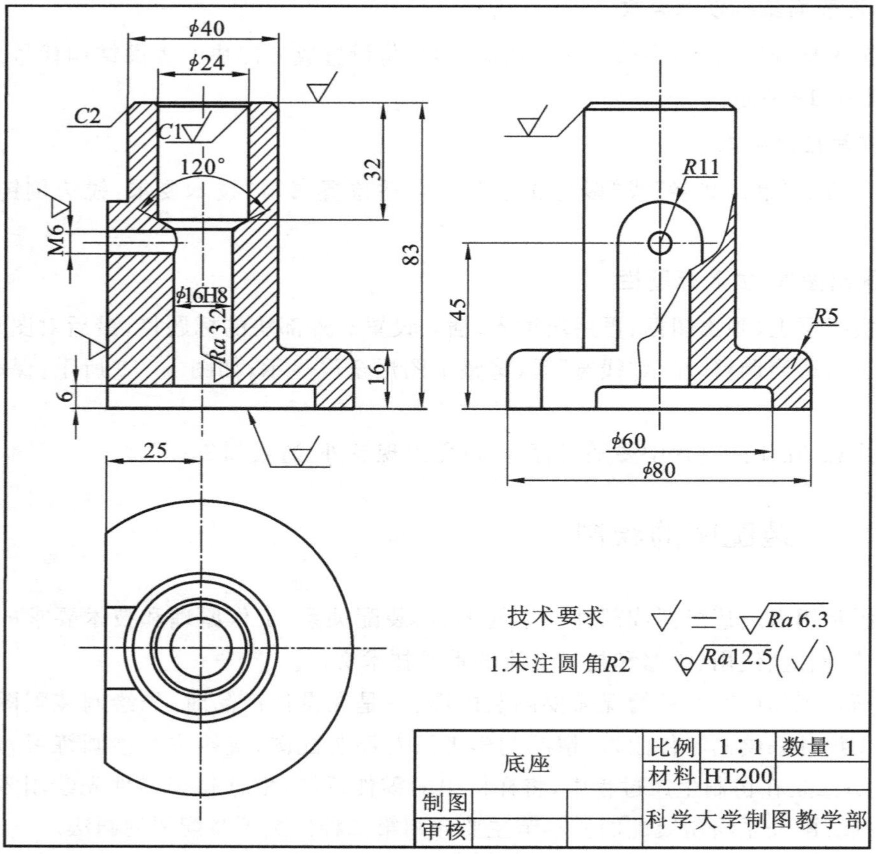

技术要求

1.未注圆角R2

底座		比例	1∶1	数量	1
		材料	HT200		
制图		科学大学制图教学部			
审核					

图 10-33　底座零件草图

母、螺杆和被支承物体的重力作用下，螺母的底面与底座的顶面保持接触。顺时针转动螺母时，螺杆向上移动；逆时针转动螺母时，螺杆向下移动。通过旋转螺母即可调整支承的高度。

2．确定视图表达方案

根据可调支承的结构特点，确定装配示意图位置作为主视图，采用全剖视图来表达内部结构，然后配合主视图，再用左视图来单独表达底座的外部形状即可。

3．将零件视图创建成块

根据零件草图绘制可调支承的 4 个零件在装配图中的视图，并将每个视图创建成块，如图 10-35～图 10-39 所示。

4．绘制装配图

本例采用 A4 纸，绘图比例 1∶1 。

（1）绘制装配图的图框和标题栏，也可用块插入提前绘制的图框和标题栏。

（2）绘制装配图主视图和左视图的定位线，如图 10-40 所示。

（3）依次用块插入底座、螺杆、螺母和螺钉的主视图，再插入底座的左视图，如图 10-41 所示。

（4）用“分解”命令将插入的块分解，再用“修剪”“图案填充”等命令将视图修改为图 10-42所示。

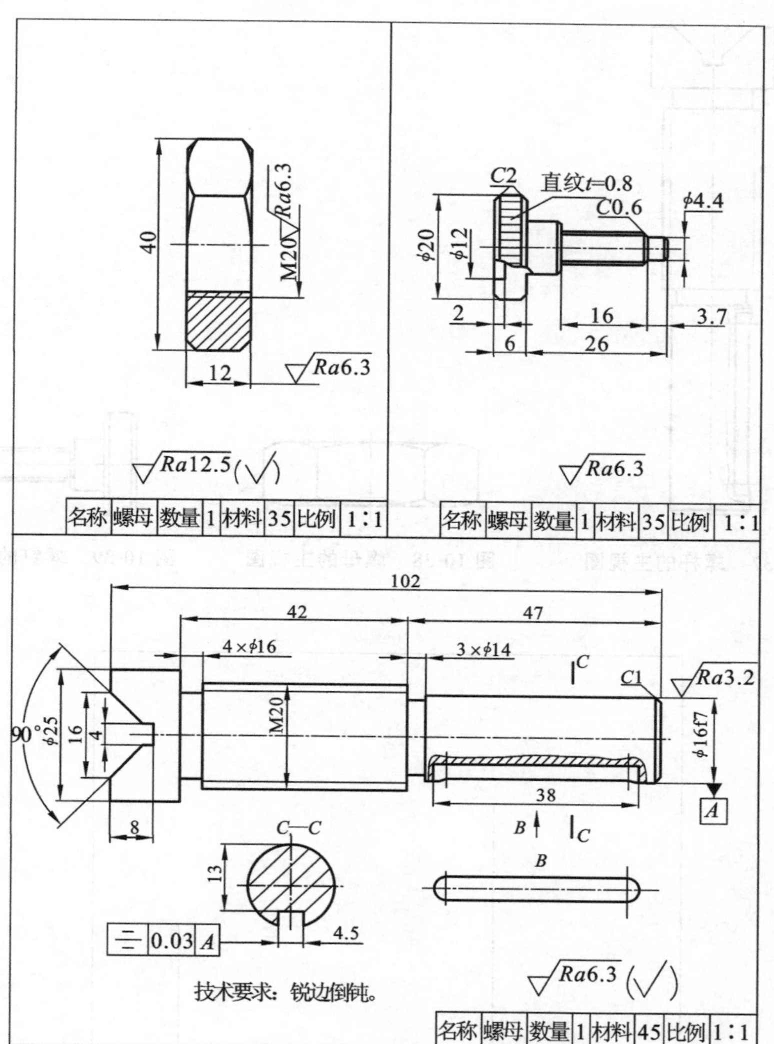

图 10-34　螺母、螺钉和螺杆零件草图

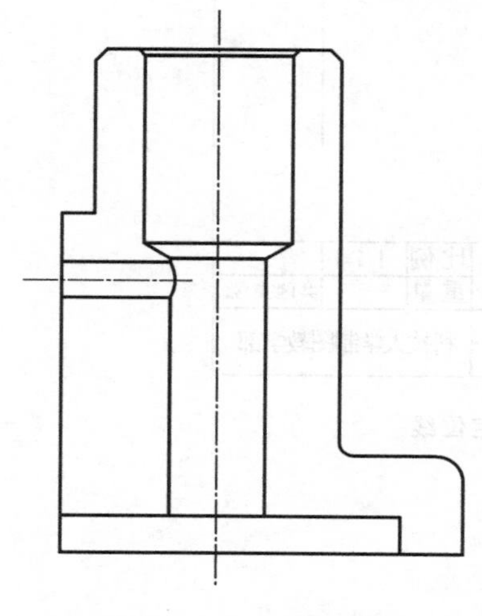

图 10-35　底座的主视图

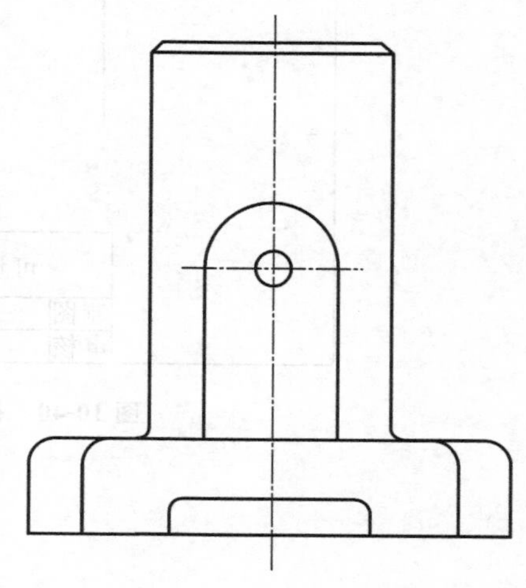

图 10-36　底座的左视图

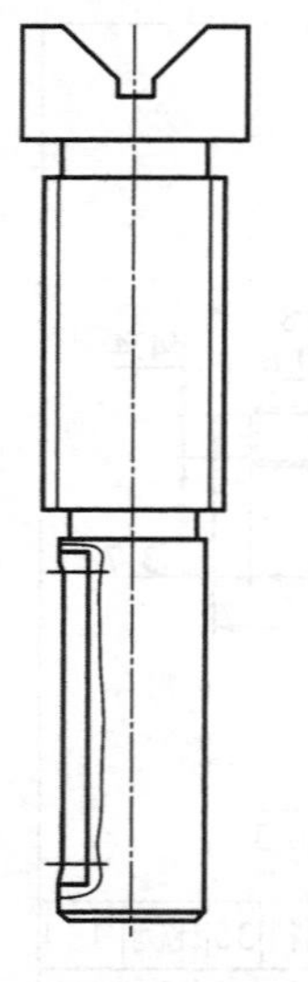

图 10-37　螺杆的主视图

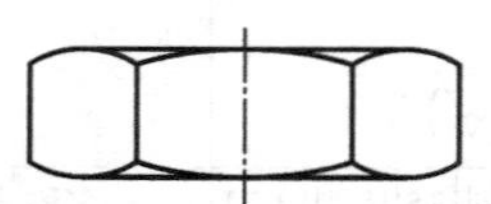

图 10-38　螺母的主视图

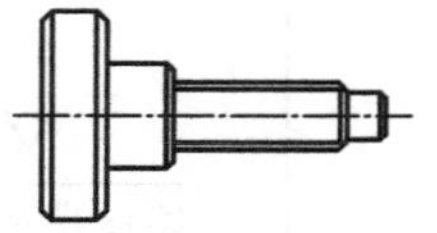

图 10-39　螺钉的主视图

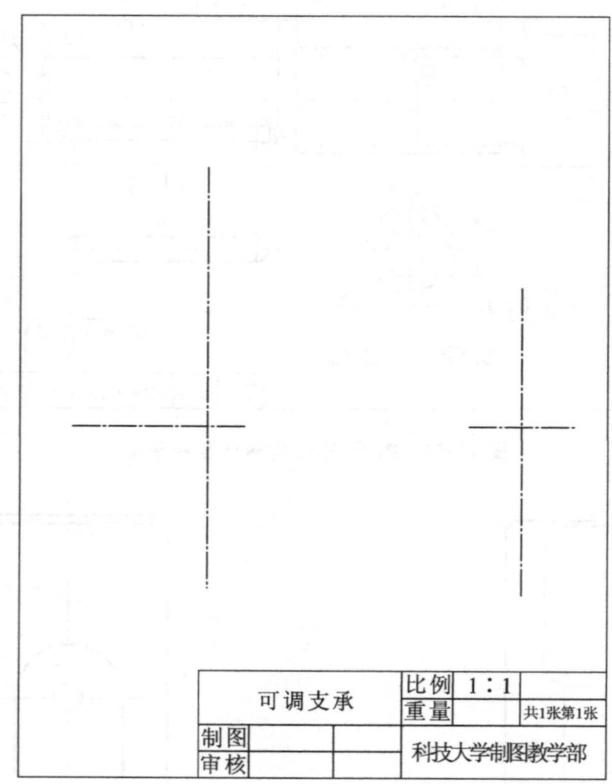

可调支承
比例
1∶1
重量
共1张第1张
制图
审核
科技大学制图教学部

图 10-40　视图中的定位线

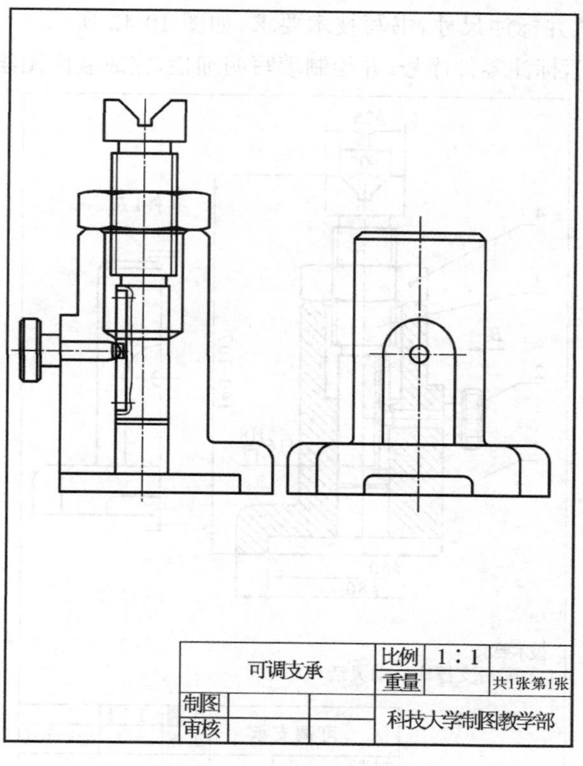

图 10-41 块插入

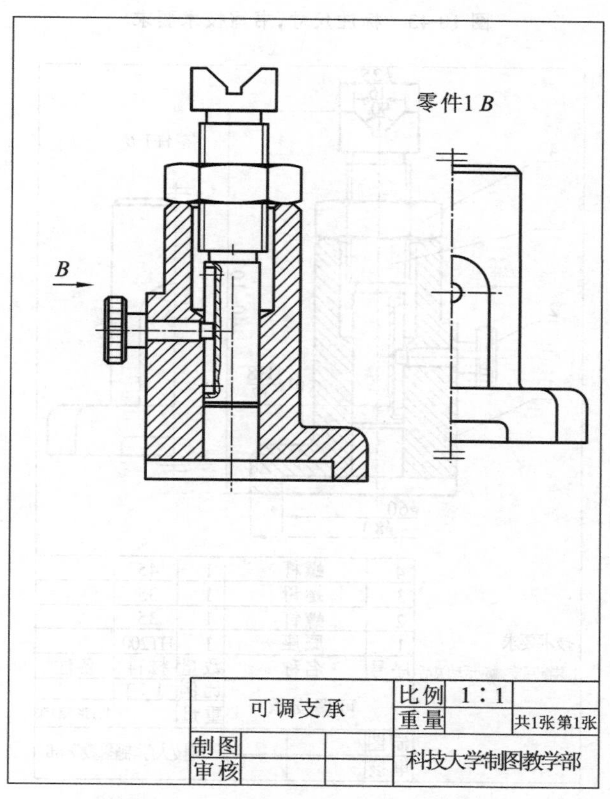

图 10-42 分解、修剪多余的线和填充剖面线

(5) 设置标注样式并标注尺寸，书写技术要求，如图 10-43 所示。

(6) 设置引线样式，标注零件序号，并绘制填写明细栏，完成装配图绘制，如图 10-44 所示。

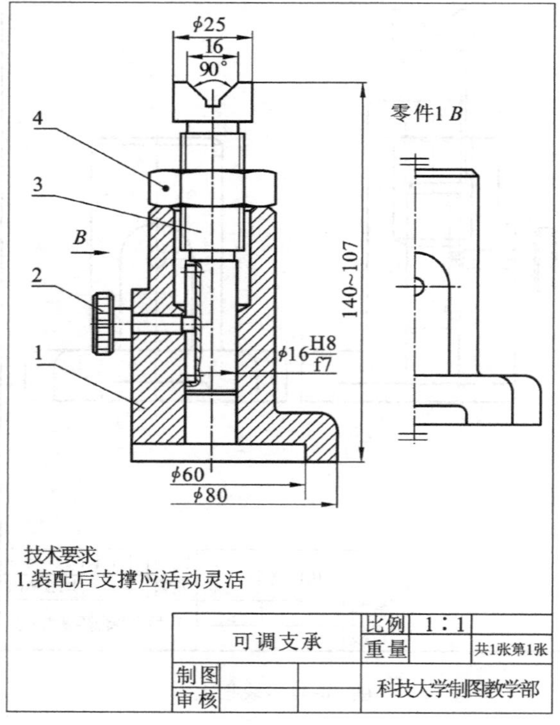

图 10-43　标注尺寸，书写技术要求

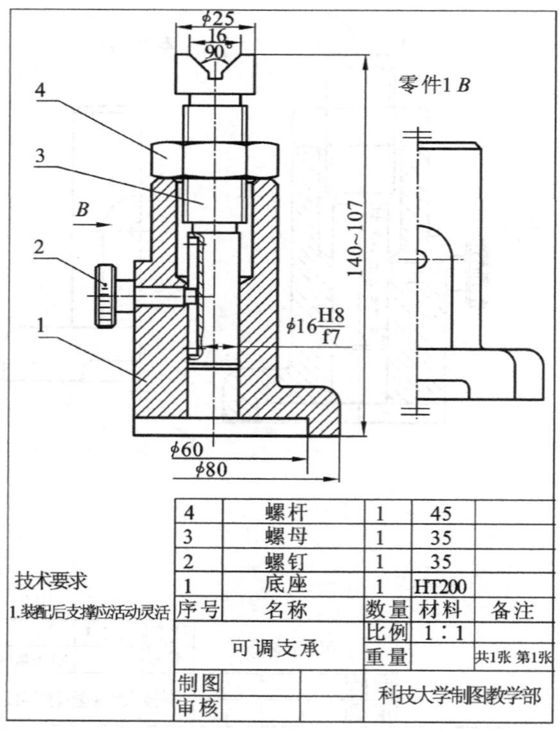

4	螺杆	1	45	
3	螺母	1	35	
2	螺钉	1	35	
1	底座	1	HT200	
序号	名称	数量	材料	备注

图 10-44　可调支承的装配图

思考与练习

1. 绘制零件的轮廓图形，如图 10-45～图 10-47 所示。

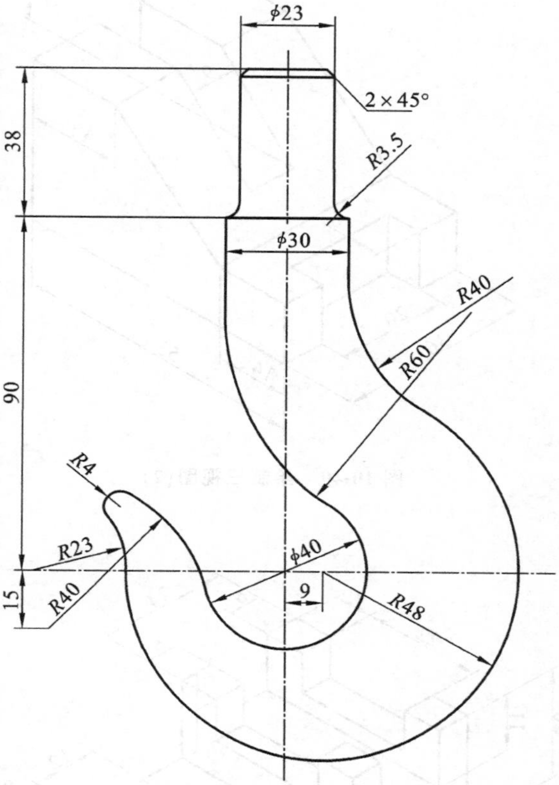

图 10-45　绘制零件的轮廓图形(1)

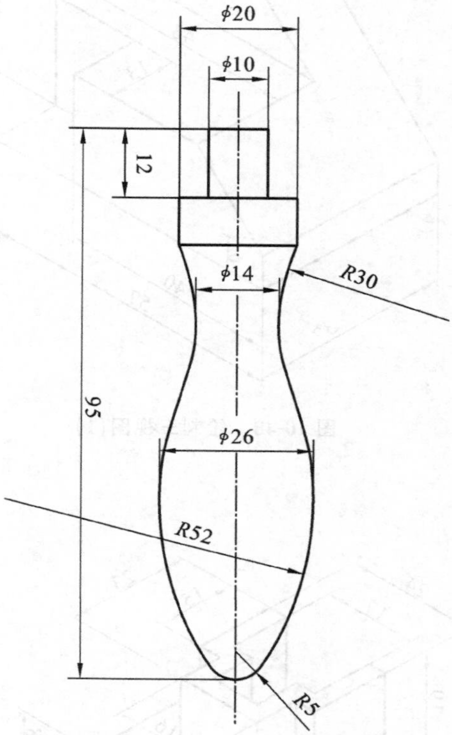

图 10-46　绘制零件的轮廓图形(2)

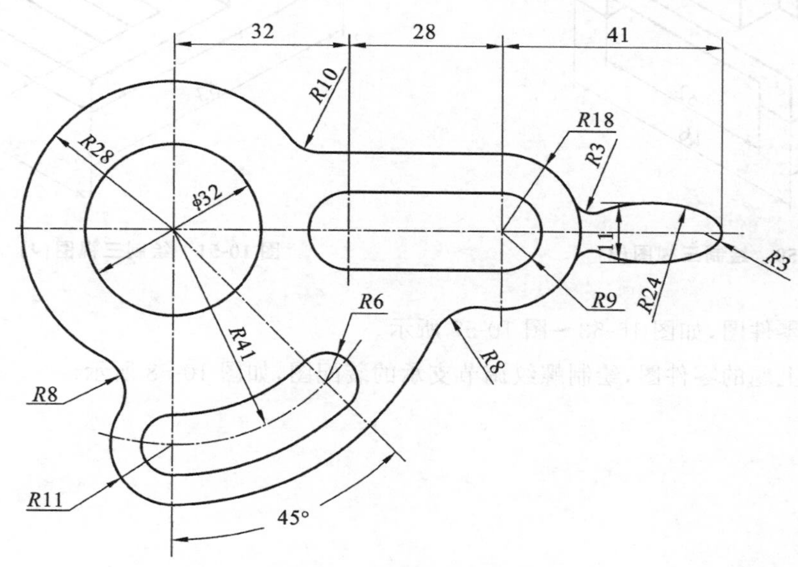

图 10-47　绘制零件的轮廓图形(3)

2. 根据立体的轴测图,绘制三视图,如图 10-48～图 10-52 所示。

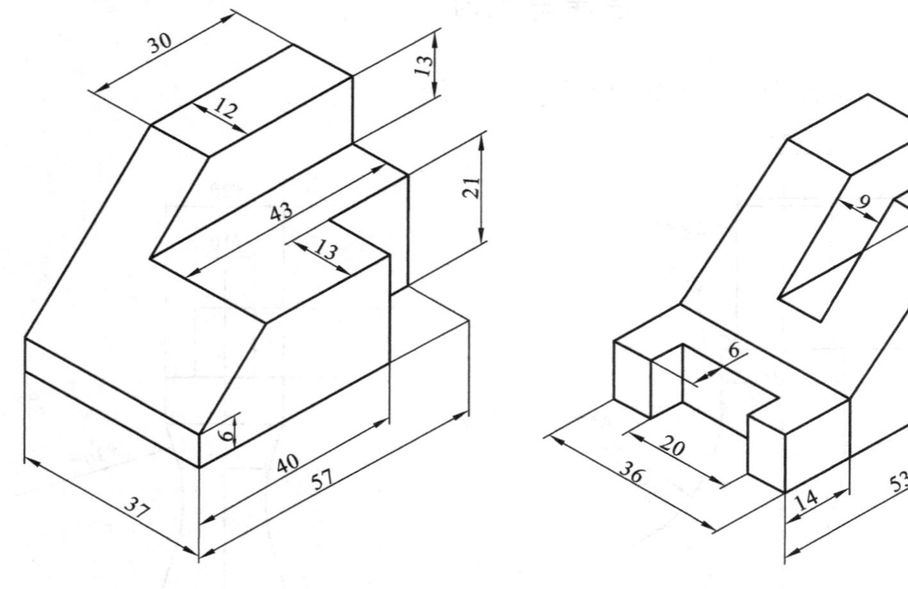

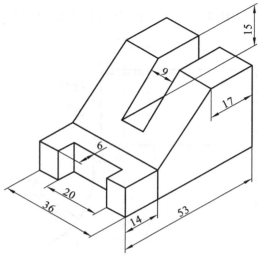

图 10-48　绘制三视图(1)　　　图 10-49　绘制三视图(2)

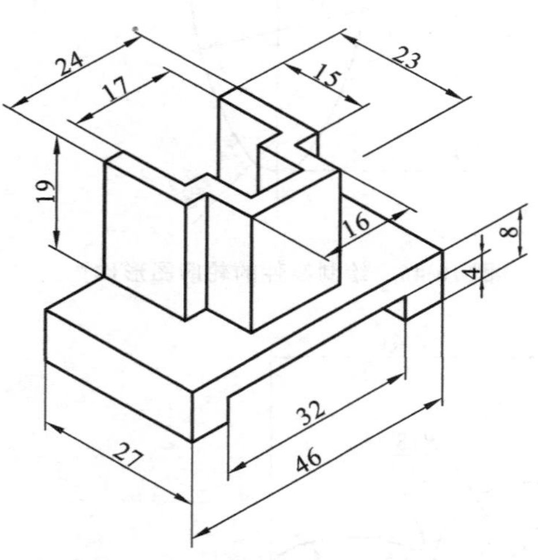

图 10-50　绘制三视图(3)

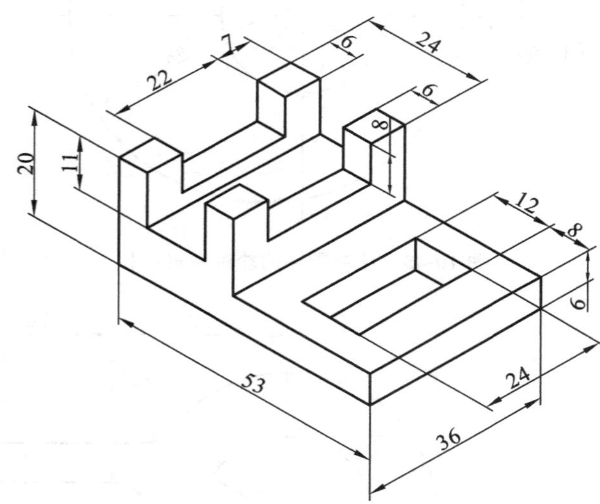

图 10-51　绘制三视图(4)

3. 绘制零件图,如图 10-53～图 10-57 所示。

4. 根据上题的零件图,绘制螺纹调节支承的装配图,如图 10-58 所示。

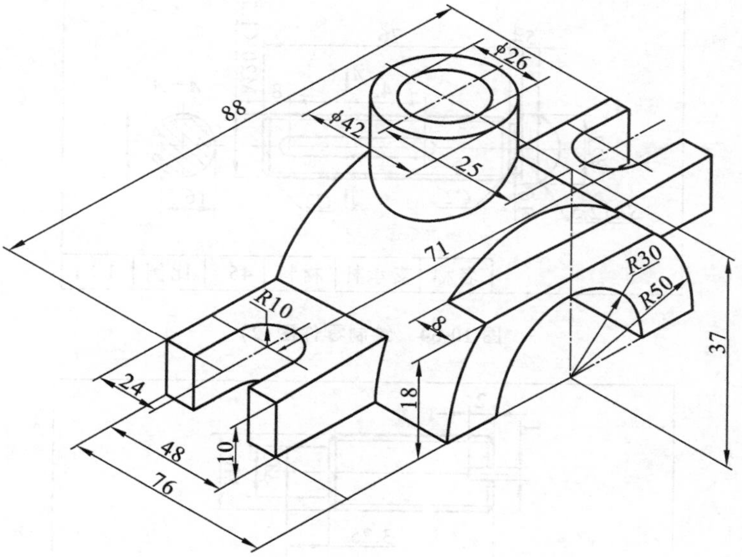

图 10-52　绘制三视图(5)

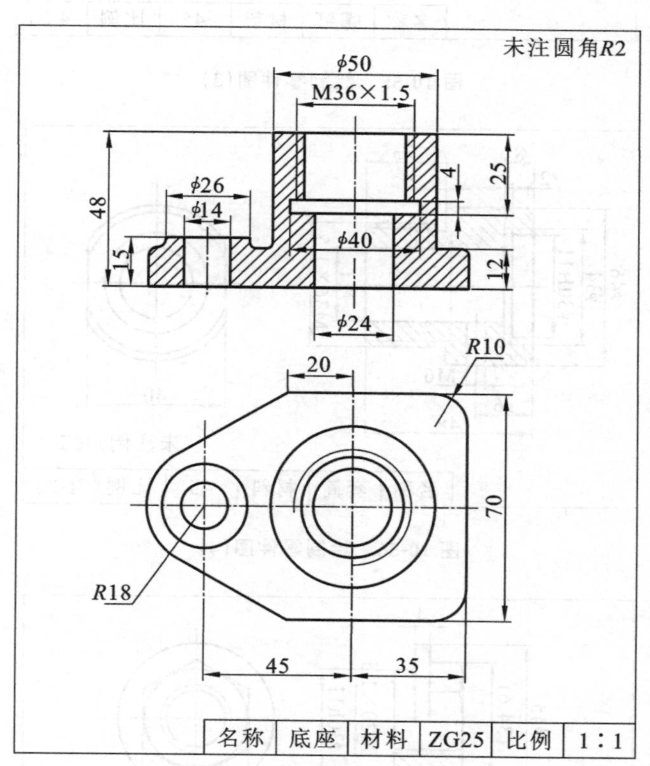

图 10-53　绘制零件图(1)

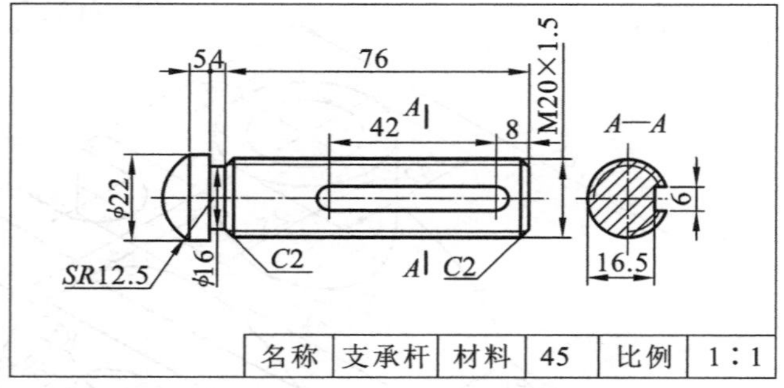

图 10-54　绘制零件图(2)

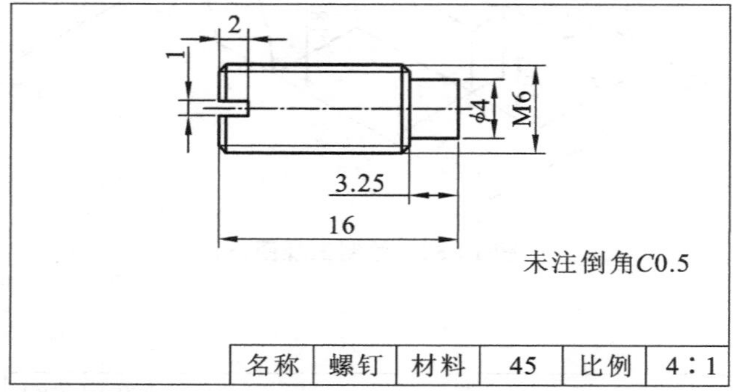

图 10-55　绘制零件图(3)

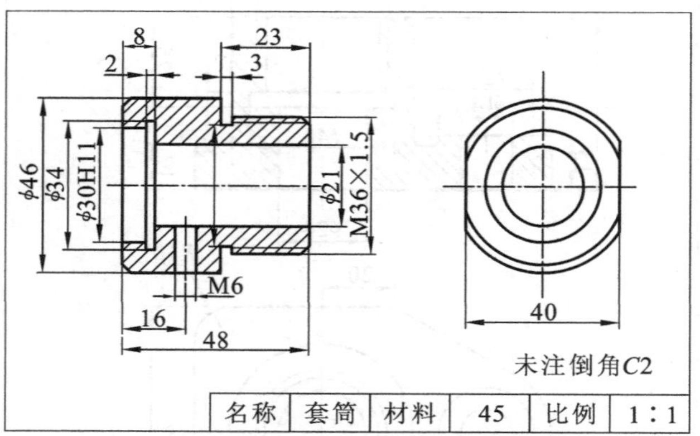

图 10-56　绘制零件图(4)

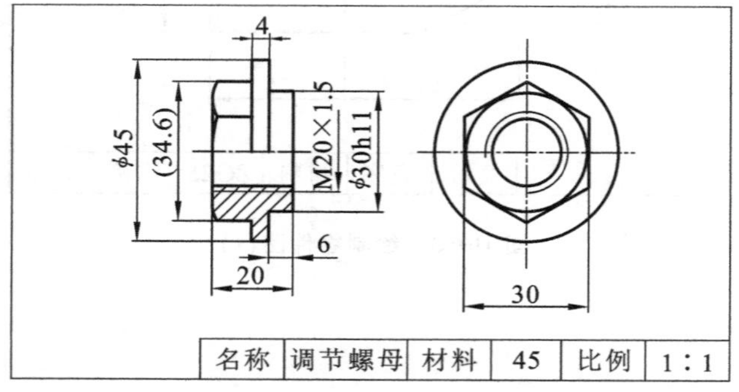

图 10-57　绘制零件图(5)

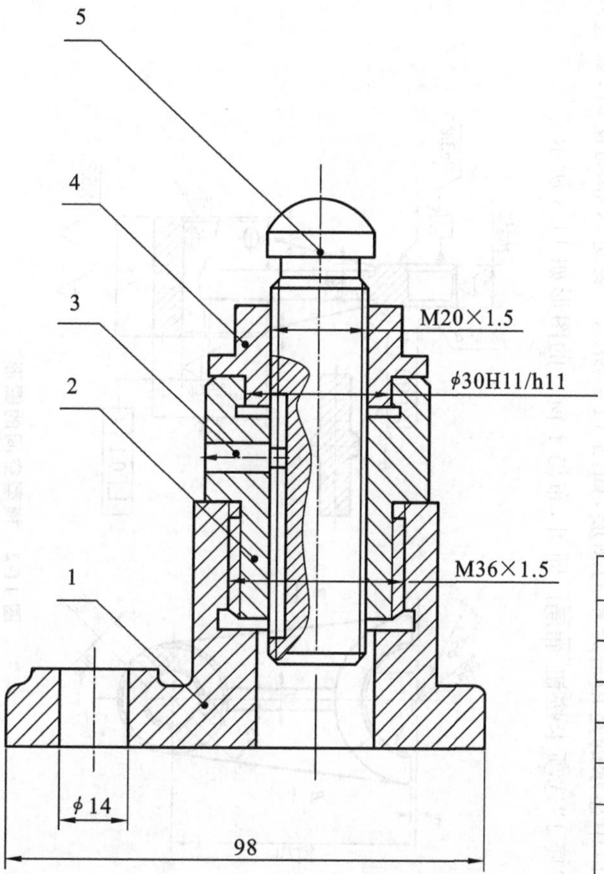

5

4

3

2

1

M20×1.5

ϕ30H11/h11

M36×1.5

ϕ14

98

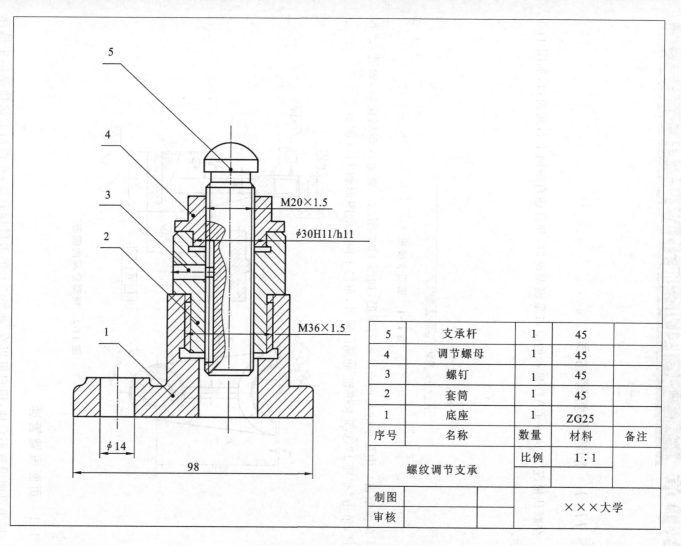

5	支承杆	1	45	
4	调节螺母	1	45	
3	螺钉	1	45	
2	套筒	1	45	
1	底座	1	ZG25	
序号	名称	数量	材料	备注
螺纹调节支承		比例	1∶1	
制图			×××大学	
审核				

图10-58　绘制螺纹调节支承的装配图

第11章 图形输出与打印

11.1 创建和管理布局

在默认情况下，AutoCAD 显示的窗口是模型窗口，并且还自带两个布局窗口，如图 11-1 所示。

图 11-1 选项卡按钮

在模型窗口中显示的是用户绘制的图形，如图 11-2 所示。要进入布局窗口，如进入“布局 1”，单击“布局 1”选项卡按钮 布局1 即可，布局 1 窗口的图形如 11-3 所示。

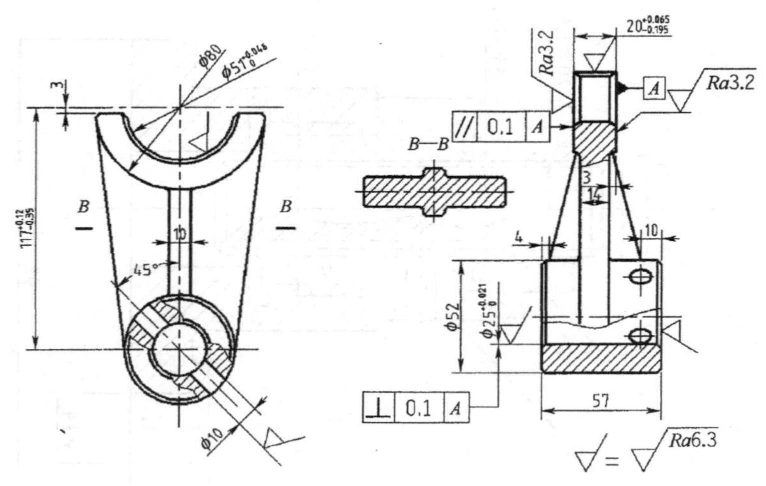

图 11-2 模型空间的图形

11.1.1 页面设置管理

如果页面设置不合理，用户可以在 布局1 上单击鼠标右键，在弹出的快捷菜单中选择“页面设置管理器”命令，弹出“页面设置管理器”对话框，如图 11-4 所示。利用该对话框可以为当前布局或图纸指定页面设置，也可以创建新页面设置、修改现有页面设置，或从其他图纸中输入页面设置。

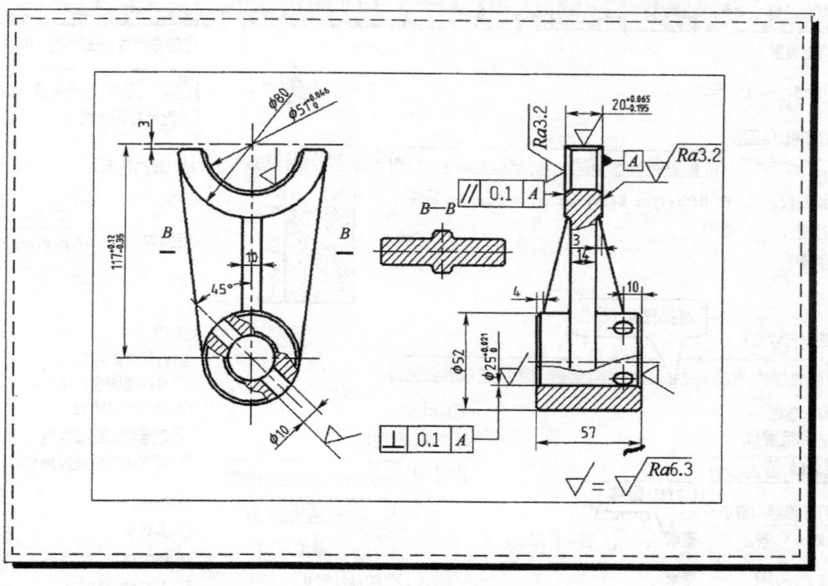

图 11-3　布局 1

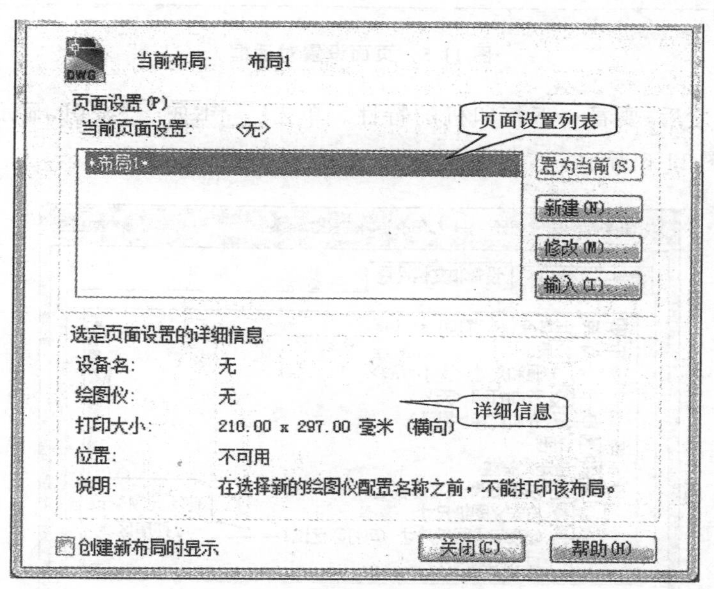

图 11-4　“页面设置管理器”对话框

如果要修改页面设置，在“页面设置”列表中选择页面设置名称，然后单击[修改(M)...]按钮，会出现页面设置对话框，如图 11-5 所示。

11.1.2　选择打印设备

在“打印机/绘图仪”选项区，从“名称”下拉列表中选择要使用的打印机。这里注意，在 Windows 下安装的系统打印机可以直接选用，还可以用绘图仪管理器来安装新的打印机。这里先选用一个系统打印机来演示一下，选用“HP Officejet K7100 series”。

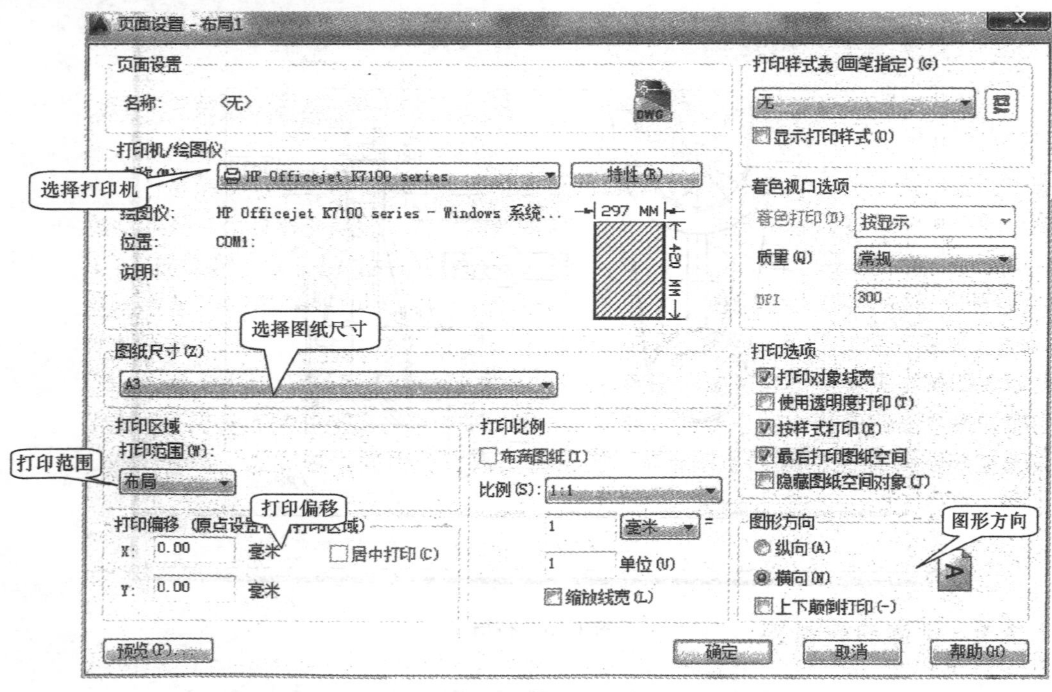

图 11-5　页面设置对话框

打印机选好之后,要看一下打印机的特性。单击［特性(R)］按钮,显示绘图仪配置编辑器对话框,如图 11-6 所示。

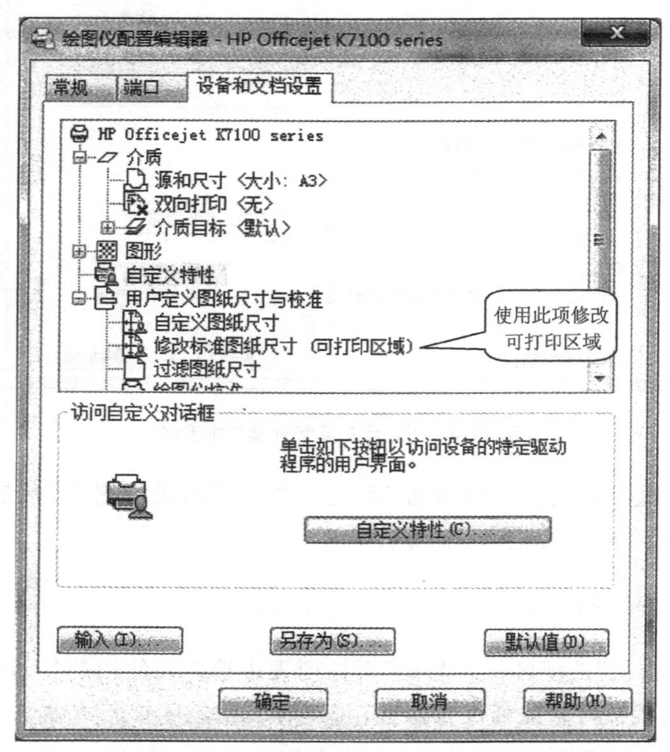

图 11-6　"绘图仪配置编辑器"对话框

单击“设备和文档设置”选项卡，选中“自定义特性”选项，在“访问自定义对话框”选项区单击[自定义特性(C)...]按钮，出现“HP Officejet K7100 series 文档属性”对话框，如图 11-7 所示。在“HP Officejet K7100 series 文档属性”对话框中，可以设置介质类型、打印的质量和速度、是打印彩色图还是黑白图、打印纸的幅面等。单击[确定]按钮，完成设置。

> **说明**：如果使用的打印机不支持将彩色转换为纯黑色（无灰度级），在输出黑白图时有可能有的图线不清晰，这是因为这些线采用了较亮的颜色，如黄色。所以，如果用户的打印机不支持上述属性，则绘图时采用的颜色应该尽量是较深的颜色，如黑色、深青色等，这样在打印时可以避免此类问题的发生。

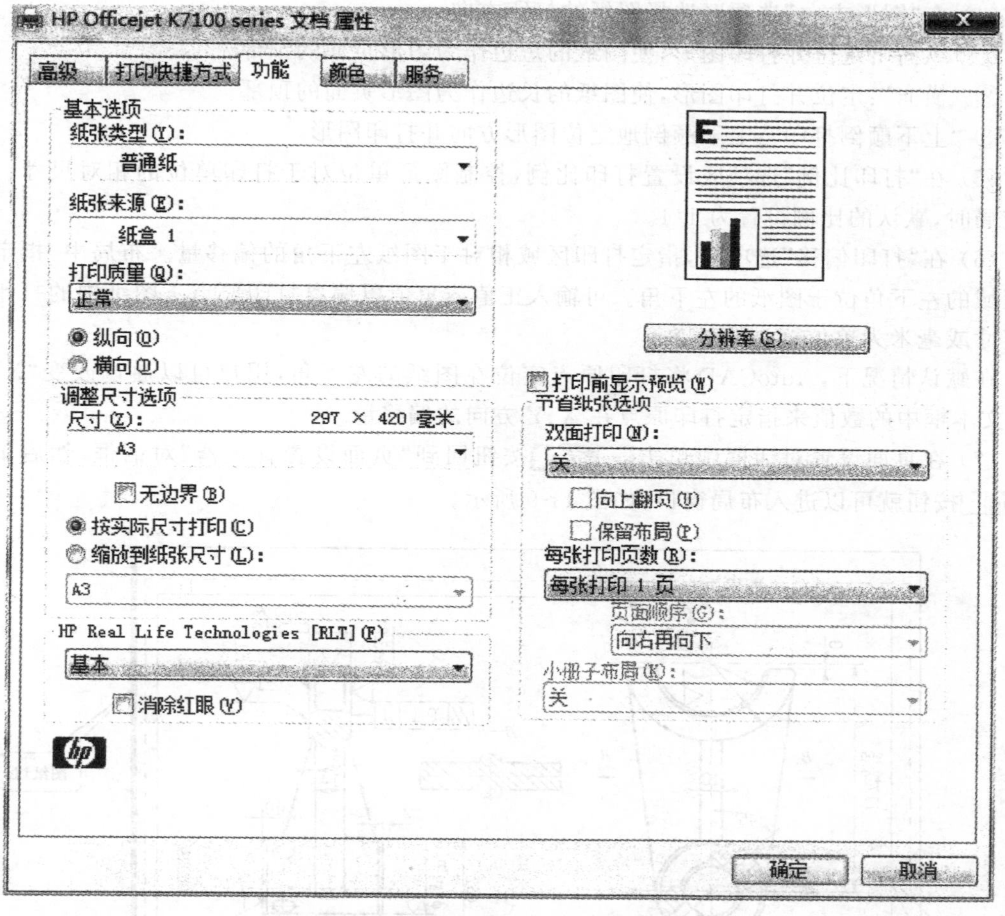

图 11-7 “HP Officejet K7100 series 文档属性”对话框

打印设备设置完成后，回到“打印机配置编辑器”对话框，单击[确定]按钮，出现“修改打印机配置文件”对话框，如图 11-8 所示。提示产生一个格式为. pc3 的文件，默认保存位置在 AutoCAD 安装目录下的 plotters 文件中，单击[确定]按钮，保存对系统打印机的设置修改。

11.1.3 页面设置

页面设置对话框如图 11-5 所示，各项内容的设置过程如下：

（1）在“打印样式表（画笔指定）”选项区，从其下拉列表中选择要使用的打印样式。如果要

修改打印机配置文件

已修改系统打印机配置。

将修改保存到下列文件:

\r19.1\chs\plotters\HP Officejet K7100 series.pc3

确定 取消 帮助(H)

图 11-8 “修改打印机配置文件”对话框

按照实体的特性设置进行打印,可选择无。

(2) 在“图纸尺寸”下拉列表中显示出当前可采用的纸张大小,可以从下拉列表中选择合适的纸张,这里选择“ISO A3-297 × 420 mm(横向)”

(3) 在“打印区域”选项区中,可以设置打印的范围,使用默认设置打印布局。打印布局时,打印指定图纸尺寸页边距内的所有对象,打印原点从布局的(0,0)点算起。

(4) 在“图形方向”选项区选择图纸的打印方向。

① “纵向”:定位并打印图形,使图纸的短边作为图形页面的顶部。

② “横向”:定位并打印图形,使图纸的长边作为图形页面的顶部。

③ “上下颠倒打印”:上下颠倒地定位图形方向并打印图形。

(5) 在“打印比例”选项区设置打印比例,控制图形单位对于打印单位的相对尺寸。打印布局时,默认的比例设置为 1:1。

(6) 在“打印偏移”选项区,指定打印区域相对于图纸左下角的偏移量。布局中,指定打印区域的左下角位于图纸的左下角。可输入正值或负值以偏离打印原点。图纸中的打印值以英寸或毫米为单位。

在默认情况下,AutoCAD 将打印原点定位在图纸的左下角,用户可以通过改变“X”和“Y”文本框中的数值来指定打印原点在 X、Y 方向的偏移量。

(7) 在页面设置对话框中单击[确定]按钮回到“页面设置管理器”对话框,然后单击[关闭(C)]按钮就可以进入布局窗口,如图 11-9 所示。

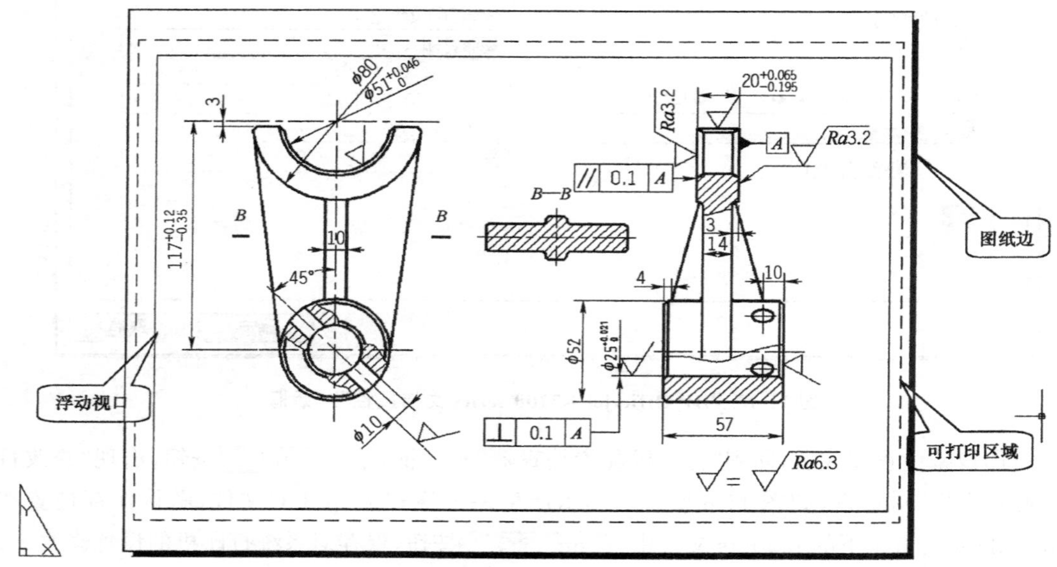

图 11-9 布局窗口

在布局窗口中有 3 个矩形框,最外面的矩形框代表在页面设置中指定的图纸尺寸,虚线矩形框代表图纸的可打印区域,最里面的矩形框是一个浮动视口。

11.1.4 布局管理

在“布局”选项卡上单击鼠标右键，在弹出的快捷菜单上可以进行布局新建、删除、移动和复制等操作，如图 11-10 所示。也可以使用“页面设置管理器”对话框对布局页面进行修改和编辑，还可以激活前一个布局或激活模型选项卡。

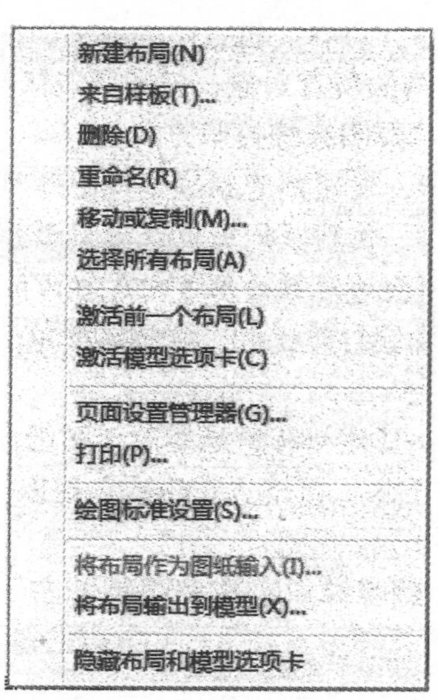

图 11-10 “布局”快捷菜单

11.1.5 利用创建布局向导创建布局

除上述创建布局的方法外，AutoCAD 还提供了创建布局的向导，利用它同样可以创建出需要的布局。单击菜单“工具”|“向导”|“创建布局”命令，出现布局创建向导。

(1) 进入“开始”步骤，在“输入新布局的名称”文本框中输入布局的名称，如图 11-11 所示。

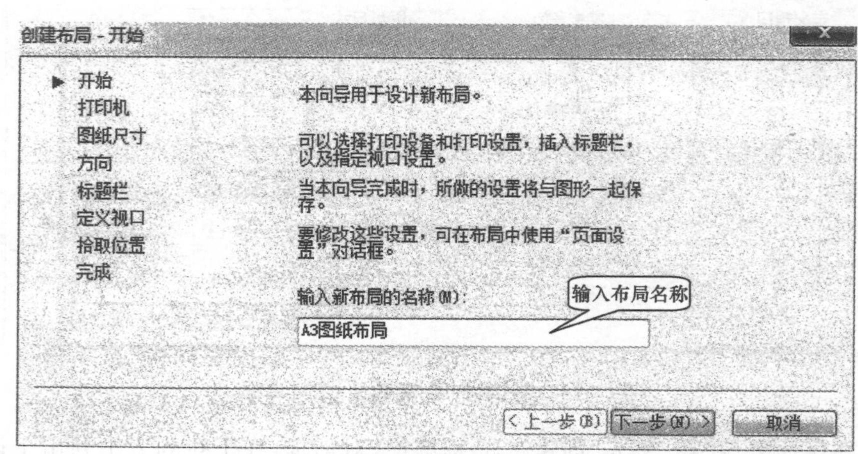

图 11-11 “创建布局-开始”对话框

(2) 单击[下一步(N) >]按钮，进入“创建布局-打印机”对话框，在列表中为新布局选择打印机，如图 11-12 所示。

(3) 单击[下一步(N) >]按钮，进入"创建布局-图纸尺寸"对话框，从列表中选择图纸尺寸，如图 11-13 所示。

(4) 单击[下一步(N) >]按钮，进入"创建布局-方向"对话框，选择图形在图纸上的方向，如图 11-14 所示。

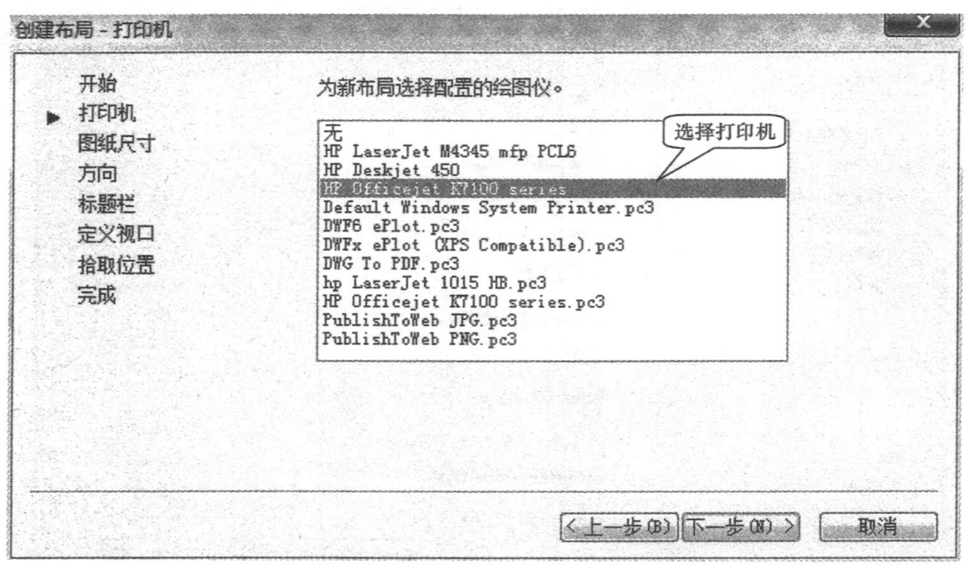

图 11-12 "创建布局-打印机"对话框

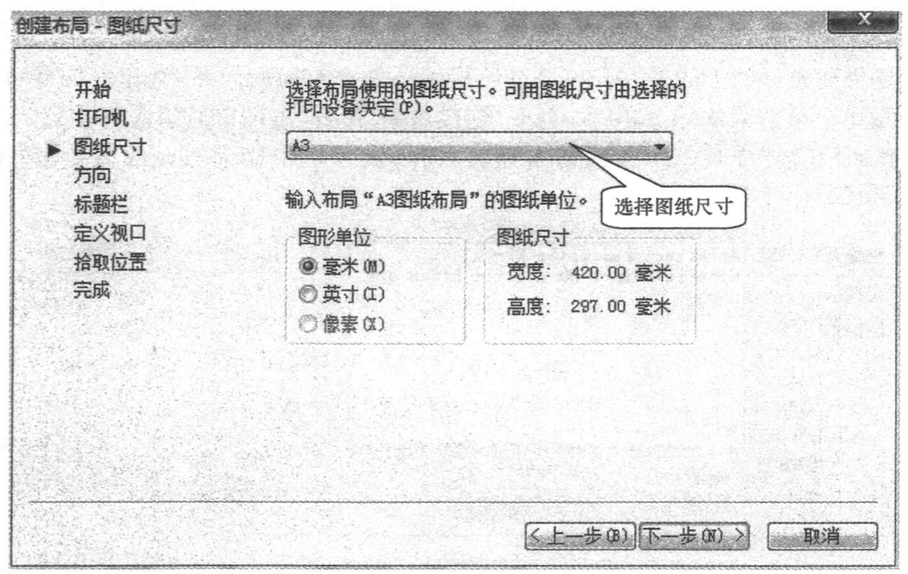

图 11-13 "创建布局-图纸尺寸"对话框

(5) 单击[下一步(N) >]按钮，进入"创建布局-标题栏"对话框，在下拉列表中列出了许多标题栏，用户可以根据需要选择(此处选择"无")，如图 11-15 所示。这些标题栏实际上是保存在 AutoCAD 安装目录下的 Template 文件夹中的图形文件。用户可以自定义标题栏保存到该

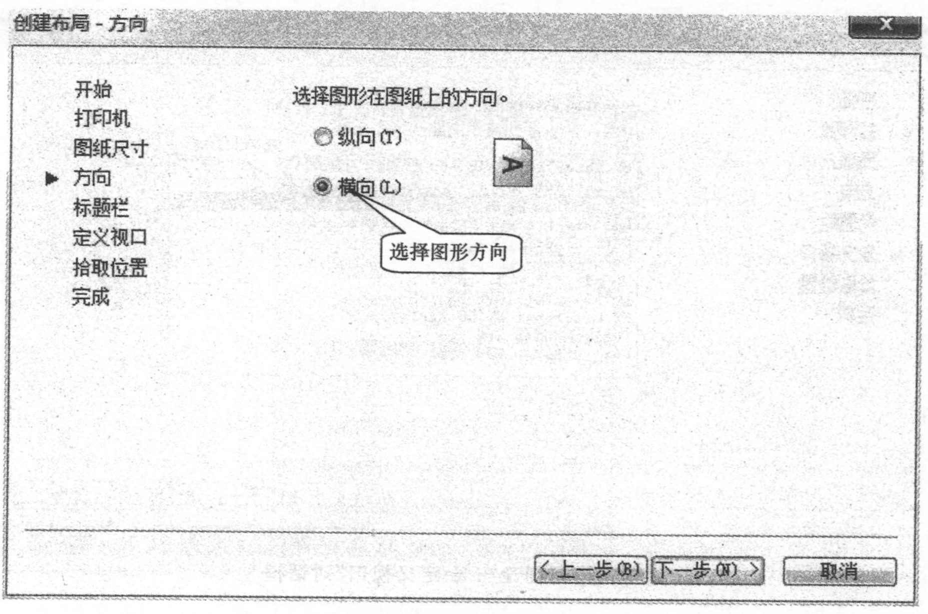

图 11-14 “创建布局-方向”对话框

目录下。AutoCAD 可以将标题栏按照块的方式插入,也可以将标题栏作为外部参照附着。

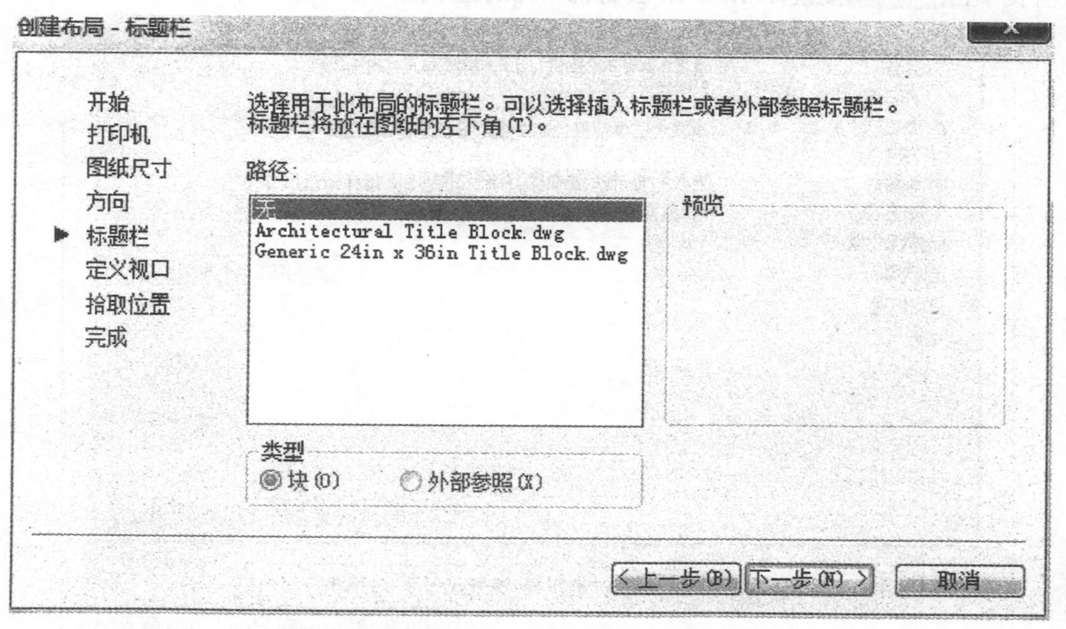

图 11-15 “创建布局-标题栏”对话框

(6) 单击下一步(N)>按钮,进入“创建布局-定义视口”对话框,如图 11-16 所示。该对话框用于选择向布局中添加视口的个数,确定视口比例。

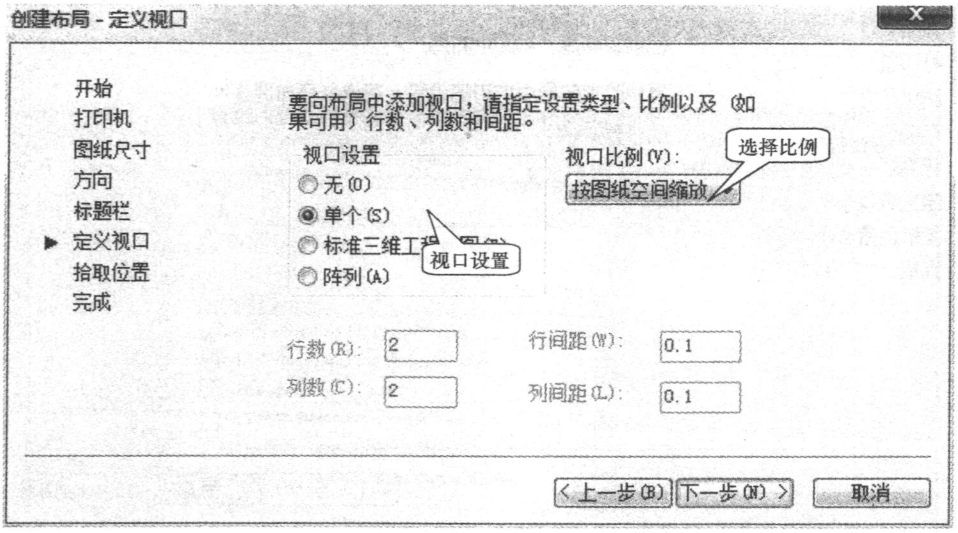

创建布局 - 定义视口
开始
打印机
图纸尺寸
方向
标题栏
定义视口
拾取位置
完成
要向布局中添加视口，请指定设置类型、比例以及（如果可用）行数、列数和间距。
视口设置
无(O)
单个(S)
标准三维工程
阵列(A)
视口设置
视口比例(V):
选择比例
按图纸空间缩放
行数(R):
2
列数(C):
2
行间距(W):
0.1
列间距(L):
0.1
<上一步(B)
下一步(N)>
取消

图 11-16 “创建布局-定义视口”对话框

（7）单击下一步(N)>按钮，进入“创建布局-拾取位置”对话框，如图 11-17 所示。该对话框用于在图纸中确定视口的位置，用户可以单击选择位置(L)<按钮在图纸上指定视口位置。如果直接单击下一步(N)>按钮，AutoCAD 会将视口充满整个图纸。

创建布局 - 拾取位置
开始
打印机
图纸尺寸
方向
标题栏
定义视口
拾取位置
完成
选择“选择位置”可在图形中指定视口配置的位置。
本向导提示选择要创建的视口配置的角点。
选择位置(L)<
<上一步(B)
下一步(N)>
取消

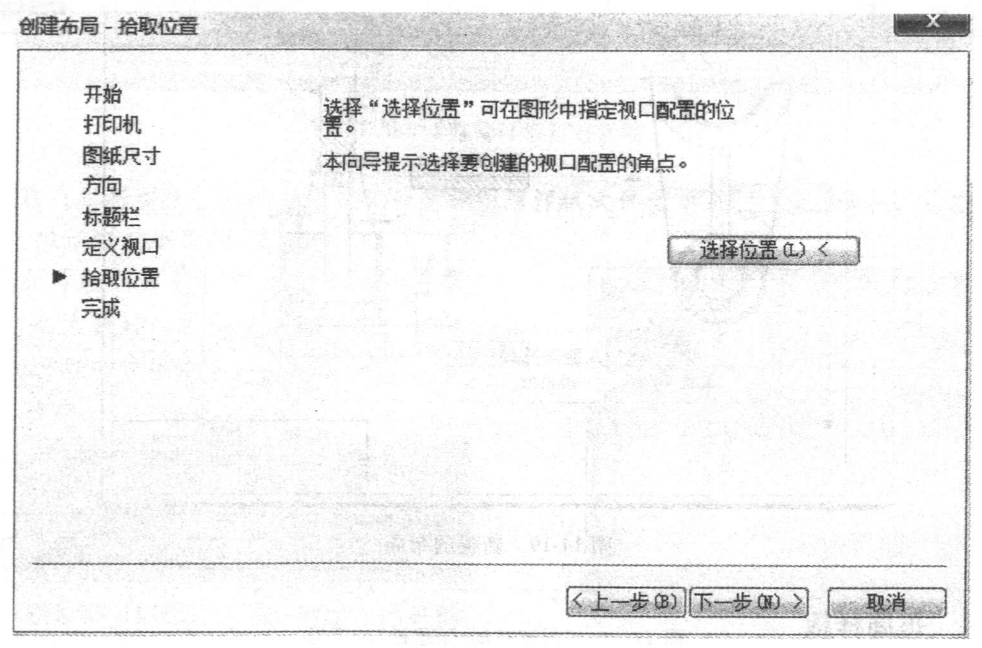

图 11-17 “创建布局-拾取位置”对话框

（8）单击下一步(N)>按钮，进入“创建布局-完成”对话框，如图 11-18 所示。单击完成按钮即可完成布局创建。创建好的布局窗口如图 11-19 所示，已插入边框和标题栏块。

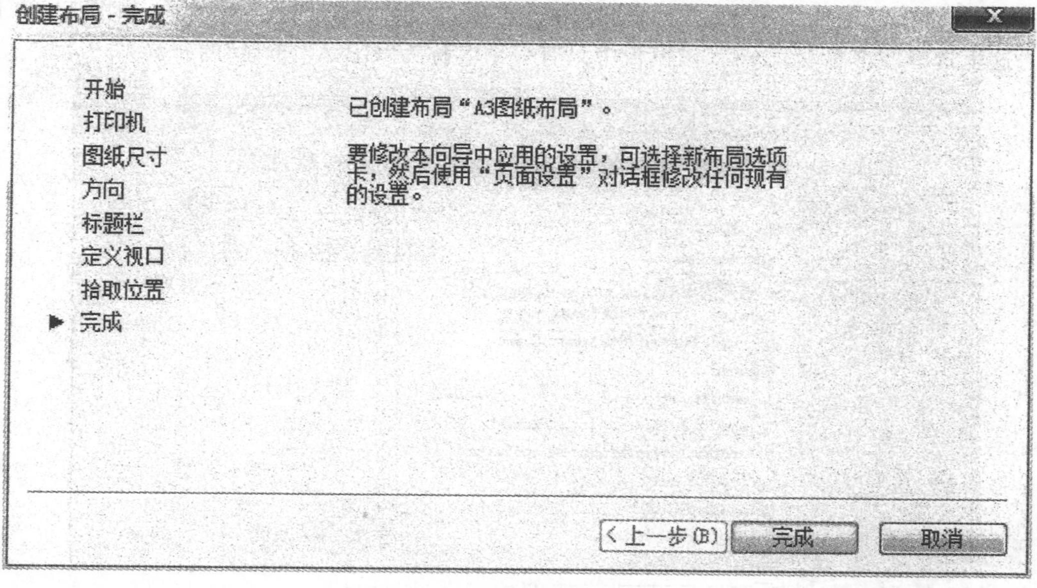

图 11-18 “创建布局-完成”对话框

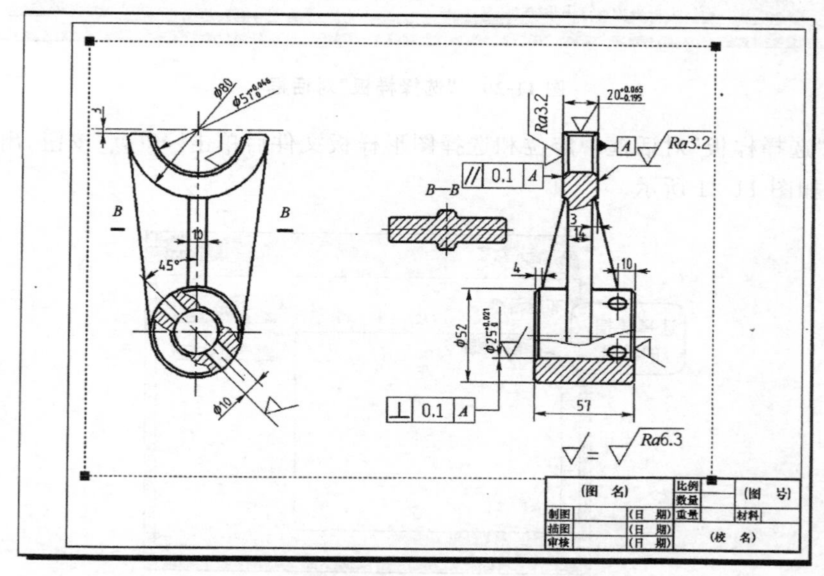

图 11-19 新建的布局

11.1.6 布局样板

AutoCAD 的布局样板保存在. dwg 和. dwt 文件中，可以利用现有样板中的信息创建布局。AutoCAD 提供了众多布局样板，以便用户设计新布局时使用，用户也可以自定义布局样板。根据样板布局创建新布局时，新布局中将使用现有样板中的图纸空间、几何图形(如标题栏)及其页面设置。

使用布局样板创建布局的步骤如下：

(1) 单击菜单“插入”|“布局”|“来自样板的布局”命令，或者在“布局”选项卡上单击鼠

标右键,在弹出的快捷菜单中选择“来自样板”选项,出现“选择样板”对话框,如图 11-20 所示。这里选择“A3 模板.dwt”(该模板中只有一个名称为“GB A3 布局”的布局)。

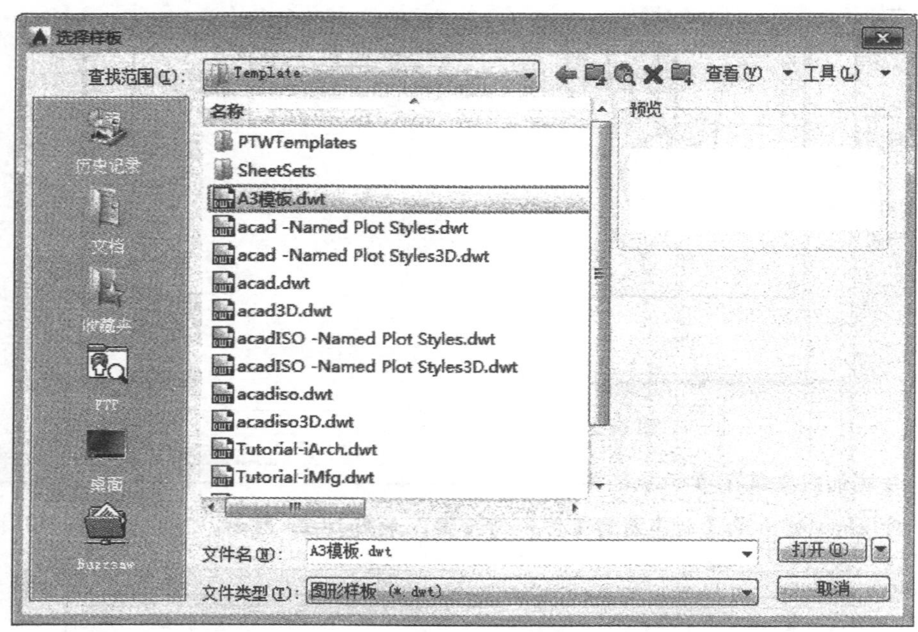

图 11-20 “选择样板”对话框

(2) 在“选择样板”对话框中定位和选择图形样板文件后单击[打开(O)]按钮,出现“插入布局”对话框,如图 11-21 所示。

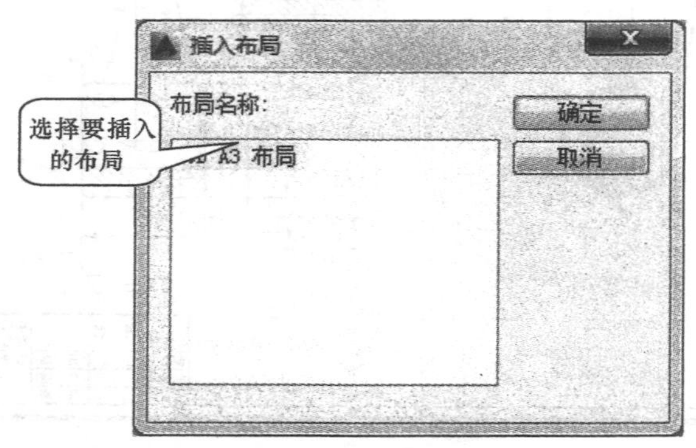

图 11-21 “插入布局”对话框

(3) 在“插入布局”对话框中选择需要插入的布局名称后单击[确定]按钮,就可以在当前图形文件中插入一个新的布局,如图 11-22 所示。

说明:用户可以利用 AutoCAD 设计中心插入布局,具体使用方法可以参照 AutoCAD 设计中心的内容。

任何图形都可以保存为图形样板,所有的几何图形和布局设置都可以保存到.dwt 文件中。将布局保存为图形样板文件的步骤如下:

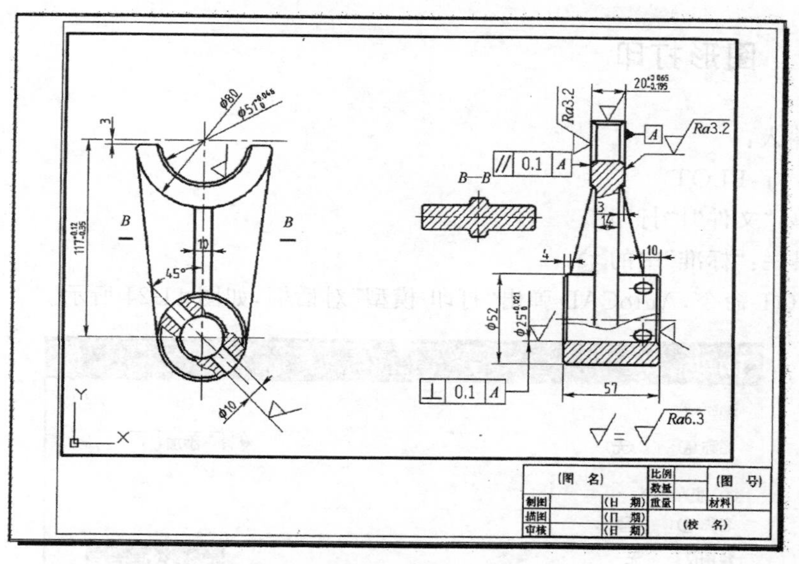

图 11-22 利用布局样板创建的新布局

在命令行输入 LAYOUT 命令，出现提示："输入布局选项[复制(C)/删除(D)/新建(N)/样板(T)/重命名(R)/另存为(SA)/设置(S)/?]<设置>:"。在提示下输入"SA"，切换到"另存为"选项。

① 系统询问要保存的布局名字时，输入相应的名字。

② 按 Enter 键出现"创建图形文件"对话框，如图 11-23 所示。

③ 在"创建图形文件"对话框的"文件名"文本框中输入文件的名字，单击 保存(S) 按钮就可以把布局的图形样板文件保存到指定目录中，以备用户需要时调用。

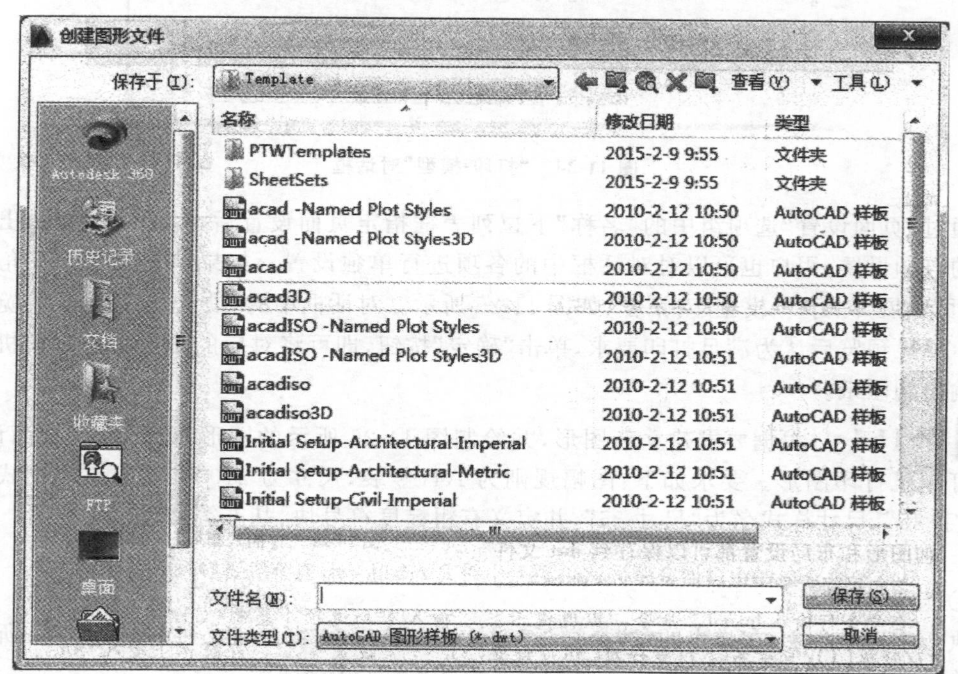

图 11-23 "创建图形文件"对话框

11.2 图形打印

命令的输入：

(1) 命令行：PLOT。

(2) 菜单："文件"|"打印"。

(3) 工具栏："标准"中的🖨。

执行 PLOT 命令，AutoCAD 弹出"打印-模型"对话框，如图 11-24 所示。

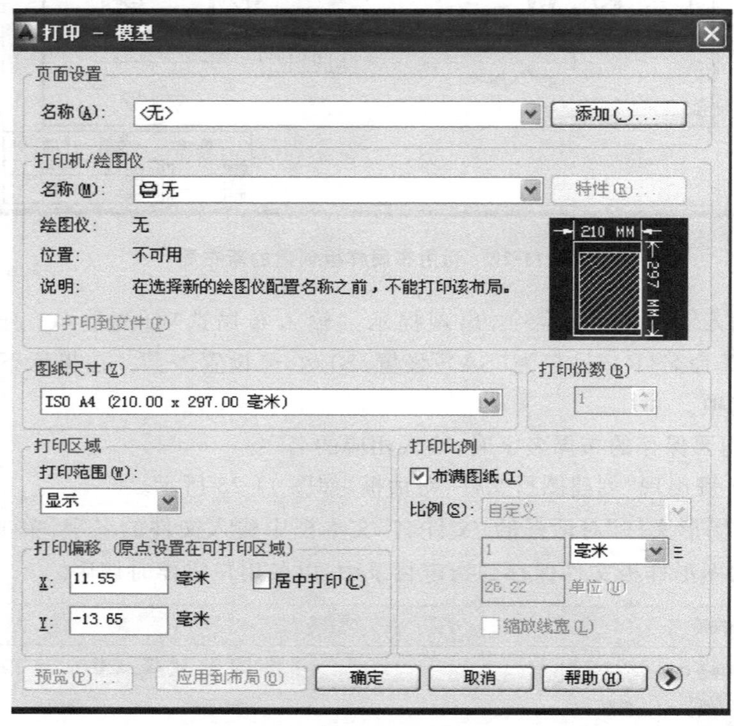

图 11-24 "打印-模型"对话框

通过"页面设置"选项组中的"名称"下拉列表框指定页面设置后，对话框中显示出与其对应的打印设置，用户也可以对对话框中的各项进行单独设置。如果单击位于右下角的按钮⊙，可以展开"打印-模型"对话框，如图 11-25 所示。对话框中的"预览"按钮用于预览打印效果。如果预览后认为满足打印要求，单击"确定"按钮，即可将对应的图形通过打印机或绘图仪输出到图纸。

例 11-1 根据要求建立新图形，并绘制图 11-26 所示的图形，最后进行页面设置，通过打印机打印图形。要求如下：图幅规则为 A4(竖装，尺寸为 210×297)，文字样式名为"工程字 35"，尺寸样式名为"尺寸 35"，并定义有粗糙度符号块、基准符号块等。

主要步骤如下：

① 建立新图形。

执行 NEW 命令，在弹出的"选择样板"对话框中选择"A4.dwt"文件，如图 11-27 所示。单击"打开"按钮，就可以以文件 A4.dwt 为样板建立新图形。

② 绘制新图形。

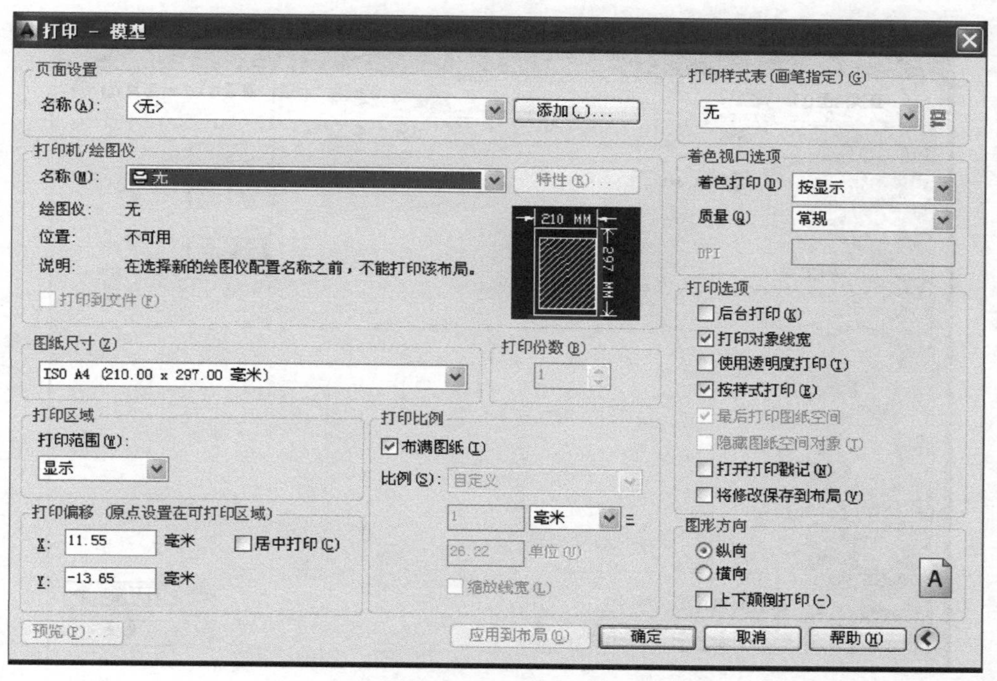

图 11-25 展开后的“打印-模型”对话框

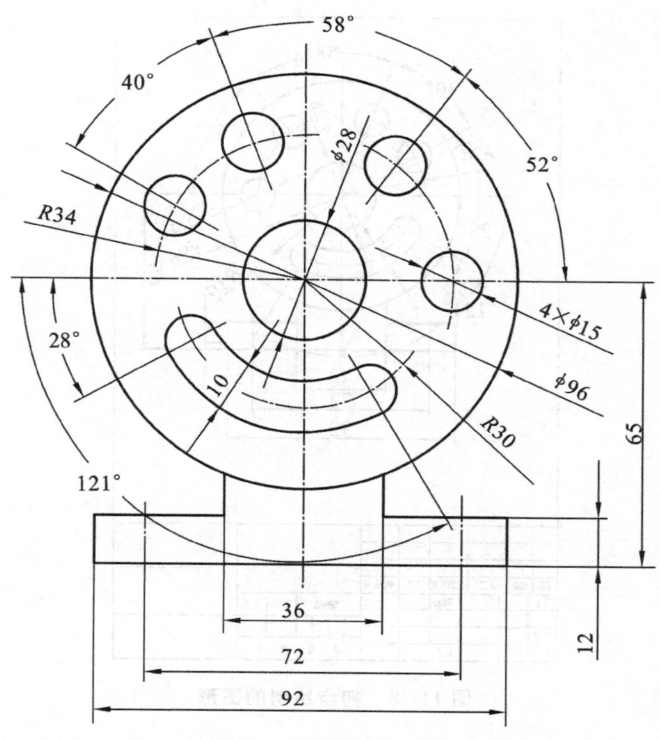

图 11-26 要绘制的图形

如图 11-26 所示，在各对应图层绘制图形，结果如图 11-28 所示。

③ 填写标题栏(过程略)。

④ 面设置。

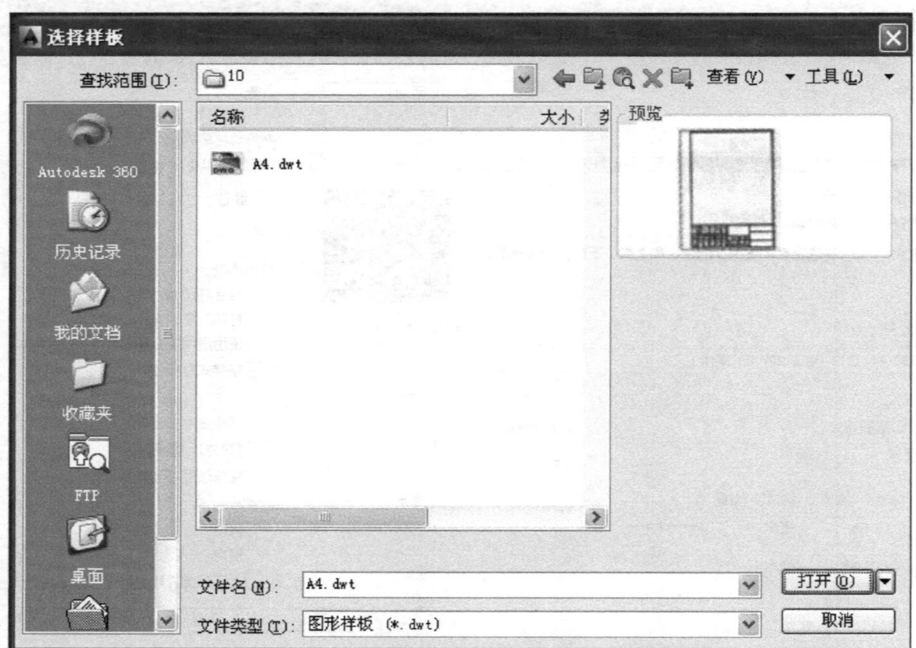

图 11-27 “选择样板”对话框

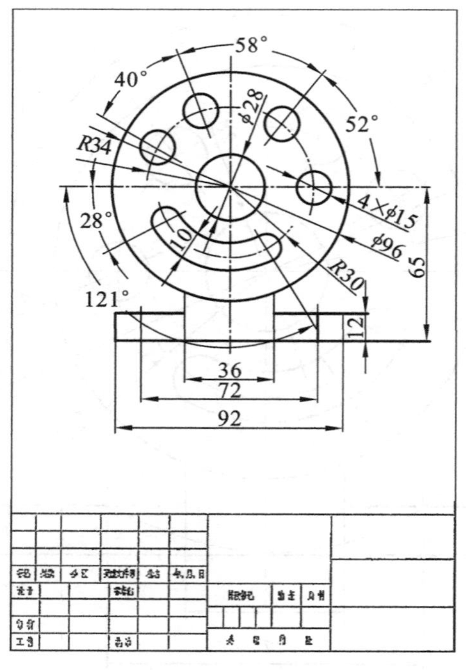

图 11-28 初步绘制的图形

执行 PAGESETUP 命令，AutoCAD 弹出“页面设置管理器”对话框，单击该对话框中的“新建”按钮，在弹出的“新建页面设置”对话框的“新页面设置名”文本框中输入“A4 页面”，如图 11-29 所示。

单击“确定”按钮，在“页面设置-模型”对话框中进行相关设置，如图 11-30 所示。

单击“确定”按钮，AutoCAD 返回到“页面设置管理器”对话框，如图 11-31 所示。

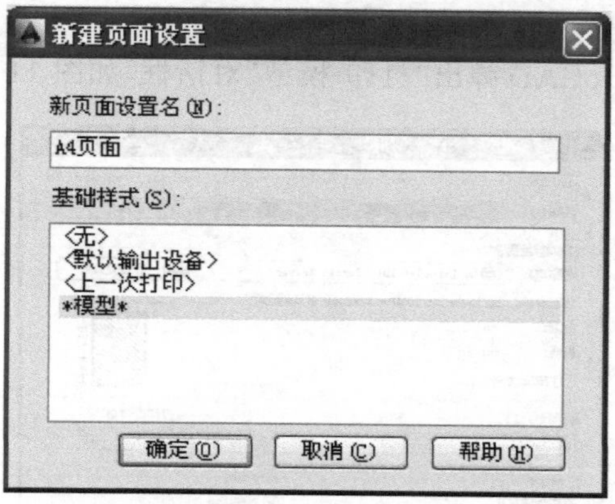

图 11-29 “新建页面设置”对话框

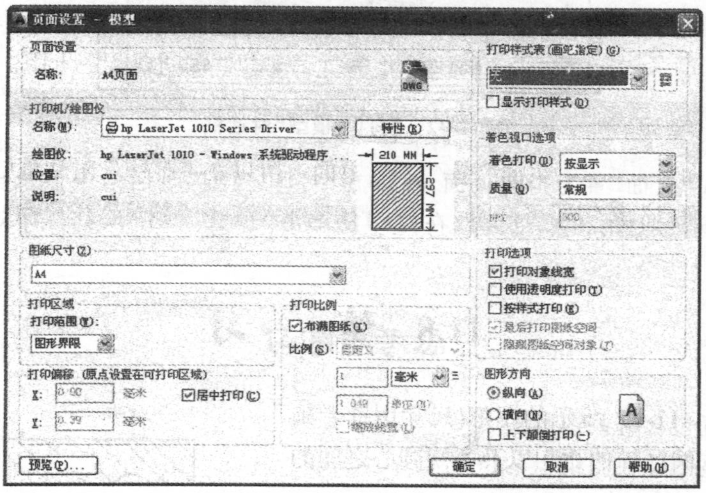

图 11-30 “页面设置-模型”对话框

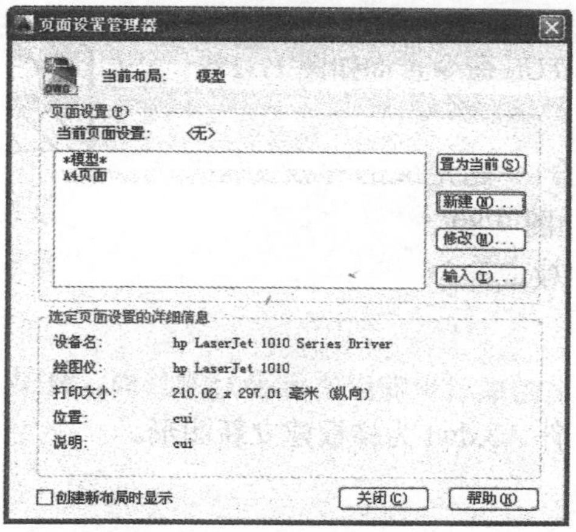

图 11-31 “页面设置管理器”对话框

利用“置为当前”按钮将新页面“A4 页面”置为当前页面，单击“关闭”按钮关闭“页面设置管理器”对话框。

⑤ 打印图形。

执行 PLOT 命令，AutoCAD 弹出“打印-模型”对话框，如图 11-32 所示。

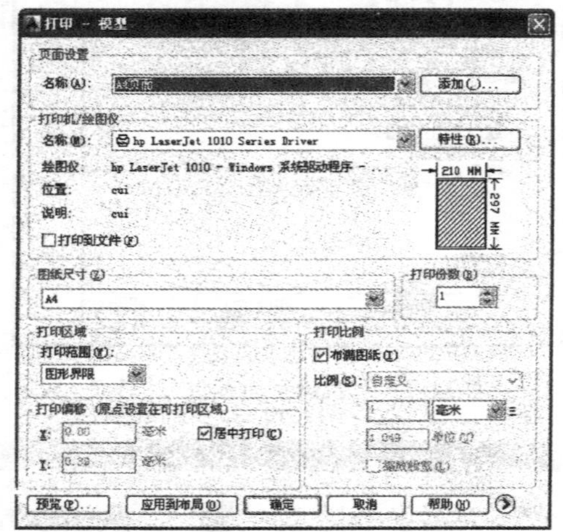

图 11-32 “打印-模型”对话框

由于已将“A4 页面”置为当前页面，所以在“打印-模型”对话框中显示出对应的页面设置，单击“确定”按钮即可打印，也可以在打印前单击“预览”按钮预览打印效果或更改某些设置。

思考与练习

1. 页面设置包含哪些内容？
2. 怎样调整图样在图纸上的位置？
3. 在布局中打印时，怎样控制视口比例？

第⑫章 综合实例

12.1 设置国家标准绘图环境

通过本章的学习，您可以设置符合国家标准要求的绘图环境，并创建和使用国家标准的样板文件。

12.1.1 初始设置

1. 开启“极轴追踪”

如图 12-1 所示，为了方便地绘制横线或竖直线，需要开启极轴追踪功能。AUTOCAD 窗口最下方是状态栏，在状态栏中间靠右处有一排控制按钮，如图12-2所示，鼠标停在相应按钮上，会有提示，找到“极轴追踪”，单击鼠标左键使按钮下沉(旧版)或处在彩色状态(新版，如图 12-3 所示)，则说明启用了此功能，默认追踪角度是 90°。

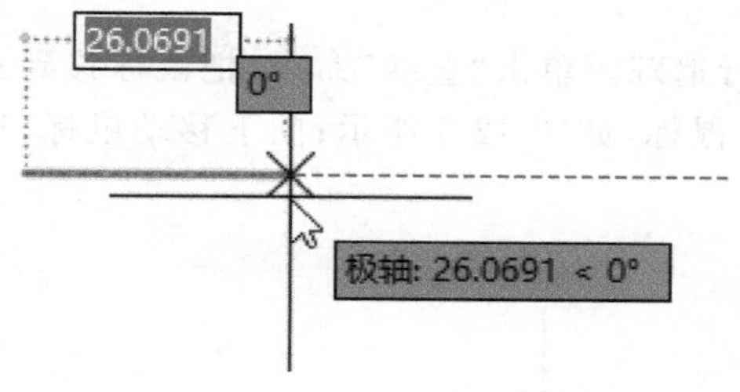

图 12-1 开启极轴追踪功能

捕捉 栅格 正交 极轴 对象捕捉 对象追踪 线宽 模型

图 12-2 状态栏上的控制按钮

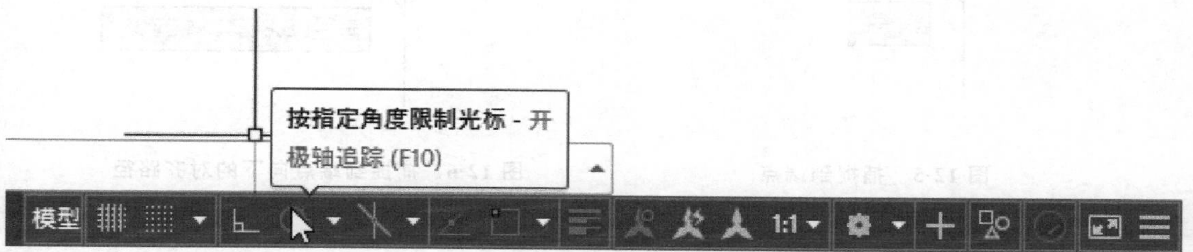

图 12-3 启用极轴追踪

2. 开启“对象捕捉”

为了在画图时能捕捉到端点、圆心之类的特殊点，需要开启并设置“对象捕捉”功能。

在 AutoCAD 窗口的状态栏上找到“对象捕捉”，鼠标左键单击，启用此功能后再右击，选择“设置”，打开“草图设置”对话框，单击该对话框中的“对象捕捉”选项卡。

在“对象捕捉”选项卡中先单击“全部选择”按钮，然后去除“最近点”选项旁的对号，如图 12-4 所示。

草图设置

捕捉和栅格 极轴追踪 对象捕捉 三维对象捕捉 动态输入 快捷特性 选择循环

☑启用对象捕捉（F3）(O) ☑启用对象捕捉追踪（F11）(K)

对象捕捉模式

☑端点(E) ☑延长线(X) 全部选择

☑中点(M) ☑插入点(S) 全部清除

☑圆心(C) ☑垂足(P)

☑几何中心(G) ☑切点(N)

☑节点(D) ☐最近点(R)

☑象限点(Q) ☑外观交点(A)

☑交点(I) ☑平行线(L)

若要从对象捕捉点进行追踪，请在命令执行期间将光标悬停于该点上，当移动光标时会出现追踪矢量，若要停止追踪，请再次将光标悬停于该点上。

选项(T)... 确定 取消 帮助(H)

图 12-4 “草图设置”对话框

3. 开启“对象捕捉追踪”

对象捕捉追踪能使光标沿捕捉点对齐路径进行追踪。单击“直线”命令，把鼠标移到图中直线左端点，稍停片刻，捕捉到端点，但不要单击鼠标，如图 12-5 所示；向下移动鼠标，这时捕捉到端点向下的对齐路径，如图 12-6 所示。

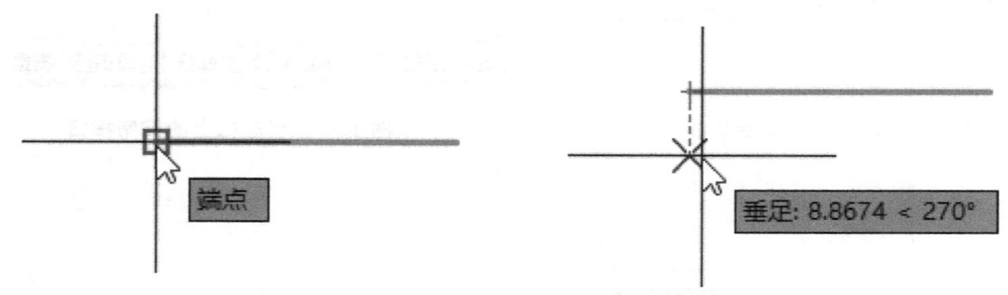

图 12-5 捕捉到端点　　图 12-6 捕捉到端点向下的对齐路径

注意：不要开启捕捉、栅格和正交功能。

4. 设置“线宽”

开启“线宽”后，在“线宽”按钮上单击右键，选择“设置”，在弹出的“线宽设置”对话框中的“调整显示比例”中，把滑块向左拖，如图 12-7 所示。

5. 显示“菜单”(可选操作)

新版的 AutoCAD 默认不显示菜单，这给操作带来了不便，可单击 AutoCAD 窗口最上方靠左的“快速访问工具栏”右侧的向下箭头，在弹出的下拉菜单中选择“显示菜单栏”，如图

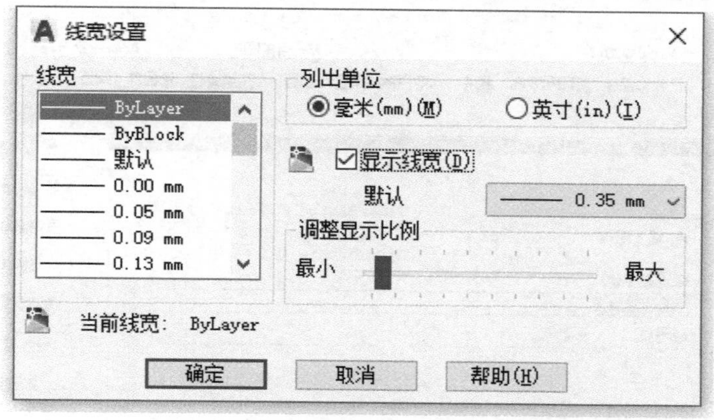

图 12-7 "线宽设置"对话框

12-8 所示。

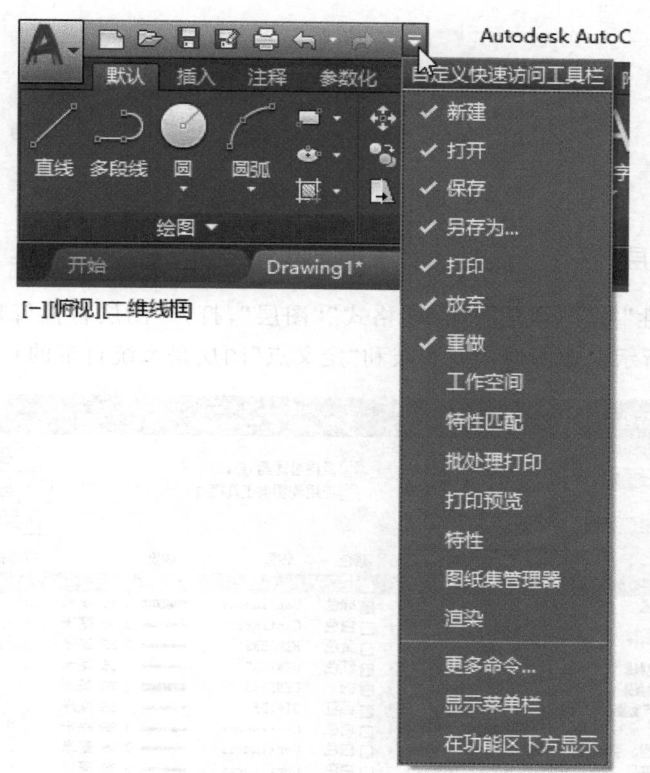

图 12-8 快速访问工具栏的下拉菜单

6. 更改界面为"经典方式"(可选操作)

把界面改为经典方式的方法:"工具""选项",打开"选项"对话框,在"配置"选项卡中,单击右侧的"输入"按钮,找到"AutoCAD 经典. arg",双击,在弹出的"输入配置"对话框中单击"应用并关闭"按钮,如图 12-9 所示。最后在"可用配置"中选择刚才加载的"AutoCAD 经典",再单击"置为当前"按钮。

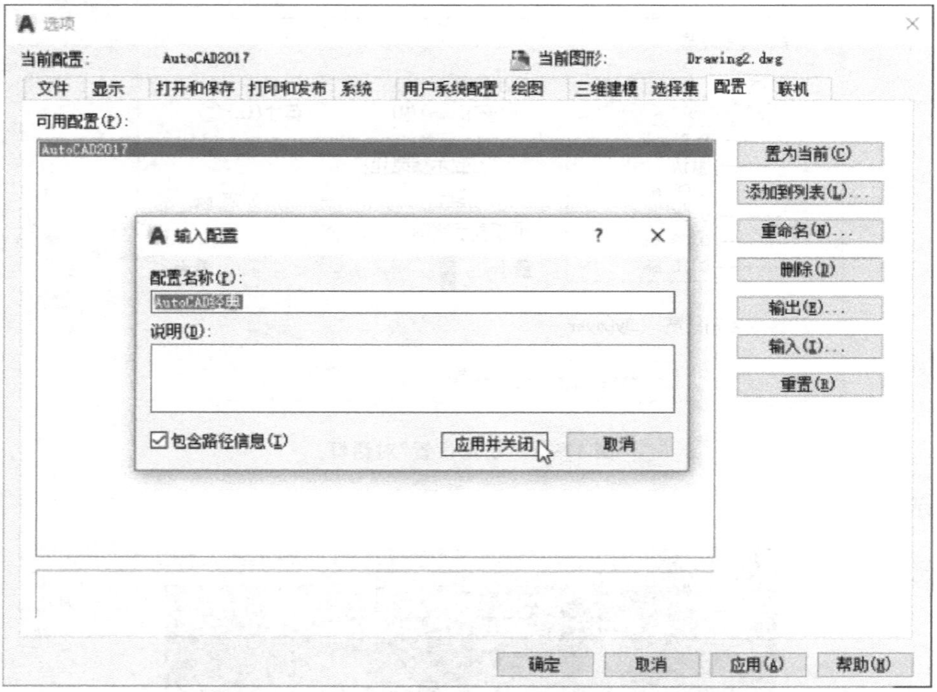

图 12-9 “选项”对话框

12.1.2 创建图层

视频
定义图层

单击“图层特性”按钮，或通过菜单“格式”“图层”，打开“图层特性管理器”对话框，按图 12-10 所示新建图层（“0”图层和“定义点”图层是系统自带的）。

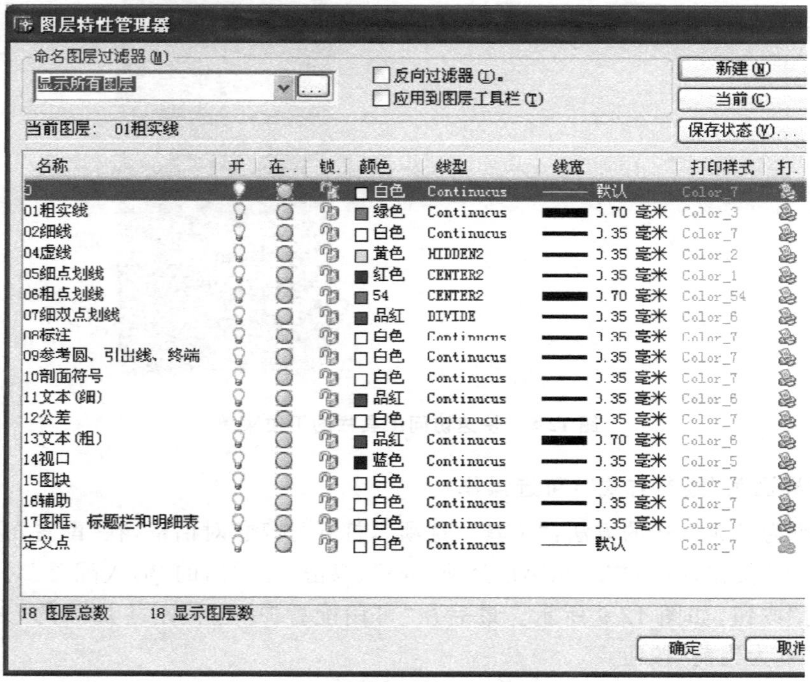

图 12-10 “图层特性管理器”对话框

12.1.3 创建文件样式

视频
设置文字样式

1. 新建“数字和字母”样式

单击“文字样式管理器”按钮，或通过菜单“格式”“文字样式”，打开“文字样式”对话框。

样式名：数字和字母，字体名：romanc. shx（也可是其他字体），高度：0. 0000，宽度比例：0. 7000，倾斜角度：15，如图 12-11（旧版“文字样式”对话框）所示。

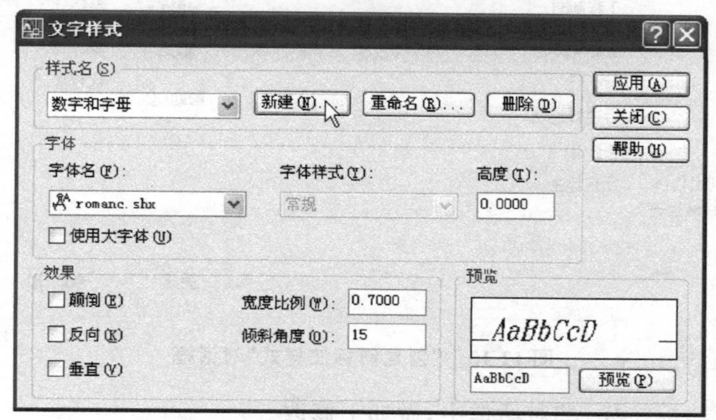

图 12-11 “文字样式”对话框(旧版)

2. 新建“汉字”文字样式

样式名：汉字，字体名：宋体，高度：0. 0000，宽度因子：0. 7000，倾斜角度：0，如图 12-12（新版“文字样式”对话框）所示。

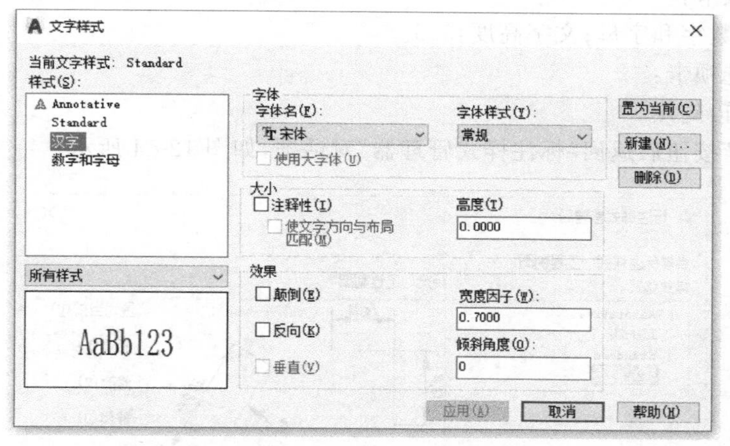

图 12-12 “文字样式”对话框(新版)

12.1.4 创建标注样式

视频
新建标注样式

单击“标注样式管理器”按钮，或通过菜单“格式”“标注样式”，打开“标注样式管理器”对话框。

1. 创建通用标注样式

在“标注样式管理器”对话框中单击“新建”按钮，在弹出的“创建新标注样式”对话框中输入新样式名“工程制图”，在“用于”下拉列表中选择默认的“所有标注”，再单击“继续”按钮，如图 12-13 所示。

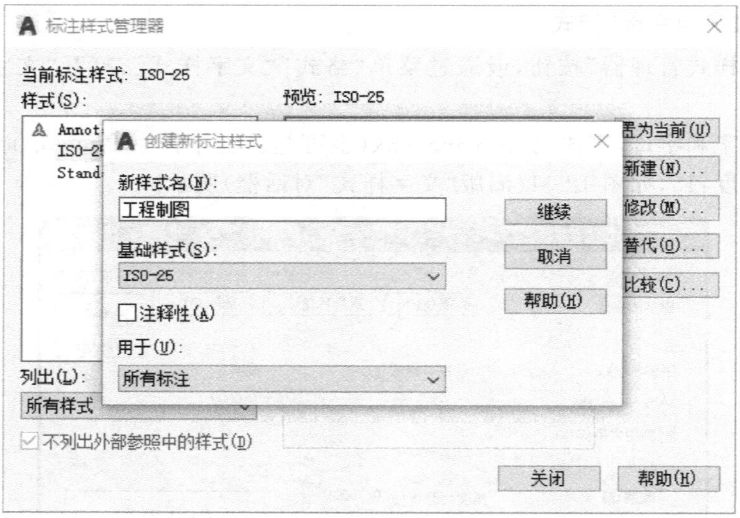

图 12-13 “创建新标注样式”对话框

在弹出的“新建标注样式”对话框中，做如下修改。

“线”选项卡：

基线距离：10，超出尺寸线：2，起点偏移量：0。

“符号和箭头”选项卡：

箭头大小：4，弧长符号：标注文字上方。

“文字”选项卡：

文字样式：数字和字母；文字高度：3.5。

“主单位”选项卡：

小数分隔符：句点。

单击“确定”按钮后返回“标注样式管理器”对话框，如图 12-14 所示。

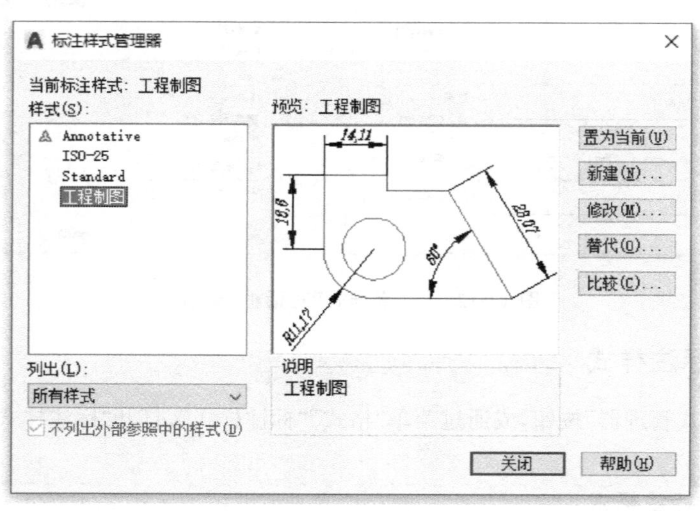

图 12-14 返回“标注样式管理器”对话框

2. 创建只用于"角度"的标注样式

单击"新建"按钮，在"创建新标注样式"对话框的"基础样式"中选择"工程制图"，"用于"选择"角度标注"，单击"继续"按钮，如图 12-15 所示。

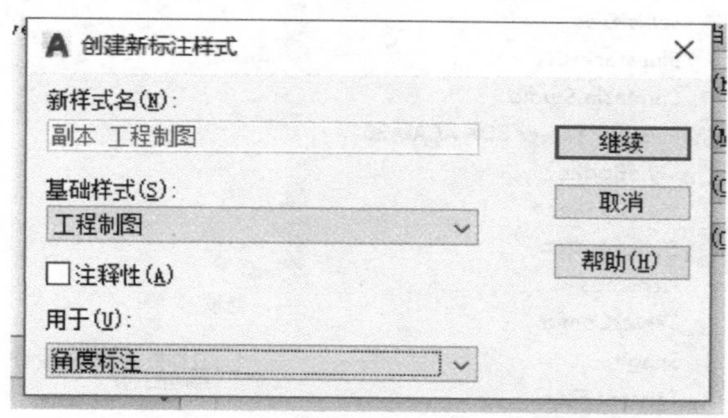

图 12-15 "创建新标注样式"对话框

在弹出的"新建标注样式"对话框的"文字"选项卡下的"文字对齐"中，选择"水平"，单击"确定"按钮，返回"标注样式管理器"对话框。此时"角度"处在"工程制图"的下一级标题中，如图 12-16 所示。

选择"工程制图"，单击"置为当前"按钮。

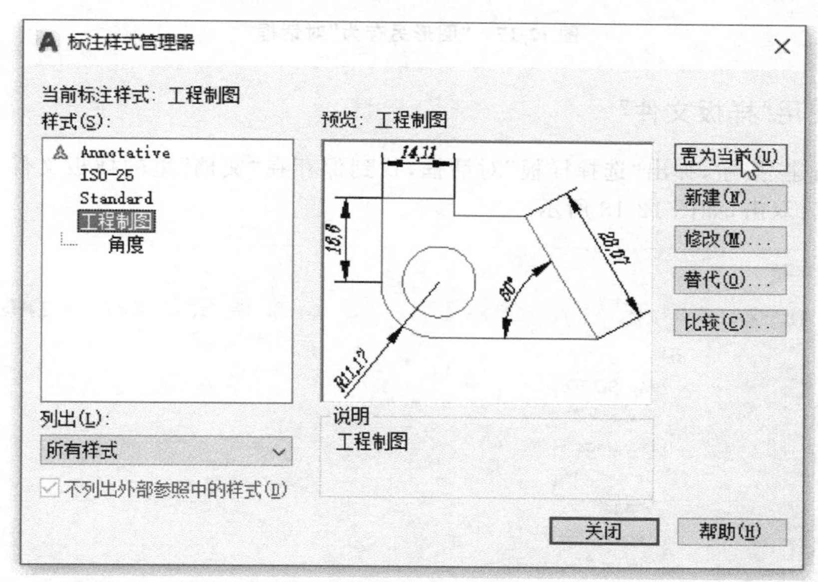

图 12-16 "标注样式管理器"对话框

12.1.5 保存为"样板文件"

视频
存为样板样式

设置好图层、文字样式和标注样式后，把当前文件保存为样板文件，可避免以后重复创建图层、文字样式和标注样式。

执行菜单"文字""另存为"命令，打开"图形另存为"对话框，选择"文档"为保存位置，在"文件类型"下拉列表中选择"AutoCAD 图形样板(.dwt)"，输入文件名"工程制图"，如图 12-17 所示。

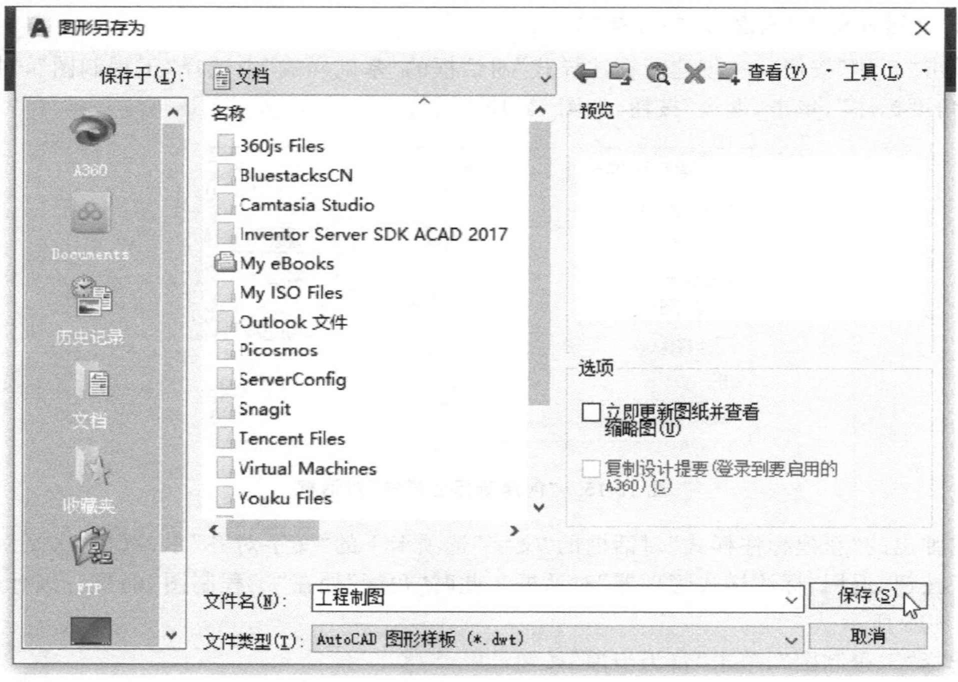

图 12-17 “图形另存为”对话框

12.1.6 使用“样板文件”

单击“新建”按钮，弹出“选择样板”对话框，找到保存在“文档”里的样板文件“工程制图”后双击，如图 12-18 所示。

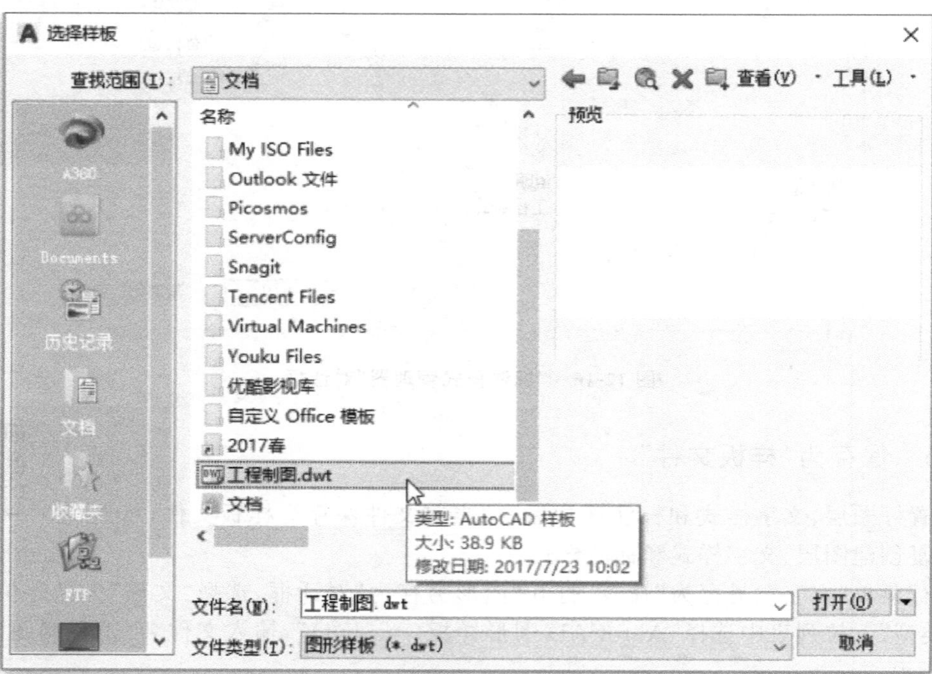

图 12-18 “选择样板”对话框

双击后新建一个 AutoCAD 图形文件，后缀名是. dwg，已包含符合国家标准的图层、文字样式和标注样式。本书除此节涉及样板文件外，其他都是 AutoCAD 图形文件，后缀名是. dwg。

若没有自己的样板文件，应选择“acadiso. dwt”。

12.2 基本几何作图

综合使用直线、矩形、正多边形、圆、图案填充、圆角、修剪、镜像等命令，按要求绘制图 12-19 所示的基本几何图形。

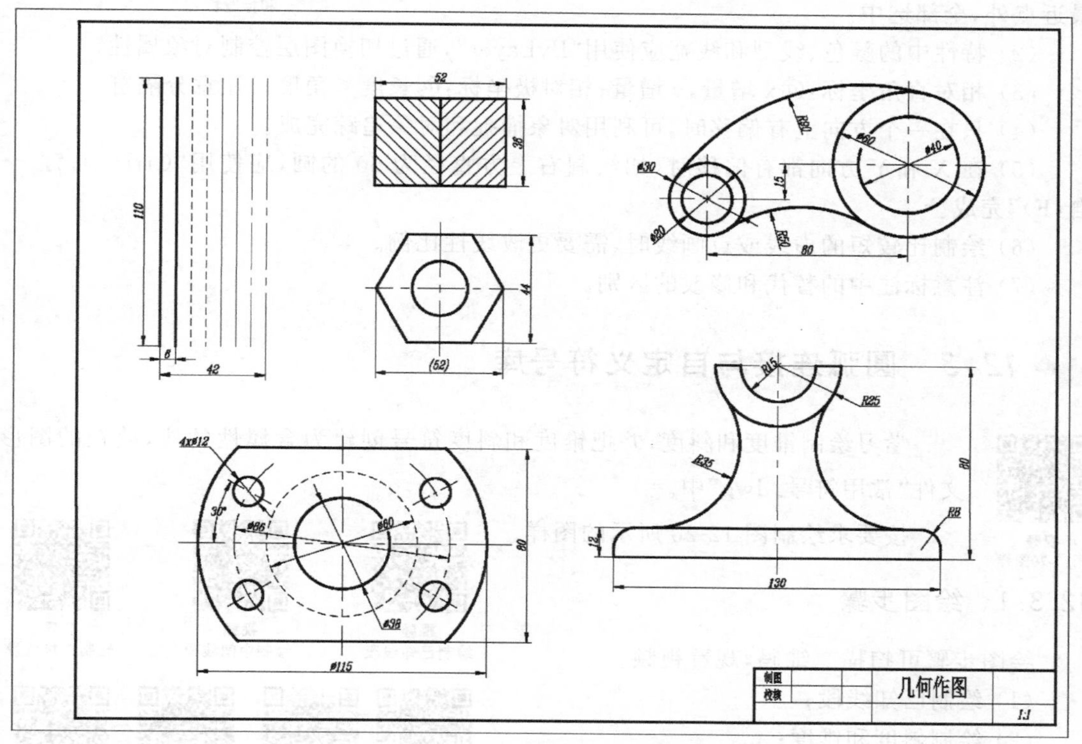

图 12-19　要绘制的几何图形

12.2.1 通过自定义模板新建文件

按前面 12.1.6 使用“样板文件”所述，以“工程制图. dwt”为样板创建一个新的图形文件，此时后缀名为. dwg。

12.2.2 绘图步骤

具体绘制步骤可扫描二维码，观看视频。

(1) 新建文件和绘制直线；

(2) 绘制矩形、填充剖面线；

(3) 绘制多边形和画圆；

(4) 画圆弧；

(5) 镜像、打断圆；

(6) 完成绘图；

(7) 移动布图；

(8) 对齐标注；

(9) 水平标注与样式替代；

(10) 绘制图框和标题栏；

(11) 保存。

视频 移动布图

视频 对齐标注

视频 水平标注与样式替代

视频 绘制图框和标题栏

视频 保存

12.2.3 重点提示

(1) 启用极轴、对象捕捉、对象追踪。设置对象捕捉：除最近点外，全部选中。

(2) 特性中的颜色、线型和线宽应使用“ByLayer”，通过切换图层控制对象属性。

(3) 相对直角坐标：@x 增量，y 增量；相对极坐标：@长度<角度。注意分隔符。

(4) 只在一个方向上有偏移时，可利用对象捕捉和对象追踪完成。

(5) 在 X 和 Y 方向都有偏移时，如绘制右上方直径为 60 的圆，应使用“Ctrl+右键 → 自(F)”完成。

(6) 绘制比较短的虚线或点画线时，需要更改线性比例。

(7) 注意标注中的替代和修改的区别。

12.3 圆弧连接与自定义符号库

视频 图12-20图样

学习绘制锥度和斜度，并把锥度和斜度符号创建为含属性的块，放在的图形文件“常用符号.dwg”中。

按要求绘制图 12-20 所示的图样。

12.3.1 绘图步骤

绘图步骤可扫描二维码，观看视频。

(1) 绘制已知线段；

(2) 绘制斜度和锥度；

(3) 绘制中间线段和连接线段；

(4) 标注；

(5) 创建斜度图块；

(6) 创建锥度图块；

(7) 创建工具选项板。

视频 绘制已知线段

视频 绘制中间线段

视频 绘制连接线段

视频 绘制锥度符号

视频 添加属性

视频 创建锥度图块

视频 创建斜度图块

视频 使用图块

视频 标注尺寸

视频 添加图框和标题栏

12.3.2 重点提示

(1) 相距 15 的两条斜的平行线，可使用“偏移”命令完成。

(2) 标题栏可从上一文件中复制。

(3) 绘制 $R40$ 圆弧时，需要绘辅助线。

(4) 只能使用“相切、相切、半径”方式绘制 $R80$ 圆，之后修剪或打断。

(5) 斜度为 1∶4的斜线，x 增量 1 个单位，y 增量 4 个单位，注意正负号。

(6) 锥度为 1∶4的斜线，x 增量 1 个单位，y 增量 8 个单位。

(7) 在单独的图块库文件“常用符号.dwg”里使用“ByBlock”方式，在“0”层绘制锥度、斜度符号，使用“多行文字”命令写固定文本“1;”，使用“属性”命令写可变文本“N”。

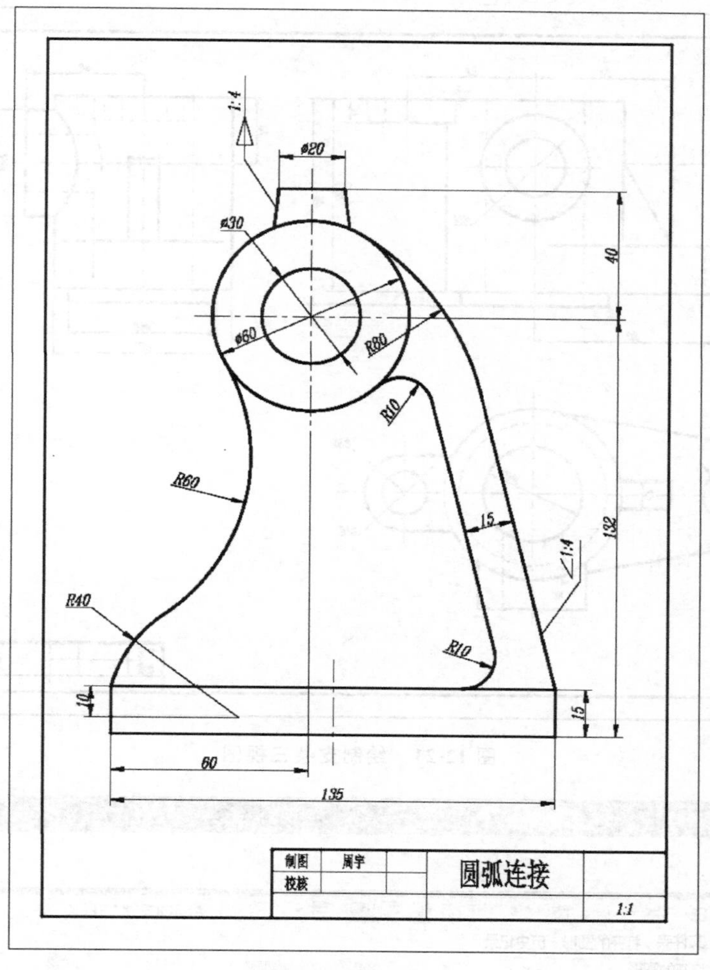

图 12-20　绘制图样

(8) 图块库文件不能更改名称和位置，否则要重新创建工具选项板。

12.4　绘制组合体三视图

绘制图 12-21 所示的支架三视图。

12.4.1　复制图层、文字样式和标注样式

除了按上述方式以“工程制图. dwt”为样板创建新的图形文件外，还可通过复制的方法添加图层、文字样式和标注样式。

(1) 打开任意一个包含国家标准的图层、文字样式和标注样式的图形文件，如“几何作图. dwg”；

(2) 以 acadiso. dwt 为样板新建一个图形文件，此时没有国家标准图层、文字样式和标注样式；

(3) 菜单“工具”“选项板”“设计中心”，打开“设计中心”面板；

(4) 在“设计中心”面板左侧展开“几何作图. dwg”，在目录树上选择“图层”；

(5) 在“设计中心”面板右侧窗口选择需要复制的图层，在高亮显示区域按住鼠标左键，拖到前面新建的绘图文件窗口中，既完成图层的复制，如图 12-22 所示。

图 12-21　绘制支架三视图

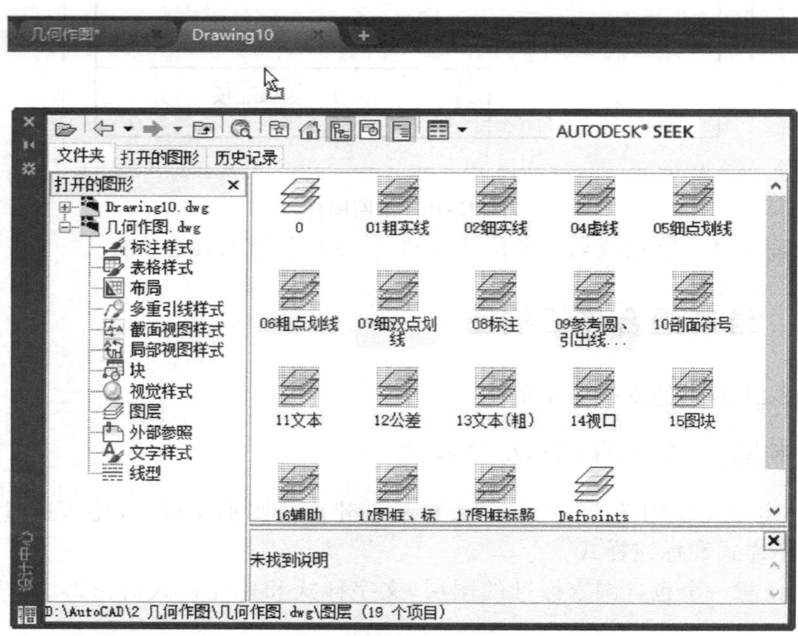

图 12-22　完成图层的复制

使用同样的方法可以复制文字样式和标注样式。

12.4.2　绘图步骤

(1) 绘制可见轮廓线；

视频

绘制可见轮廓线

(2) 绘制不可见轮廓线；

(3) 绘制点画线；

(4) 标注尺寸；

(5) 复制图框和标题栏。

视频
绘制不可见轮廓线1

视频
绘制不可见轮廓线2

视频
绘制点画线

12.4.3 重点提示

视频
标注

视频
复制图框和标题栏

(1) 绘图时要保证三视图的对正关系，若视图较大，可画一些构造线使其对齐。

(2) 各形体的三视图要结合着画，从反映形状特征的视图入手。

(3) 注意形体间交线的画法，尤其是肋的斜棱面与圆柱面交线的画法。

12.5 绘制、标注零件图与修改自定义符号库

学习绘制图 12-23 所示的轴零件图和标注技术要求，并在“常用符号. dwg”文件中增加粗糙度图块。

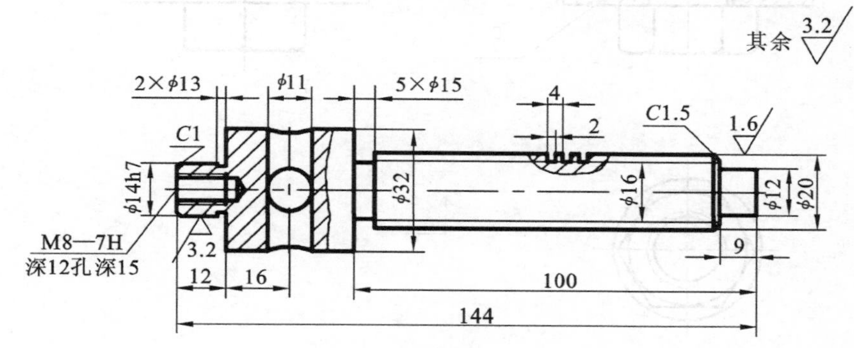

图 12-23 轴零件图

12.5.1 绘图步骤

视频
绘制

视频
标注尺寸

(1) 绘图；

(2) 标注尺寸；

(3) 创建粗糙度图块；

(4) 标注技术要求；

(4) CAXA 中标注技术要求。

12.5.2 重点提示

(1) 同一零件中，各处剖面线方向和间隔要相同。

(2) 打开“常用符号. dwg”文件，在此文件的“0”层使用“ByBlock”方式绘制粗糙度符号。

(3) 在工具选项板里增加图块时，需要先保存“常用符号. dwg”。

(4) 标注技术要求时，注意极限尺寸与配合代号在对齐方式上的不同。

12.6 绘制螺栓连接装配图

CAXA 自带有丰富的标准件、常用件等零件和符号库，可方便调用，并可方便地对零件

进行编号和修改序号，自动生成明细表。在操作上，CAXA 与 AutoCAD 非常相似，会使用 AutoCAD，一般就能很快上手会用 CAXA。

绘制图 12-24 所示的螺栓连接装配图。

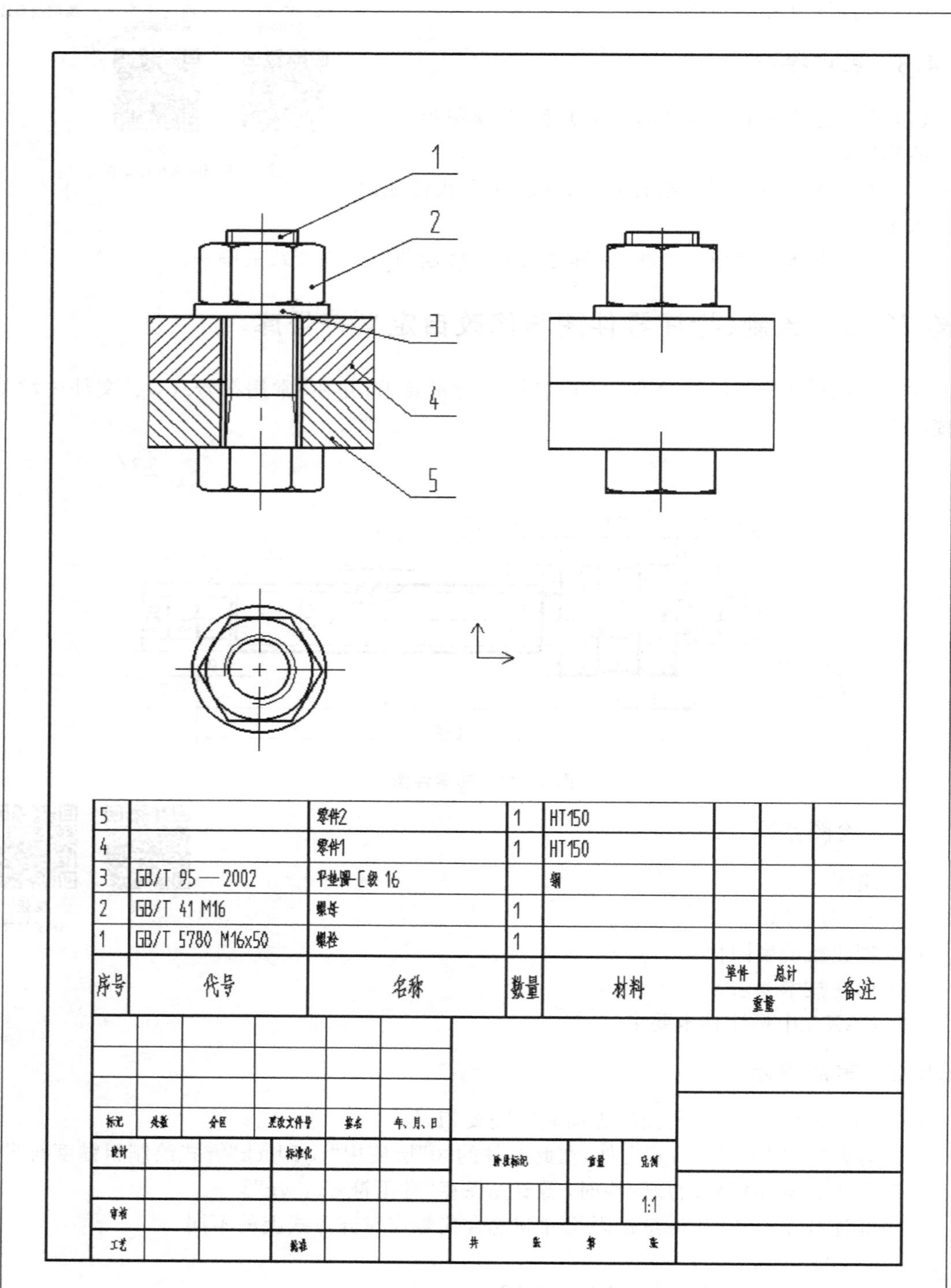

图 12-24　螺栓连接装配图

12.6.1 绘图步骤

视频
绘图

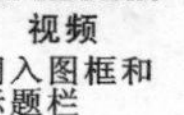
视频
调入图框和标题栏

视频
编写序号和填写明细表

（1）绘图；

（2）调入图框和标题栏；

（3）编写序号和填写明细表。

12.6.2 重点提示

（1）螺栓直径为 d，螺栓孔径近似为 $1.1d$。

（2）在 CAXA 窗口最后一行右方，把捕捉方式设置为“导航”。

（3）为标准件编号时，必须在整个标准件高亮显示时单击鼠标左键，或捕捉到标准件的特殊点时单击鼠标左键，只有这样才能自动填写明细表。

（4）修改序号时，必须使用“图幅”选项卡中“序号”组里的相关命令。

（5）标题栏高亮显示时，双击，在退出的对话框中填写相应信息。

 12.7 绘制基本电子元器件和反馈电路图

视频
基本电子元器件

先按图 12-25 所示尺寸绘制基本电子元器件，把它们创建为含属性的块，再拼画图 12-26 所示的反馈电路图。

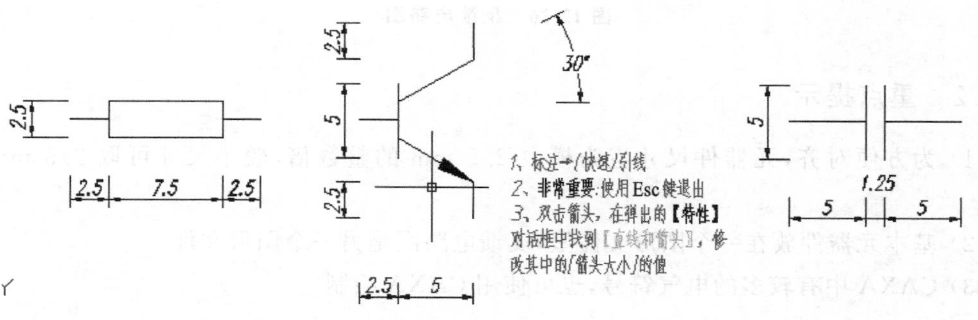

图 12-25 绘制基本电子元器件

12.7.1 绘图步骤

视频
设置工作空间

视频
新建文件和初始设置

视频
绘制元器件

视频
设置文字样式

视频
创建电阻图块

视频
创建三极管和电容图块

视频
创建工具选项板

视频
设置图层和栅格

视频
绘制反馈电路图

（1）设置工作空间（可选）；

（2）新建文件和初始设置；

（3）绘制元器件；

（4）设置文字样式；

（5）创建电阻图块；

（6）创建三极管和电容图块；

（7）创建工具选项板；

（8）设置图层和栅格（栅格可选）；

（9）绘制反馈电路图。

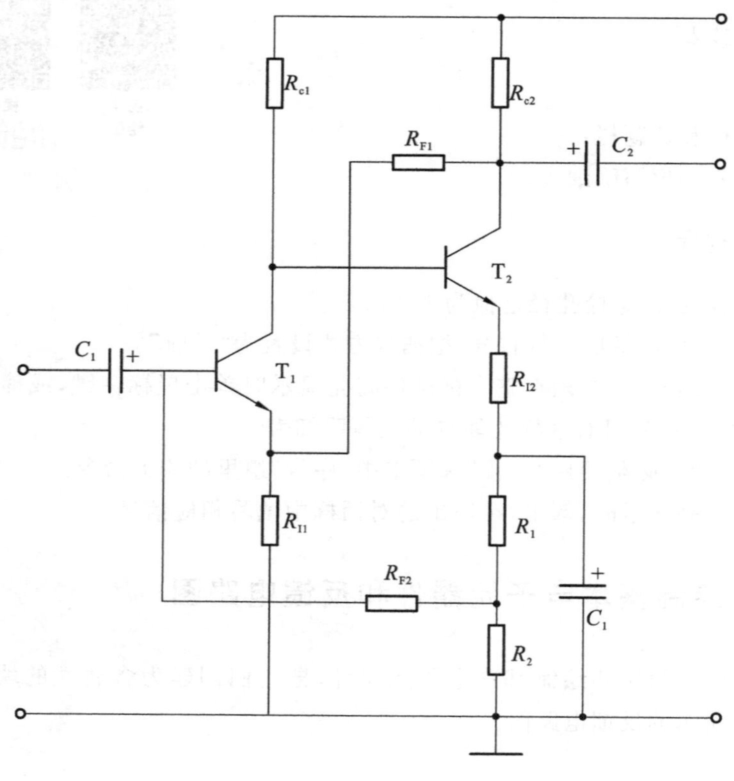

图 12-26　反馈电路图

12.7.2　重点提示

(1) 为方便对齐，元器件尺寸应为模数 2.5 mm 的整数倍，较小尺寸可取 2.5 mm 的一半。

(2) 基本元器件放在一个图形文件里，反馈电路图是另一个图形文件。

(3) CAXA 中有较多的电气符号，也可使用 CAXA 绘制。

参考文献

[1] 胡仁喜,等. AutoCAD 2006 中文版标准教程[M]. 北京:科学出版社,2006.
[2] 郭钦贤. AutoCAD 实用问答与技巧[M]. 北京:北京航空航天大学出版社,2008.
[3] 顾东明. 现代工程图学[M]. 北京:北京航空航天大学出版社,2008.
[4] 郭晓军,马玉仲,等. AutoCAD2012 中文版 基础教程[M]. 北京:清华大学出版社,2012.
[5] 管殿柱. 计算机绘图(AutoCAD 版)[M]. 北京:机械工业出版社,2009.
[6] 崔洪斌,肖新华. AutoCAD 2008 中文版实用教程 [M]. 北京:人民邮电出版社,2007.
[7] 史宇宏,史小虎,陈玉荣. AutoCAD 2010 从入门到精通 [M]. 北京:科学出版社,2010.
[8] 程光远. 手把手教你学 AutoCAD 2012. [M]. 北京:电子工业出版社,2012.
[9] 周军,张秋利. 化工 AutoCAD 制图应用基础 [M]. 北京:化学工业出版社,2008.
[10] 刘瑞新. AutoCAD 2004 中文版应用教程 [M]. 北京:机械工业出版社,2004.
[11] 张忠蓉. AutoCAD 2006 机械图绘制实用教程[M]. 北京:机械工业出版社,2007.
[12] 李曼,等. AutoCAD 2012 中文版实用教程[M]. 北京:电子工业出版社,2012.
[13] 赵建国,邱益. AutoCAD 快速入门与工程制图[M]. 北京:电子工业出版社,2012.
[14] 杨月英,张琳. 中文版 AutoCAD 2008 机械绘图(含上机指导)[M]. 北京:机械工业出版社,2014.
[15] 黄和平. 中文版 AutoCAD 2008 实用教程[M]. 北京:清华大学出版社,2007.

参考文献